Ganz schön spannend: das geheime Leben der Meere. Monsterwellen, die sich aus dem Nichts auftürmen und sogar Ölplattformen verschlingen; Riesenstrudel, die Frachter blitzschnell in die Tiefe reißen; Geisterschiffe, Riesenkraken und Seeschlangen, Phantominseln und Magnetberge – alles nur Seemannsgarn? Nein, das gibt es wirklich! Wenn auch nicht immer so, wie es uns die Mythen der Meere berichten. Heute, mit den Methoden moderner Wissenschaft, weiß man mehr. Sensoren, Satelliten und Tiefsee-U-Boote helfen, die – bisweilen schauerliche – Wahrheit hinter den Legenden ans Licht zu bringen. In seiner unterhaltsamen Mischung von Fakten und Geschichten enthüllt Olaf Fritsche, was man über das geheime Innenleben der Meere inzwischen herausgefunden hat. Seien Sie gespannt!

OLAF FRITSCHE ist Biophysiker, promovierter Biologe und Wissenschaftsjournalist. Nach seinem Studium hat er mehrere Jahre als Redakteur bei «Spektrum der Wissenschaft» gearbeitet und anschließend als freier Journalist für zahlreiche Zeitungen, Zeitschriften und Online-Publikationen über die neuesten Erkenntnisse und Entwicklungen aus Natur und Technik berichtet. Bei Rowohlt sind zahlreiche Sachbücher und Kinderbücher von ihm erschienen. Außerdem schreibt Fritsche Lehrbücher für Studierende der Biologie und Medizin.

OLAF FRITSCHE

Gibt es Geisterschiffe wirklich?

Die Wahrheit hinter den Meeres-Mythen

Rowohlt Taschenbuch Verlag

Originalausgabe
Veröffentlicht im Rowohlt Taschenbuch Verlag,
Reinbek bei Hamburg, Februar 2018

Redaktion Bernd Gottwald
Umschlaggestaltung ZERO Media GmbH, München
Umschlagabbildung Jaroslaw Blaminsky / Trevillion Images
Satz aus der Crimson Text Roman, InDesign
Gesamtherstellung CPI books GmbH, Leck, Germany
ISBN 978 3 499 63253 2

Inhalt

Geschichten von tausendundeinem Meer – Mythen und Wahrheit

Geisterschiffe, Riesenkraken, Monsterwellen, Magnetberge ... Es ist ganz schön dickes Seemannsgarn, das uns die Seefahrer früherer Zeiten auftischen. So dick, dass man sich unwillkürlich fragt, wie es sein kann, dass erwachsene Männer (es waren damals fast ausschließlich Männer, da Frauen an Bord angeblich Unglück brachten – noch so ein Aberglaube) ernsthaft Seeschlangen, verlassene Schiffe und Schiffsfriedhöfe gesehen haben wollen. Selbst ansonsten respektable und nüchtern denkende Persönlichkeiten wie Christoph Kolumbus, König George V. und Heinrich der Seefahrer berichteten von Seejungfrauen, Phantomschiffen und Inseln, die es nicht gibt. Da überlegt man sich doch, wie derartige Meeres-Mythen entstehen konnten. Was Kapitäne, Entdecker und einfache Seemänner immer wieder Dinge sehen ließ, die es nicht gibt, ja, gar nicht geben kann.

Die Antwort hängt zum Teil sicherlich mit den Umständen zusammen, unter denen die Besatzungen damals auf den größeren und kleineren Segelschiffen gelebt und gearbeitet haben. Vom Komfort einer heutigen Kreuzfahrt mit ihren Luxuskabinen, reichhaltigen Buffets und detailliert ausgearbeiteten Reiseplänen war man an Bord der Karavellen, Koggen und Karacken jahrhunderteweit entfernt.

Das fing manchmal schon mit der Buchung der Reise an. Ab dem 16. Jahrhundert mussten Männer, die so aussahen, als hätten sie gerade nichts zu tun, in britischen Hafenstädten aufpassen, dass sie nicht unversehens der königlichen Marine beitraten und fortan für den Rest ihrer Tage auf einem Kriegsschiff die Ozeane befuhren. Weil sich die dabei verwendeten Argumente Alkohol, Geld und Prügel als überaus effektiv herausstellten und auch Kapitäne von Handelsschiffen ungern Planstellen in ihrer Mannschaft unbesetzt ließen, führte die zivile Schifffahrt 200 Jahre später ebenfalls das Pressen oder Schanghaien ein. Dementsprechend war nicht jeder Matrose freiwillig auf dem Schiff und dem Meer unterwegs, was bei dem ein oder anderen zu gelinden Vorurteilen gegenüber der See geführt haben mag.

Zumal die Fahrt besonders im Zeitalter der großen Entdeckungen allzu häufig ins Ungewisse führte. Ohne Funk, Satelliten und Internet reichte der Horizont des Menschen nur bis dorthin. Was dahinter verschwand, war eben weg. Wirklich weg. Meistens für Tage, manchmal für Wochen, ab und zu für Monate oder gar Jahre. Während ein Schiff auf See war, wurden zu Hause an Land Kinder geboren, Freunde begraben und Kriege geführt – und niemand an Bord bekam davon etwas mit. Umgekehrt konnten Schiffe in Stürme geraten, auf Riffe laufen oder von Ungeheuern verschlungen werden, ohne dass einer der Daheimgebliebenen auch nur die Spur einer Ahnung hatte, ob die wagemutigen Seefahrer überhaupt jemals zurückkehren würden. Häufig kamen sie nicht wieder. Dann wusste keiner, was geschehen war, und in der Unsicherheit malte man sich daheim die schrecklichsten Unglücke aus und griff jeden noch so haarsträubenden Erklärungsansatz leichtgläubig auf.

Doch selbst wenn das Schicksal gnädig gestimmt war, entsprach die Fahrt auf einem der früheren Segler nicht unbedingt unserer Vorstellung von Behaglichkeit. Da war beispielsweise die Frage der Unterbringung. Wem hier Bilder von sanft schaukelnden Hängematten vorschweben, der ist den frühen Seeleuten um ein gutes Stück voraus, denn die Hängematten wurden erst ab dem 16. Jahrhundert auf den Schiffen eingeführt, nachdem Kolumbus ihnen bei den amerikanischen Ureinwohnern begegnet war. Vorher musste jedes Besatzungsmitglied selbst zusehen, wo und wie es sich in seiner freien Zeit zur Ruhe bettete. Eine Taurolle, ein Lager hinter Kisten oder einfach eine Ecke auf dem Deck, wo man möglichst nicht so häufig von den schuftenden Kameraden getreten wurde, so sah das «Bett» der Matrosen lange Zeit aus.

Aber übermäßig viel Ruhe bekam man bei der Fahrt über das Meer sowieso nicht. Das Animationsprogramm an Bord lief praktisch rund um die Uhr. Wenn nicht gerade Segelmanöver anstanden, bei denen alle Mann anpacken mussten – ob sie nun Schicht oder eigentlich Pause hatten, war egal –, gab es immer etwas auszubessern, abzudichten oder notfalls kräftig zu schrubben oder zu scheuern. Das Schrubben des Decks diente übrigens nicht als Schikane oder Beschäftigungstherapie, sondern war nötig, um die bloßen Füße der Seeleute vor Splittern zu bewahren und damit das Holz der Planken nicht zu trocken und undicht wurde, wenn es sich zusammenzog.

Wer so viel arbeitet, sollte wenigstens gut essen. Doch selbst auf französischen und italienischen Schiffen war schon bald nach der Abfahrt nicht mehr viel übrig von der berühmten Küche ihrer Heimatländer. Die restliche Zeit bestand das Menü vorzugsweise aus hartem Schiffszwieback, salzigem Pökelfleisch und eingelegten Sardinen. Bei längeren Fahrten konkurrierten zunehmend Maden, Kakerlaken und Ratten mit den Seeleuten um das Futter. Mancher Seemann wartete deshalb mit dem Essen, bis die Sonne untergegangen war und er nicht mehr sehen konnte, was er sich gerade in den Mund schob. Runtergespült wurde alles mit fauligem Wasser oder mit Wein, dessen Alkohol konservierend wirken sollte. Auf Schiffen aus dem Norden nahm man dafür lieber Bier, das in wärmeren Gefilden allerdings schneller schlecht wurde. So oder so floss tagaus, tagein mancher Liter geistigen Getränks die Kehlen hinunter. Für einen respektablen Daueralkoholspiegel im Blut war folglich gesorgt.

Natürlich schlagen Wochen voll gammelnder Fast-Food-Ernährung unbarmherzig auf die Gesundheit. Und so litten die Seeleute auf fast allen Schiffen an Mangelerscheinungen. Vor allem Skorbut, der durch einen Mangel an Vitamin C ausgelöst wird, war berüchtigt. Er machte die Männer müde und träge, verhinderte die Wundheilung, ließ das Zahnfleisch bluten und die Zähne ausfallen. Schließlich bekamen die Matrosen hohes Fieber, Durchfall und fielen tot aus den Wanten. Der portugiesische Entdecker Vasco da Gama verlor auf einer Reise fast zwei Drittel seiner Leute durch Skorbut. Auch aus diesem Grund war eine längere Fahrt übers Meer nur allzu häufig ein Abenteuer ohne Wiederkehr.

Fassen wir einmal zusammen: Die Seeleute früherer Zeiten waren nicht immer aus Reiselust unterwegs, dafür ständig übermüdet und angetrunken, häufig krank und segelten auf einem Meer voller unbekannter Gefahren einem unbekannten Ziel entgegen. Und unter diesen Umständen soll man keine Monster und Gespenster sehen?

Hinzu kommt, dass die Daheimgebliebenen etwas hören wollten von den Wundern und Geheimnissen der großen weiten Welt. Bis vor etwa 100 Jahren sind die meisten Menschen kaum jemals aus ihrem Dorf oder ihrer Stadt herausgekommen. Wenn dann ein echter Seemann erzählte, wollte man nichts wissen von öder Bordroutine, langen Flauten oder schnödem Handel. Viel höher im Kurs standen Monster, Ungeheuer und sonstige Gefahren.

Je bedrohlicher, desto besser! Und warum sollten die Seeleute ihrem Publikum den Gefallen nicht tun? Wenn man schon keine Selfies vorzeigen kann, dann vielleicht einen Schrumpfkopf, den Zahn einer Seeschlange oder eine mumifizierte Meerjungfrau.

Auch untereinander erzählten Seemänner sich gerne Geschichten, wenn gerade ruhigere Arbeiten anstanden. Beispielsweise beim Umwickeln der besonders beanspruchten Stellen von Leinen, Tauen und Wanten mit geteertem Schiemannsgarn. Aus dem «Schiemannsgarnspinnen» wurde im Laufe der Zeit das «Seemannsgarnspinnen», bei dem die eigentliche Arbeit weggefallen ist und nur die Geschichten aus dem Grenzgebiet von Wahrheit und Phantasie übrig geblieben sind.

Heute wissen wir, dass nichts dran ist am Seemannsgarn mit seinen Geisterschiffen, Monsterwesen und Riesenwellen. In Zeiten, in denen Satelliten die Ozeane aus dem Weltall beobachten, schwimmende Messbojen ständig jede noch so kleine Veränderung registrieren und Tauchboote bis zum Grund des Meeres vordringen, braucht uns niemand mehr etwas zu erzählen von den angeblichen Mythen der Meere. Längst hat die Wissenschaft aufgeräumt mit Phantomen, Todesstrudeln und Ungeheuern. Oder etwa nicht?

In diesem Buch begeben wir uns auf Spurensuche. Wir lassen uns das beste Seemannsgarn der sieben Weltmeere erzählen und forschen nach, seit wann Seefahrer an den Geschichten gesponnen haben. Anschließend stellen wir die Mythen auf den Prüfstand und finden zusammen mit professionellen Wissenschaftlern, modernen Hobbyforschern und aufgeklärten Seeleuten heraus, ob überhaupt etwas und, falls ja, wie viel wirklich dran ist an den Erzählungen.

Zunächst widmen wir uns dabei den Mythen, die von Schiffen erzählen, mit denen auf die ein oder andere Weise etwas nicht stimmt. Danach beschäftigen wir uns mit den Kreaturen der Ozeane, die so seltsam sind, dass man nicht an sie glauben mag. Im dritten Teil geht es um gefährliche Formen von Wasser, denen nachgesagt wird, dass sie ganze Schiffe verschlucken können. Und den Schluss machen Mythen, bei denen sich das Land in die Belange des Meeres einmischt und umgekehrt.

Machen Sie sich gefasst auf eine Tour über alle Meere der Erde, in die Tiefen der Ozeane und sogar in das Innere des Planeten. In die vergangenen Jahrhunderte und Jahrtausende wie in die Gegenwart. Mit Göttern, Monstern und Forschern.

Eines kann ich Ihnen versprechen:

Sie werden sich wundern!

Olaf Fritsche

TEIL 1

Verfluchte Schiffe

Wenn Sie Seefahrer sind, verstehen Sie mit Ihrem Schiff keinen Spaß. Auf hoher See gibt es nichts als Wasser. Ohne Schiff wären Sie verloren. Gar nicht einmal weil Sie ertrinken würden, wie allgemein angenommen wird. Nein, ein Seefahrer ohne Schiff stirbt bei ruhiger See für gewöhnlich an Unterkühlung. Was eine angenehmere Art zu sterben sein soll, letztendlich aber auf das Gleiche hinausläuft. Womöglich werden Sie auch gefressen, doch in der Regel knabbern einen die Fische erst an, wenn man schon tot ist und keine Energie mehr hat, auf seine strukturelle Integrität zu achten. Der Mensch ist eben nicht für das Meer gemacht, und deshalb nimmt er sich für Reisen über die Ozeane stets ein Stück selbstgebasteltes Land mit, das er Schiff nennt.

Dieses Schiff ist für einen Seemann mehr als ein Zuhause. Es rettet ihm nicht nur andauernd das Leben, es hält ihn auch die meiste Zeit trocken und warm, birgt all seine Habe und trägt seine Ladung, mit der er sich sein Geld verdient, um für die Familie, sich selbst und das Schiff zu sorgen. Für einen echten Seemann ist das Schiff sein Leben. Und deshalb würde ein echter Seemann niemals sein Schiff im Stich lassen.

Und trotzdem ziehen seit Seemannsgedenken angeblich immer wieder Geisterschiffe ohne Besatzung über die Meere. Oft sieht es an Bord so aus, als herrsche überall das pralle Leben: Die Segel sind gesetzt, der Frühstückstisch ist gedeckt, die Vorräte reichen für Monate, und selbst die Wertsachen liegen noch in den Kajüten. Lediglich die Menschen fehlen, als hätte eine fremde Macht sie inmitten ihres Tagesgeschäfts von Bord geholt. Oder haben sie sich tatsächlich in Geister verwandelt?

Während bei Geisterschiffen wenigstens die Schiffe unzweifelhaft real sind, kann man sich bei Phantomschiffen nicht einmal darauf verlassen. Wie aus dem Nichts aufgetaucht sind sie plötzlich da, halten womöglich direkt auf das eigene Schiff zu und verschwinden dann ebenso unvermittelt wieder. Manchmal fahren sie mit geblähten Segeln, manchmal als skelettierte Schatten einer einst ruhmreichen Vergangenheit. Die gruseligsten Phantomschiffe haben sich sogar von ihrem ureigenen Element befreit und fliegen zwischen den Wolken oder tauchen unter der Oberfläche. Doch sie zeigen sich nur selten dem ehrbaren Seemann, und wer ihrer angesichtig wird, dem verheißen sie häufig Tod und Verderben.

Das Gleiche droht auch dem unglücklichen Seemann, der mit seinem Schiff in einen der berüchtigten Schiffsfriedhöfe gerät. Nicht der leiseste Windhauch weht, keine Strömung schiebt das Schiff voran, und zähe Wasserpflanzen legen jede Antriebsschraube lahm. Schiffsfriedhöfe sind das ozeanische Äquivalent der straßenverkehrstechnischen Kombination aus Einbahnstraße und Sackgasse: Wer einmal in die Falle gegangen ist, kommt nie wieder heraus. Um ein Haar soll Christoph Kolumbus bei seiner Entdeckungsfahrt nach Amerika diesem Schicksal entgangen sein. Doch viele andere sollen weniger Glück gehabt haben. Zumal der berühmteste Schiffsfriedhof der Welt ausgerechnet im Bermuda-Dreieck auf seine Opfer wartet.

Oder sind dies alles nur Mythen? Sind Geisterschiffe, Phantomschiffe und Schiffsfriedhöfe vielleicht nicht mehr als besonders dickes Seemannsgarn? Gibt es womöglich ganz natürliche Erklärungen für die Schiffsmythen der Meere?

Machen Sie sich auf einige Überraschungen gefasst …

Phantomschiffe – Trugbilder mit geblähten Segeln

Es woget die See, es brauset das Meer,
hoch türmen sich Wogen auf Wogen.
Dort aus der Ferne, so graus und hehr,
kommt ein schwarzes Schiff gezogen.
Es regt sich auf Deck nicht Mann oder Maus,
es schwimmt auf dem Meere, und nirgends legt's an.

Die Sterne des Himmels leuchten so hell
durch Tauwerk, Segel und Masten.
Es segelt bald langsam, es segelt bald schnell,
als dürft es nicht ruhen, nicht rasten.
Ein Totenkopf in den Segel steht!

Es eilen die Schiffe aus seinem Bereich;
denn sein Anblick bringt Tod und Verderben.
Der mutigste Seemann wird starr und bleich
und betet, um selig zu sterben.

So schwimmt das Schiff kreuz und quer
viel hundert Jahre auf dem Meer.

Der fliegende Holländer wird es genannt,
es ist mit dem Fluche belastet.
Als herrliches Schiff ging es einst aus dem Lande
und ist seitdem nicht mehr gelandet.

Theodor Fathschild: «Der Fliegende Holländer»

Sie kommen aus dem Nichts, sind plötzlich einfach da. Manchmal nur als undeutliche Silhouette, als schummrige Leuchterscheinung, manchmal klar und detailliert erkennbar. Und vom einen Moment auf den anderen sind sie wieder verschwunden. Spurlos. Als hätte es sie nie gegeben.

Aber … Hat es sie überhaupt gegeben? Sind die sogenannten Phantomschiffe real? Sind es optische Täuschungen? Oder einfach nur Hirngespinste aus der Werkstatt für Seemannsgarn mit Schauergarantie?

EIN KAPITÄN WIE EIN TEUFEL

Bernard Fokke war nicht der Teufel. Manche mochten ihn aber dafür gehalten haben, denn Fokke soll groß, ungewöhnlich hässlich und jähzornig gewesen sein. Vor allem aber war er ein Kapitän, wie es keinen zweiten gab im 17. Jahrhundert. Für die Route Holland – Kapstadt – Java benötigte er 1678 gerade einmal drei Monate und vier Tage, wie ein Brief belegt, den er dem Gouverneur der damals niederländischen Republik Java im Indischen Ozean vorlegte. Drei Monate und vier Tage – im 17. Jahrhundert grenzte dies an Hexerei, zumal andere Schiffe doppelt so lange benötigten. Es war, als ob der Holländer fliegen könnte. Nur der Satan selbst oder jemand, der mit ihm im Bunde war, vermochte so schnell zu segeln!

Wer einmal mit Fokke gefahren war, wusste es besser. Nicht der Teufel steckte hinter der Geschwindigkeit, mit welcher der Kapitän im Auftrag der niederländischen Ostindien-Kompanie das Kap der Guten Hoffnung an der Südspitze Afrikas umschiffte, sondern Wagemut und Technik. Fokke hatte auf seinem Schiff, der *Libera Nos,* die hölzernen Rahen, an denen die Segel aufgehängt werden, durch stabilere eiserne Stangen ersetzt. Mit ihnen konnte er auch bei starkem Sturm alle Segel stehen lassen, wenn ein normales Schiff längst Tuch reffen musste. Wo andere kaum von der Stelle kamen, fuhr Fokke also mit vollen Segeln weiter.

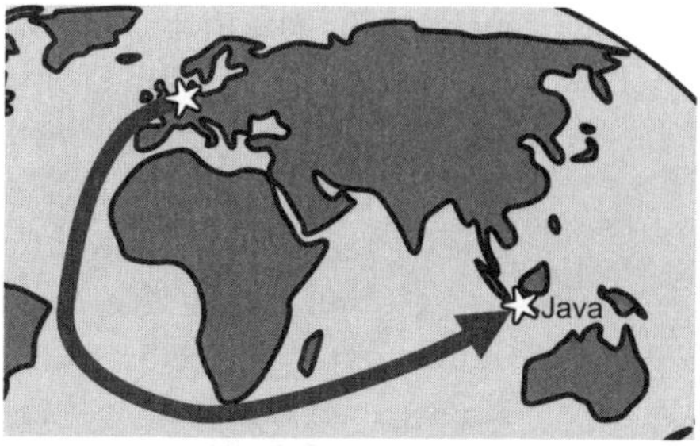

Bernard Fokkes Route auf seiner unglaublichen Rekordfahrt

Bis er eines Tages wohl zu viel riskiert hatte und von einer Fahrt nicht mehr zurückkehrte. Jetzt hat der Teufel endgültig Besitz von ihm ergriffen, mutmaßten einige Seeleute. Und schon bald spannen sie Seemannsgarn, in dem sie den *Fliegenden Holländer* gesehen hatten, wie er verdammt für alle Ewigkeit noch immer um das Kap der Guten Hoffnung fuhr.

DER KERN DER VERDAMMNIS

Ob die Legende vom *Fliegenden Holländer* tatsächlich auf den friesischen Kapitän Bernard Fokke zurückgeht, lässt sich heute nicht mehr mit Sicherheit sagen. Viele Forscher halten ihn für das historische Vorbild, obwohl sein Name seltsamerweise in keiner Version genannt wird. Stattdessen heißt der Kapitän im Mythos meist Van der Decken, gelegentlich auch Vanderdecken, Van Diemen, Tyn Van Straten, Van Evert oder Van Halen.

Fest steht, dass der *Fliegende Holländer* seit Jahrhunderten unumstritten der Superstar unter den Phantomschiffen ist. Anfangs gaben die Seefahrer die Geschichten über ihn nur mündlich weiter. Mitunter heimlich, denn nicht jeder Kapitän duldete es, wenn seine Männer an Bord über Fluch und Verdammnis redeten. Später hielten einige die Erzählungen auch schriftlich fest, und im 19. Jahrhundert wurde der Stoff so beliebt, dass selbst Dichter wie Heinrich Heine und Komponisten wie Richard Wagner ihn aufgriffen.

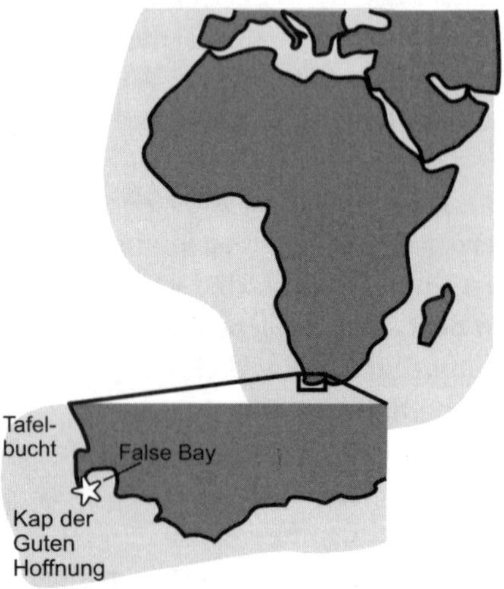

An der Südspitze Afrikas wechseln Kaps und Buchten einander ab.

Wie bei Prominenten üblich verschleierten die vielen Ausschmückungen und Gerüchte zunehmend den Blick auf die wahren Hintergründe, sodass es heute anstelle einer einzelnen Legende ein ganzes Bündel an Geschichten um den *Fliegenden Holländer* gibt und nicht einmal zweifelsfrei feststeht, ob mit dem Namen ursprünglich das Schiff oder sein Kapitän gemeint war.

Einen großen Unterschied macht das aber sowieso nicht, denn wenigstens darin besteht Einigkeit, dass Segler wie Seebär aus den Niederlanden stammen und ihrer beider Schicksale durch einen Fluch bis ans Ende aller Tage untrennbar miteinander verknüpft sind.

Den ältesten schriftlichen Überlieferungen zufolge lautete der Name des Kapitäns Van der Decken. Er soll ein überaus tüchtiger und fähiger Seemann gewesen sein, der im Auftrag der niederländischen Ostindien-Kompanie exotische Waren nach Holland brachte. Zu einer Zeit, als es den Suezkanal noch nicht gab, bedeutete dies eine Fahrt um das berüchtigte Kap der Guten Hoffnung an der Südspitze Afrikas. Hier ringen der Atlantik mit seinem kalten Benguelastrom und der warme Agulhasstrom des Indischen Ozeans miteinander. Begleitet von heftigen Fallböen von der Küste, wo der Tafelberg über 1000 Meter schroff aus dem Meer ragt. Schiffe, die passieren wollten, mussten früher manchmal wochenlang in den Stürmen auf eine günstige Gelegenheit warten. Taten sie das nicht, gesellten sie sich schnell zu den Hunderten von Wracks, die Taucher alleine in den Gewässern der Tafelbucht in der Nähe des Kaps gefunden haben.

Van der Decken wollte aber nicht warten. Nachdem sein Schiff und ein weiterer Kauffahrer einen ganzen Tag erfolglos gegen zunehmend stärker werdende Winde angekämpft hatten, entschloss sich der Kapitän des anderen Schiffes, in der Tafelbucht vor Anker zu gehen, bis sich die Elemente beruhigt hatten. Nicht so der Holländer. Fluchend soll Van der Decken über das Deck gestiefelt sein und geschworen haben: «Möge ich auf ewig verdammt sein, wenn ich klein beigebe, und müsste ich auch bis zum Jüngsten Gericht hier kreuzen!»

Hätte er mal daran gedacht, dass man vorsichtig sein soll mit dem, was man sich wünscht – es könnte in Erfüllung gehen. So aber wandte sich sein Schwur gegen ihn, und bis in unsere Zeit hinein begegnen Seefahrer an der Südspitze Afrikas dem *Fliegen-*

den Holländer in seinem immerwährenden Kampf, den er doch nicht gewinnen kann. Wie aus dem Nichts taucht er plötzlich auf und verschwindet ebenso unvermittelt wieder. Das Schiff war zu einem Phantom geworden.

WEITERE GUTE GRÜNDE, AUF EWIG VERFLUCHT ZU SEIN

So weit der Kern der Legende, in dem sich die meisten Erzählungen einig sind. Aber eben nicht alle. Immerhin wird die Schuld für den Fluch allerorten dem Kapitän angelastet, der sich großspurig über die Gesetze des Himmels und der Seefahrt hinweggesetzt haben soll. In den schwächeren Versionen flucht er lediglich gotteslästerlich vor sich hin, was vermutlich nur aus Sicht einer frommen Landratte mit ewiger Verdammnis bestraft werden müsste. Schwerwiegender ist da schon der Vorwurf, der Kapitän hätte im Jähzorn den Steuermann erschlagen und über Bord geworfen. Und absolut unverzeihlich wäre unter Seeleuten die Weigerung, einem anderen Schiff in Seenot zu helfen, wie es mancherorts auf der Anklageschrift steht.

Gerne wird der Mythos auch mit ein bisschen Sex aufgepeppt – Sex hat schließlich schon immer für gesteigerte Aufmerksamkeit gesorgt. So soll der Kapitän mit einer Hexe im Bunde gewesen sein, die ihm extra für jeden seiner Aufenthalte im Hafen eine schöne Jungfrau fing und gefügig machte. Kurz vor seiner Abreise brachten die beiden Fieslinge das arme Geschöpf dann gemeinschaftlich um. Dieses sadistische Treiben fand ein Ende, als sich die Hexe einmal vergriff und ein Mädchen entführte, das nicht nur so schön wie ein Engel war, sondern auch so tugendhaft und fromm. Ihren Glauben konnte das satanische Duo nicht brechen, und so töteten sie die standhafte Jungfrau sofort und warfen sie ins Meer. Kaum war die Tat vollbracht, ließ der Teufel jedoch ihr Gesicht auf dem Wasser erscheinen und dem Kapitän zurufen, er könne sie haben, wenn er zu ihr käme. Noch ein gutes Stück wahnsinniger, als er sowieso schon gewesen sein muss, jagt der *Fliegende Holländer* seitdem der Erscheinung nach. Ohne eine wirkliche Chance, seine Wollust jemals befriedigen zu können.

Weniger brutal, dafür deutlich romantischer sind die Varianten, in denen der Kapitän durch die wahre Liebe einer Frau endlich doch erlöst werden kann. Je nachdem, wie gut der Erzähler es mit ihm meint, darf der Verfluchte alle sieben, zehn oder nur alle hundert Jahre an Land kommen, um eine Braut zu finden. Was zunächst wie ein verlockendes Hintertürchen klingt, entpuppt sich häufig als zusätzliche Schikane, denn welche Dame ist schon offen für solch eine extreme Form des Speed-Datings mit unverbrüchlichen Treueschwüren bis in den Tod? Immerhin entließ Richard Wagner in seiner Oper *Der Fliegende Holländer* auf diese Weise den Kapitän aus seinem Martyrium.

Ein häufig anzutreffendes Motiv ist außerdem die Bitte, für die verfluchten Seeleute den Briefträger zu spielen. Für die Besatzungen der alten Segler gab es in früheren Zeiten kaum eine Möglichkeit, mit ihren Familien in Kontakt zu bleiben. Allenfalls Briefe konnte man schreiben und dann hoffen, einem Schiff zu begegnen, das in die entgegengesetzte Richtung fuhr und den Stapel mitnahm. Auch die Seemänner des *Fliegenden Holländers* probieren mitunter, ihre Post an den Mann zu bringen. Zu diesem Zweck setzt ein Beiboot zu dem Schiff über, das dem Holländer begegnet ist. Ein einzelner Seemann klettert sodann an Bord und bittet darum, den Stapel Briefe nach Amsterdam zu bringen. In der Regel bemerken die Offiziere auf dem Schiff sofort, dass die designierten Empfänger der Briefe längst verstorben sind und es die Straßen oder gar den Wohnort schon lange nicht mehr gibt. Der Matrose besteht dennoch auf einen

Der *Fliegende Holländer* in der Literatur

Der *Fliegende Holländer* wurde vermutlich öfter in Gedichten und Romanen behandelt als jedes andere Schiff. In der Ballade «The Rime of the Ancient Mariner» von Samuel Taylor Coleridge aus dem Jahr 1798 zieht der Kapitän den Fluch auf sich, als er einen Albatros erschießt. Sir Walter Scott macht ihn 1813 in «Rokeby» zu einem Piraten, während John Leyden im gleichen Jahr in «Scenes of Infancy» die Pest auf dem Schiff mit seiner Ladung Sklaven ausbrechen lässt. Großen Einfluss auf den Mythos hatte die Erzählung im Stil eines Augenzeugenberichts, die John Howison von der Ostindien-Kompanie 1821 unter dem Titel «Vanderdecken's Message Home» in «Blackwood's Edinburgh Magazine» veröffentlicht. Hier erscheint das Motiv mit den Briefen für die Familien zu Hause zum ersten Mal. Wilhelm Hauff verlegt die Handlung in seinem Märchen «Die Geschichte von dem Gespensterschiff» von 1826 in den Orient und macht die Mannschaft zu verfluchten Zombies.

Das Schauspiel «The Flying Dutchman» von Edward Fitzball aus dem Jahr 1827 hat vermutlich Heinrich Heine zu einem Abschnitt in seinen «Memoiren des Herren von Schnabelewopski» von 1834 angeregt, dem Richard Wagner die Idee für seine Oper «Der Fliegende Holländer» entnahm. In den Niederlanden sehr beliebt ist der Roman «The Phantom Ship» von Frederick Marrymat aus dem Jahr 1839. Darin wird erwähnt, dass Kapitän Vanderdecken aus dem Ort Terneuzen stammt, was das Städtchen touristisch geschickt zu nutzen weiß.

Transport und lässt den Packen schließlich auf das Deck fallen, bevor er zurückrudert zum *Fliegenden Holländer*. In diesem Fall, so mahnt die Legende, muss man umgehend die Briefe an den

Mastbaum nageln, sonst widerfährt dem eigenen Schiff ein schreckliches Unglück.

Denn der Fluch des *Fliegenden Holländers* kann anderen Schiffen Tod und Verderben bringen. Das wissen wieder fast alle Versionen der Geschichte zu erzählen. Und das ist sogar königlich bestätigt.

MAJESTÄTISCHE ZEUGEN

Wer im 19. Jahrhundert als Prinz im britischen Königshaus geboren wurde, konnte einer militärischen Karriere nicht aus dem Wege gehen. Und so absolvierten die Prinzen Albert und George, der später als König George V. den Thron übernehmen sollte, ihre dreijährige Offiziersausbildung als Fähnriche zur See von 1879 bis 1882 auf dem kleinen Kriegsschiff HMS *Bacchante*. Weil das Ruder der Korvette einen Schaden hatte, stiegen sie aber vorübergehend um auf die HMS *Inconstant*. Zum Glück, denn hier machte der erst 16-jährige George eine Beobachtung, die er in seinem privaten Tagebuch festhielt und die 1886 höchst offiziell als Teil des Reiseberichts veröffentlicht wurde:

> «*11. Juli 1881. Um 4 Uhr morgens kreuzte der* Fliegende Holländer *unseren Bug. Ein seltsames rotes Licht wie von einem vollständig glühendem Phantomschiff, vor dem sich die Masten, Spieren und Segel einer Brigg in 200 Yard [etwa 183 m] Entfernung als deutlicher Umriss abzeichneten, während sie sich von Backbord näherte. Der Ausguck auf dem Vorderdeck meldete sie als dicht an unserem Backbordbug, wo sie auch der wachhabende Offizier auf der Brücke deutlich sah, ebenso der Fähnrich auf dem Achterdeck, der augenblicklich zum Vorderdeck geschickt wurde. Als er dort angelangte, war aber keine Spur oder irgendein Anzeichen eines wirklichen Schiffes*

zu sehen, weder in der Nähe noch bis zum Horizont, obwohl die Nacht klar und die See ruhig war. Insgesamt 13 Personen haben sie gesehen, ob es aber Van Diemen oder der Fliegende Holländer *oder jemand anderes war, bleibt ungeklärt.»*

Außer dem Prinzen und den Männern auf der *Inconstant* verfolgten auch die Besatzungen der Begleitschiffe HMS *Cleopatra* und HMS *Tourmaline* die Erscheinung. Als wenn das Phantomschiff alleine nicht schon rätselhaft genug gewesen wäre, forderte der Fluch auf der *Inconstant* kurz darauf seine Opfer, wie George unter dem gleichen Datum verzeichnet:

«Um 10.45 Uhr morgens fiel der einfache Seemann, der am Morgen den Fliegenden Holländer gemeldet hatte, von der Quersaling der Vormarsstenge auf das Vorderschiff und wurde völlig zerquetscht. [...] (Im nächsten Hafen, den wir anliefen, kam auch der Admiral ums Leben.)»

Obwohl Prinz George sich nicht endgültig auf den *Fliegenden Holländer* festlegen mochte, hatte er doch gleich an das Phantomschiff gedacht. Damit befand er sich in guter Gesellschaft, denn vor und nach ihm wollten viele, teilweise durchaus ehrbare Seefahrer den *Fliegenden Holländer* gesichtet haben – und einige von ihnen wurden anschließend von seinem Fluch getroffen. So soll auf der *Joseph Somers* ein Feuer ausgebrochen sein, das mehrere Seeleute ihr Leben kostete, nachdem das Schiff 1857 dem Holländer begegnet war. Selbst dem deutschen Admiral Dönitz wird nachgesagt, dass er während einer Erkundungsfahrt nach Suez ein Geisterschiff gesehen hätte, das so schrecklich war, dass er es lieber mit der gesamten Flotte der Alliierten aufnehmen würde, als diesem Phantom noch einmal zu begegnen. Allzu ortstreu war der *Fliegende Holländer* jedoch anscheinend nicht. Manche Berichte stammen nämlich aus ganz anderen Gegenden

Phantomschiff mit Superkräften

Beobachter beschreiben den *Fliegenden Holländer* häufig als pechschwarzes Schiff mit blutroten Segeln. Noch bemerkenswerter sind aber seine angeblichen Fähigkeiten. So soll es bei absoluter Flaute, gegen den Wind und sogar rückwärts segeln können. Bei Bedarf taucht es und setzt seine Fahrt unter Wasser fort, oder es fährt durch die Lüfte.

als dem Gebiet um das Kap der Guten Hoffnung. Die *General Grant* soll beispielsweise 1866 nach einer Sichtung des *Fliegenden Holländers* vor Neuseeland Schiffbruch erlitten haben. Und die *Orkney Belle* wurde 1914 im Ersten Weltkrieg als eines der ersten britischen Schiffe versenkt. Drei Jahre zuvor war sie dem Holländer bei Island begegnet.

Seit einiger Zeit macht sich der *Fliegende Holländer* aber rar auf den Meeren. Als vorerst Letzte haben wohl der Kapitän und der zweite Offizier des niederländischen Frachters *Straat Magelhaen* ihren verfluchten Landsmann in der Nacht vom 7. auf den 8. Oktober 1959 zu Gesicht bekommen. Unter vollen Segeln hielt das Phantom auf sie zu und verschwand im letzten Augenblick, bevor es zur Kollision kam. Vielleicht drücken Phantomschiffe bei Landsleuten einfach gerne mal ein Auge zu.

DA UND NICHT DA – WEITERE PHANTOMSCHIFFE

Der *Fliegende Holländer* mag die unangefochtene Nummer eins sein, das einzige Phantomschiff ist er allerdings nicht. In vielen Teilen der Welt zeigen sich ab und zu Schiffe, die es eigentlich gar nicht gibt, manche von ihnen sogar angeblich mit erstaunlicher Regelmäßigkeit.

Die Bewohner der Insel Chiloé vor der Küste Chiles kennen

beispielsweise die *Caleuche,* einen schönen leuchtend weißen Dreimaster, auf dem lautstark gefeiert wird. Als Lebender sollte man sich dennoch besser fernhalten, denn die Mannschaft besteht aus wiedererweckten Toten und versklavten Seefahrern, die zwei Meerjungfrauen-Schwestern und deren Bruder gehorchen müssen. Als Alleinstellungsmerkmal unter den Phantomschiffen kann die *Caleuche* geltend machen, dass nur ihr nachgesagt wird, ein eigenes Bewusstsein zu haben.

Das Feuerschiff der Baie de Chaleurs (übersetzt die «Bucht der Hitze») im kanadischen New Brunswick setzt dagegen vor allem auf Lichteffekte. Er erscheint als brennender Dreimaster, der vorzugsweise vor einem Sturm zu sehen ist. Zum Ursprung des Mythos gibt es verschiedene Versionen. Neben den immer gern genommenen Piraten, die bei passender Gelegenheit verflucht wurden, stehen auch der ebenso beliebte Mord eines Besatzungsmitglieds auf der Liste sowie zwei portugiesische Brüder, die beim Versuch, indianische Sklaven zu fangen, das Kräfteverhältnis falsch eingeschätzt hatten. Während der eine den Irrtum mit einem grausamen Tod bezahlte, konnte der andere sich retten und schwören, die Bucht für die nächsten 1000 Jahre heimzusuchen.

Dabei muss er sich die Gegend allerdings mit einem weiteren Phantomschiff teilen, denn auch das Geisterschiff der Northumberland-Straße, die sich zwischen dem kanadischen Festland mit der Provinz New Brunswick und der Insel Prinz Edward Island erstreckt, erhebt Anspruch auf das Revier. Der Schoner fährt vor allem zwischen September und November brennend über das Wasser. Die Täuschung soll so echt sein, dass manches Mal Rettungsmannschaften aufgebrochen sind, um die Besatzung zu bergen. Doch stets war weder ein Schiff noch ein Wrack zu finden, wenn sie die Stelle erreichten, wo das Phantom gesichtet worden war.

Wenn es um Gespenster geht, darf England natürlich nicht zurückstehen. Besonders romantisch, wenngleich tragisch ist die Geschichte der *Lady Lovibond,* die am 13. Februar 1748, in der Nacht vor dem Valentinstag, Schiffbruch erlitten haben soll. Ausnahmsweise hatte der Kapitän nicht geflucht oder gemordet, sondern lediglich geheiratet und seine Braut zur Hochzeitsreise nach Portugal mit auf das Schiff genommen. Leider erlitt der Bootsmann John Rivers, der ebenfalls in die Dame verliebt war, vor der Küste von Kent im Südosten Englands einen so heftigen Anfall von Eifersucht, dass er kurzerhand den Steuermann erschlug und die *Lady Lovibond* auf die gefährlichen Untiefen von Goodwin Sands setzte, wobei die gesamte Besatzung und alle Passagiere ums Leben kamen. Seitdem erscheint das Schiff alle 50 Jahre, nur 1998 hat es sich erstaunlicherweise nicht gezeigt. Vielleicht war das Gedränge an der Sandbank zu groß, denn auch die SS *Montrose* und das Kriegsschiff *Shrewsbury* sollen hier spuken. Oder es stimmt, was die beiden Forscher George Behe und Michael Goss vermuten, dass die Geschichte eine Erfindung des «Daily Chronicle» aus dem Jahr 1924 ist, die rechtzeitig zum Valentinstag in die Zeitung kam.

Übrigens muss ein richtiges Phantomschiff nicht unbedingt groß sein und einen Mast führen. Das vermutlich kleinste Exemplar dürfte das Geister-Kanu vom Lake Rotomahana in Neuseeland gewesen sein. Es hatte seinen Auftritt 1886 wenige Tage vor dem Ausbruch des Vulkans Mount Tarawera. Damals sah eine Gruppe Touristen ein Kriegskanu, wie es in der Gegend seit langer Zeit nicht mehr gebaut wurde, über das Wasser gleiten und im Nebel verschwinden. Früher hatte man verstorbene Häuptlinge auf solchen Kanus aufrecht fixiert und zu ihren Ahnen geschickt, aber das war eigentlich schon Urzeiten her. Die Maori glauben, dass die Erscheinung des altertümlichen Kanus bevorstehende Vulkanausbrüche ankündigt. Einen Treffer kann es somit schon einmal verbuchen.

Am anderen Ende der Größenskala steht sicherlich der Fünfmaster *København.* Das 132 m lange und 15 m breite Schulschiff war am 28. Dezember 1928 mit 75 Mann Besatzung auf seiner letzten Fahrt von Buenos Aires nach Melbourne verschwunden. Trotz einer ausgedehnten Suche war keine Spur von dem Segler zu entdecken. Dafür meinten einige Fischer und Frachterbesatzungen, sie hätten die *København* während eines Sturms gesichtet – zwei Jahre nach ihrem Verschwinden. Experten vermuten, dass das Schiff mit einem Eisberg kollidierte und zu schnell sank, um die Rettungsboote zu Wasser zu lassen. Vielleicht war aber auch nur eine heftige Sturmbö schuld, die den unbeladenen Segler in einem ungünstigen Winkel getroffen und versenkt hat. Im Januar 1930 wurde die *København* offiziell für verschollen erklärt. Vielleicht war aber keines dieser Phantomschiffe wirklich dort, wo es gesichtet wurde.

EINE FRAGE DER OPTIK?

Obwohl die obige Aufzählung unvollständig ist, können wir doch schon anhand der wenigen Beispiele drei interessante Merkmale herausstellen, die uns einer Antwort auf die Frage, ob es wirklich und wahrhaftig Phantomschiffe gibt, ein gutes Stück näher bringen. Erstens sind viele Phantomschiffe schlicht Erfindungen kreativer Geister, um ein bisschen Aufregung ins Leben zu bringen, wie das Beispiel der *Lady Lovibond* zeigt. Sie sind unterhaltsam, erwecken beim Zuhörer eine Gänsehaut und kurbeln den Tourismus an. Mehr als Phantasie und Psychologie steckt jedoch nicht in ihnen. Zweitens sind die Schiffe in den seriöseren Berichten oft aus der Entfernung deutlich zu sehen, lösen sich aber in nichts auf, wenn man ihnen zu nahe kommt, wie es Prinz George von seinem Treffen mit dem *Fliegenden Holländer* berichtet hat. Und drittens stehen Phantomschiffe gerne in Flammen, was das Geisterschiff der Northumberland-Straße sehr schön demonstriert.

Beginnen wir mit dem Auftauchen und Verschwinden. Der Effekt erinnert verblüffend an ein Phänomen, das aus einer ganz anderen unwirtlichen Gegend bekannt ist: die Fata Morgana. Inmitten von Sandwüsten scheinen sich plötzlich am Horizont Oasen mit Seen aufzutun, auf denen vielleicht sogar Fischerboote unterwegs sind. Fata Morganen sind aber nicht auf heiße Wüsten beschränkt, sondern treten unter den passenden Bedingungen überall auf der Welt auf, auch in unseren Breiten und selbst im ewigen Eis der Arktis und Antarktis.

Das Geheimnis einer Fata Morgana oder Luftspiegelung liegt in dem Weg der Lichtstrahlen, die in unser Auge fallen und dort ein Bild erzeugen. Sie haben ihren Ursprung bei einem realen Schiff – tagsüber, indem dessen Planken, Segel und Takelage das Sonnenlicht reflektieren; nachts in den Lampen und Positionslichtern oder den lodernden Flammen, sofern das Schiff tatsächlich in Flammen steht. Die Lichtstrahlen breiten sich durch die Luft aus. Das geschieht ungeheuer schnell, nämlich mit Lichtgeschwindigkeit. Im Vakuum des Weltalls ist diese Lichtgeschwindigkeit eine der wichtigen physikalischen Konstanten und beträgt exakt 299 792 458 Meter pro Sekunde. Wir kennen den Wert deshalb so genau, weil die Physiker ihn so definiert, also mit ihrer wissenschaftlichen Autorität einfach entschlossen festgelegt haben. Sollte sich eines Tages bei einer erneuten Vermessung mit besseren Instrumenten herausstellen, dass das Licht im Vakuum in einer Sekunde eine winzige Strecke mehr oder weniger zurücklegt, wird nicht etwa der Wert für die Lichtgeschwindigkeit geändert, sondern einfach entsprechend an der Länge des Meters herumgeschraubt, bis alles wieder passt. Aber keine Angst: Die Änderungen wären minimal, sodass niemand seinen Ausweis umschreiben lassen muss, weil die darin angegebene Körpergröße nicht mehr stimmt.

Die Lichtgeschwindigkeit ist also konstant – allerdings nur im Vakuum! Wandert das Licht durch ein anderes Medium wie beispielsweise Luft, wird es ein bisschen abgebremst und kommt etwas langsamer voran. Der Unterschied ist nicht groß, und er ist vor allem nicht immer gleich: Kalte Luft ist für Licht eine Winzigkeit zäher als warme Luft. Im Jargon der Physiker gesprochen hat kalte Luft einen größeren Brechungsindex als warme Luft. In einer schön einheitlichen Luftsäule ist das nicht weiter von Bedeutung. Wenn aber unterschiedlich warme Luftschichten übereinanderliegen, bekommen Lichtstrahlen den Unterschied im Bereich des Übergangs zu spüren. Auf der warmen Seite kommen sie schneller voran als auf der kalten, und die Strahlen laufen nicht schnurgerade weiter, sondern werden in Richtung der kalten Luftschicht gebogen. Wir können uns das anschaulich anhand eines Autos vorstellen, das über eine Straße fährt und mit den rechten Rädern in eine Öllache gerät. Plötzlich drehen diese Räder durch und schieben die rechte Seite des Autos nicht mehr im gleichen Tempo voran, wie es die linken Räder machen. Das Auto ist folglich links schneller als rechts und fährt dadurch eine Rechtskurve.

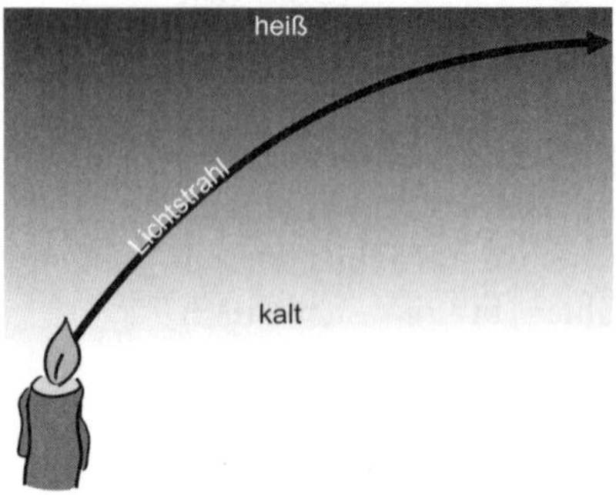

Lichtstrahlen werden beim Wechsel von kalter zu warmer Luft verbogen.

Auf dem Meer sind verschieden temperierte Luftmassen der Normalfall. Tagsüber erwärmt sich das Wasser nicht so schnell wie die Atmosphäre und kühlt die oberflächennahe Luft ab. Normalerweise wirbeln Winde aber alles ordentlich durcheinander, sodass die Lichtstrahlen allenfalls ein bisschen im Zickzack fliegen und wir ein weit entferntes Schiff nicht ganz scharf sehen. Ist es allerdings windstill, können sich hingegen großflächige Luftschichten übereinanderlagern, ohne sich zu vermischen, und nun werden die Lichtstrahlen, die von einem Schiff ausgehen, plötzlich umgeleitet. Mit erstaunlichen Effekten.

Beispielsweise verleiht uns die Biegung der Lichtstrahlen die Fähigkeit, bis hinter den Horizont zu sehen. Die Übergänge zwischen kalter Luft unten und warmer Luft darüber lenken das Licht immer wieder nach unten, sodass die Strahlen in etwa der Erdkrümmung folgen und wir gewissermaßen «um die Ecke» schauen. Befindet sich hinter dem Horizont ein Schiff, das eigentlich außerhalb der Sichtweite ist, taucht es bei sorgsam geschichteter Luft unvermittelt doch vor uns auf. Rudern wir aber auf die Erscheinung zu, passen die Winkel nicht mehr, und das Bild verschwindet vor unseren Augen. Das Gleiche geschieht, wenn ein Windhauch die Luftschichten durcheinanderwirbelt: Das Phantomschiff löst sich in nichts auf.

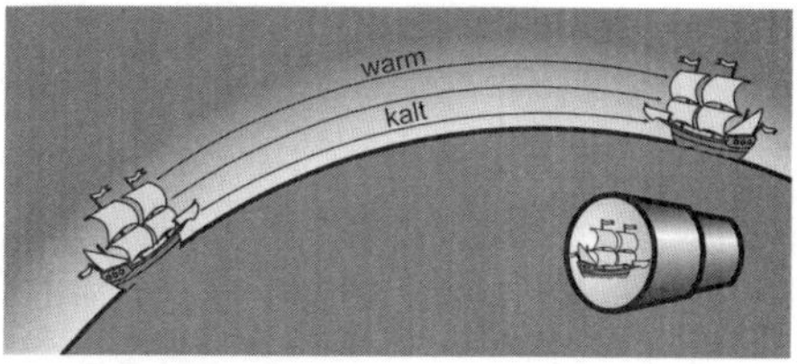

Bei sauber übereinandergelagerten Luftschichten folgen Lichtstrahlen der Erdkrümmung, und wir sehen bis hinter den Horizont.

Mit dem gebogenen Strahlenverlauf sind die optischen Tricks der Phantomschiffe aber noch nicht erschöpft. Wenn die Grenze zwischen zwei Luftschichten sehr scharf und der Temperaturunterschied groß ist, werden die Lichtstrahlen, die von der kalten in die warme Schicht wollen, nicht nur gebogen, sondern reflektiert wie an einem Spiegel. Diese sogenannte Totalreflexion sorgt dafür, dass wir ein auf dem Kopf stehendes Schiff wahrnehmen, das in der Luft schwebt. Mitunter ergibt sich aus der Kombination von gebogenem und reflektiertem Licht sogar ein doppeltes Schiff, das wirkt, als hätte sein Erbauer bereits bei der Konstruktion doppelt gesehen.

Ein fliegendes Schiff erhalten wir auch dann, wenn sich die

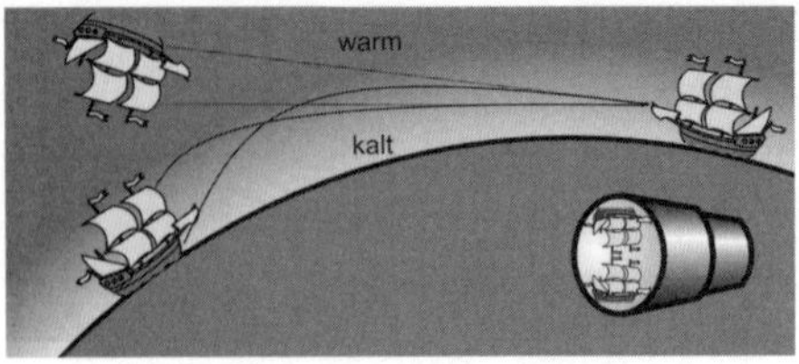

Totalreflexion an scharfen Luftgrenzen beschert uns ein kopfstehendes Spiegelbild.

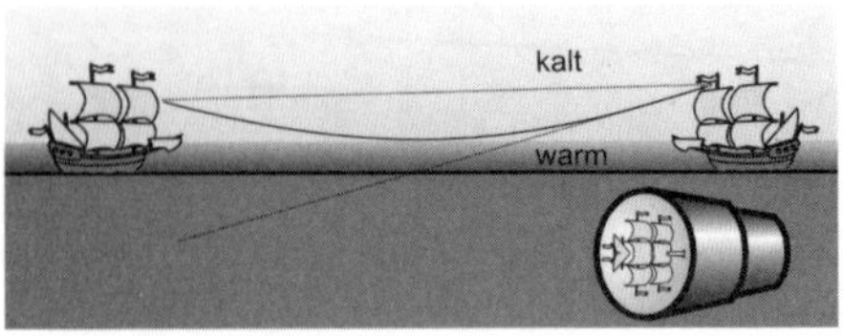

Ist es unten wärmer als oben, scheinen weit entfernte Schiffe zu schweben und sich teilweise gespiegelt zu verdoppeln.

Verteilung der Luftschichten einmal umkehrt. In arktischen wie auch tropischen Gewässern heizt das warme Wasser manchmal die angrenzende Luft auf, sodass sie wärmer ist als die höheren Luftschichten. Die oberflächennahe Luft kann dann wie ein Spiegel wirken, bei dem die reflektierende Seite nach oben weist. Unterhalb der normalen Aufbauten erscheinen in dem Spiegel nochmals die oberen Teile des Schiffes. Was sich aber innerhalb der warmen Luft und damit unterhalb der Spiegelebene befindet, beispielsweise der Rumpf, ist dafür aus der Ferne gar nicht zu sehen. Das Ergebnis ist ein Bild eines eigenartigen Schiffes, das in der Luft zu schweben scheint.

Luftspiegelungen lassen weit entfernte Schiffe ganz nah erscheinen, wie in diesem Schulbuch aus dem 19. Jahrhundert.

All das Verbiegen und Spiegeln kann mehrfach und mit unterschiedlicher Stärke auftreten, wodurch ferne Schiffe grotesk verzerrt erscheinen und einen wahrhaft gespenstischen Anblick bieten können.

Aber nur solange es einigermaßen windstill ist, wie es etwa Prinz George für seine Begegnung mit dem *Fliegen-*

den Holländer beschrieben hat. Schon ein zarter Windhauch zerstört ansonsten die sorgsam aufgehäuften Luftschichten.

DAS GEHEIMNIS «BRENNENDER» SCHIFFE

Ganz anders sieht es aus, wenn ein Schiff «brennen» soll wie das Feuerschiff der Baie de Chaleurs. Für diesen Auftritt kann das Wetter gar nicht zu garstig sein, denn wir brauchen möglichst kraftvolle elektrische Felder.

Wenn Stürme gewaltige Luftmassen mit sich reißen und ein Gewitter aufbauen, trennen sie dabei elektrische Ladungen, die sich mit Blitzen wieder vereinen. An den Masten großer Segler gibt es aber mitunter noch eine zweite Leuchterscheinung, die ein Schiff erstrahlen lässt, als würde es in kalten Flammen stehen: das Elmsfeuer. Dafür muss das Unwetter elektrische Felder mit Stärken von mehr als 100000 Volt pro Meter erzeugen. An spitzen Gegenständen wie den Enden der Schiffsmasten und Rahen werden die Felder nochmals konzentriert, sodass sie schließlich die Moleküle der Luft in ein Plasma verwandeln. Wie das Gas im Inneren einer Neonröhre leuchten der Sauerstoff und der Stickstoff der Luft blau bis violett auf, manchmal begleitet von

An den Spitzen der Masten und Rahen von Segelschiffen leuchten bei Unwettern manchmal Elmsfeuer.

einem hohen sirrenden Geräusch. Obwohl das Licht nicht besonders hell ist, kann man es in einer dunklen, stürmischen Nacht gut sehen. Ein weit entferntes Schiff, das in einer aufziehenden Gewitterfront von Elmsfeuern glüht, ist somit tatsächlich ein verlässlicher Bote für aufkommenden Sturm.

Unter Seeleuten gelten Elmsfeuer in der Regel als ein gutes Omen, ist es doch nach dem heiligen Erasmus von Antiochia benannt, der auf Italienisch Elmo heißt und Schutzpatron der Seefahrer ist. Nur in Melvilles «Moby Dick» musste es als Zeichen für bevorstehendes Unglück herhalten, aber daran hatte vor allem die unstillbare Rachsucht von Kapitän Ahab entscheidenden Anteil. Nicht an jedem Unglück auf den Meeren sind Phantomschiffe schuld.

BEI DER EHRE DES KLABAUTERMANNS

Phantomschiffe machen sich gut in Erzählungen. Sie halten das Andenken an besondere Schiffe und ihre Kapitäne aufrecht, mahnen zu einem moralischen Lebenswandel und bieten den gespannt lauschenden Landratten eine Gelegenheit zum wohligen Gruseln. Von den ernstgemeinten Berichten über Begegnungen mit Schiffen, die plötzlich da und wieder verschwunden waren oder während eines Sturms wie ein brennendes Schiff im Dunkeln aus sich selbst heraus geleuchtet haben, dürften die meisten auf optische Effekte wie Luftspiegelungen und elektrische Entladungen zurückzuführen sein.

Fazit: Der Mythos vom *Fliegenden Holländer* und anderen Phantomschiffen ist eine unterhaltsame Mischung aus Phantasie und Physik.

WO GIBT ES MEHR?

Der Fliegende Holländer

http://www.sagen.at/texte/maerchen/maerchen_deutschland/seemannssagen_schiffermaerchen/derfliegendehollaender.html

Eine von vielen Erzählungen. Diese ist von 1849.

Luftspiegelungen

http://www.physik.wissenstexte.de/halligen.htm

Eine genaue Erklärung, wie die Luft uns Bilder von fernen Objekten beschert.

Wie entsteht eine Fata Morgana?

http://www.wissen.de/video/wie-entsteht-eine-fata-morgana

Ein Erklärvideo zu Luftspiegelungen mit schönen Beispielaufnahmen.

Geisterschiffe – Allein auf Abwegen

Es ist jetzt davon auszugehen, dass die schöne Brigg Mary Celeste, *von rund 236 t, kommandiert von Kapitän Benjamin Briggs, aus Marion, Mass., Ende November von Piraten in ihre Gewalt gebracht wurde und das Schiff nach dem Mord an dem Kapitän, seiner Frau und seinem Kind sowie der Offiziere in der Nähe der Western Islands [Azoren] verlassen wurde, wo die Schurken vermutlich an Land gingen.*

«Boston Post» vom 24. Februar 1873

Verlassen Sie auf hoher See niemals Ihr Schiff! Nicht bei Sturm, nicht bei einem gebrochenen Mast und nicht bei einem Motorschaden. Denn kein Rettungsboot ist so sicher wie ein großes Schiff. Jeder Seemann weiß das. Deshalb müssen es schon außergewöhnliche Umstände sein, die erfahrene Kapitäne dazu bringen, ihr Schiff im Stich zu lassen und ihr Glück auf dem offenen Meer zu versuchen.

Und doch berichten Seefahrer immer wieder von Geisterschiffen, die über Hunderte Seemeilen ohne Besatzung vor sich hin treiben. Oder von Schiffen, auf denen Tote am Steuerruder stehen und die gegen den Wind segeln.

VERLASSEN IM ATLANTIK

Es war der 4. Dezember 1872, 1.00 Uhr mittags. Rund 750 km östlich der Azoren, etwa auf halber Strecke nach Portugal, entschied David Morehouse, Kapitän des kanadischen Handelsseglers *Dei Gratia,* dass er etwas unternehmen musste. Seit zwei Stunden beobachtete er nun schon den Zweimaster *Mary Celeste,* wie er mit teilweise gesetzten Segeln und beschädigter Takelage anscheinend unkontrolliert über das Meer driftete. Die Schonerbrigg hatte keine Flaggen gesetzt, aus denen sich ersehen ließe, welche Probleme es an Bord gab, und es antwortete niemand auf die Signale von der *Dei Gratia.* Dabei müsste die *Mary Celeste* längst im Hafen von Genua liegen, war sie doch acht Tage vor der *Dei Gratia* aus New York ausgelaufen. Morehouse erinnerte sich, dass der Kapitän der *Mary Celeste,* Benjamin Spooner Briggs, seine Frau und seine zweijährige Tochter mitgenommen hatte, um nicht so lange von ihnen getrennt zu sein. Briggs lebte in dem Zwiespalt, dass er nicht nur ein guter und erfahrener Seemann war, sondern ebenso leidenschaftlich Familienvater. Um beides unter einen Hut zu bringen, hatte er extra die *Mary Celeste* umbauen lassen. Ein zweites Deck bot nun ausreichend Platz für Frau und Kind. Der Sohn Arthur war nicht dabei. Er war gerade eingeschult worden und musste bei der Großmutter wohnen, bis seine Eltern zurückkamen.

Offensichtlich stimmte etwas nicht auf der *Mary Celeste.* Morehouse kannte Briggs und wusste, dass er für diese Fahrt eine gute Mannschaft zusammengestellt hatte. Die Offiziere und der Koch waren Amerikaner, die gewöhnlichen Seemänner Deutsche aus Friesland. Obwohl in den letzten Tagen heftige Stürme auf dem Atlantik getobt hatten, sollten sie dadurch in keine größeren Schwierigkeiten geraten sein. Es musste mehr dahinterstecken, wenn nun kein Lebenszeichen an Bord zu sehen war. Morehouse gab seinem ersten Offizier Oliver Deveau Befehl, zusammen mit dem zweiten Maat John Wright im Beiboot überzusetzen und nach dem Rechten zu sehen. Er hatte ein ungutes Gefühl dabei.

Als Deveau und Wright die *Mary Celeste* betraten, merkten sie schnell, dass das Schiff verlassen war. Während die Masten tadellos in Ordnung waren, hingen einige der Segel zerschlissen von ihnen herab, als wenn sie tagelang bei jedem Wetter den wechselnden Winden ausgesetzt waren. Die Hauptluke zum Laderaum war verschlossen, doch die Luken der vorderen und hinteren Zugänge waren nicht nur geöffnet, sondern lagen abgetrennt auf dem Deck. Das einzige Rettungsboot fehlte. In den Kajüten und unter Deck sah es noch schlimmer aus. «Das ganze Schiff war ein totales durchnässtes Chaos», beschrieb Deveau das Bild, das sich ihm und dem zweiten Maat bot. In der Kombüse war der Ofen aus seiner Verankerung gerissen, verschiedene Luken und Türen standen offen, und überall stand Wasser, das vermutlich in den vergangenen Tagen hereingespült worden war. Was nicht niet- und nagelfest war, lag durcheinander herum, aber es schienen keine persönlichen Dinge oder Wertgegenstände zu fehlen. Die Schiffsuhr war stehengeblieben, der Kompass kaputt. Der Schiffschronometer und der Sextant – die beiden Instrumente, mit denen man die Position bestimmen und einen Kurs festsetzen konnte – fehlten ebenso wie die Seekarten. Alles machte den Eindruck, als hätte die Mannschaft das Schiff überstürzt verlassen. Aber warum?

Die *Mary Celeste* war eindeutig seetüchtig und hatte trotz des Chaos in den Kajüten gerade einmal einen Meter Wasser in der Bilge, dem untersten Raum, wo sich das Wasser sammelt. Wahrlich keine bedenkliche Menge. Eine der beiden Pumpen zum Absaugen war demontiert, der Peilstab lag an Deck. An Proviant herrschte kein Mangel. Die Vorräte hätten gut und gerne für sechs Monate gereicht, weit mehr, als nötig war für die Fahrt von New York nach Italien. Nicht einmal die Ladung, die aus 1701 Fässern hochkonzentriertem Industriealkohol bestand, war angetastet. Auch der letzte Eintrag im Logbuch bot keinen Hinweis. Er war auf 8.00 Uhr morgens am 25. November datiert und merkte lediglich an, dass die *Mary Celeste* die Azoreninsel Santa Maria passiert hatte.

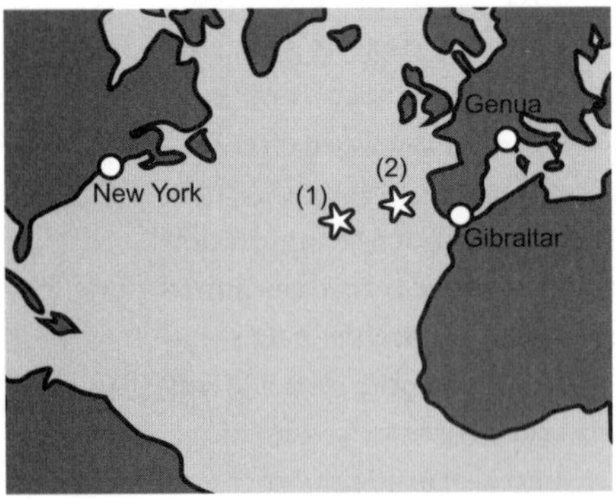

Die Wegpunkte der *Mary Celeste*. Der letzte Eintrag ins Logbuch fand auf Höhe der Azoren statt (1). Gefunden wurde das Schiff 750 km weiter östlich (2).

Die Männer der *Dei Gratia* standen vor einem Rätsel. Kapitän Morehouse ließ das Geisterschiff wieder flottmachen und überstellte Deveau sowie einige weitere Männer als Bergungsmannschaft auf die *Mary Celeste*. Damit waren zwar beide Schiffe unterbesetzt, und es würde eine heftige Plackerei werden, die Segler in den nächsten Hafen nach Gibraltar zu bringen, aber wenigstens würde es eine ordentliche Prämie geben.

Vielleicht hätte der Kapitän die *Mary Celeste* treiben lassen, wenn er gewusst hätte, was ihn und seine Männer erwartete.

EIN UNFAIRER PROZESS OHNE ERGEBNIS

Acht Tage dauerte die beschwerliche Fahrt der *Dei Gratia* nach Gibraltar, für die *Mary Celeste,* die im Nebel den Anschluss verloren hatte, sogar einen Tag länger. Die Männer waren vollkommen ausgelaugt und froh, das Ziel überhaupt erreicht zu haben. «Für die *Mary Celeste* müssen wir gut entlohnt werden», schrieb Deveau an seine Frau.

Er hatte allen Grund, sich Hoffnungen auf eine stattliche Belohnung zu machen, denn nach dem Seerecht stand dem Bergenden eines verlassenen Schiffes ein beträchtlicher Teil des Werts von Schiff und Ladung zu. Je schwieriger und gefährlicher die Aktion war, desto größer sollte die Prämie ausfallen. Die genaue Höhe des Anteils legten die jeweiligen Behörden fest, auf Gibraltar damals hoheitsvoll repräsentiert vom obersten Richter Sir James Cochrane. Der übergab die Angelegenheit zur Untersuchung an den lokalen Generalstaatsanwalt Frederick Solly Flood – einen Mann, von dem es hieß, er sei ebenso dumm wie von sich selbst eingenommen und kaum von einer einmal gefassten Meinung abzubringen. Zumindest in der Sache *Mary Celeste* sollte er diesem Ruf in allen Belangen gerecht werden.

Kaum hatte Flood die Berichte von Deveau und Wright zur Kenntnis genommen, war er auch schon felsenfest davon überzeugt, einem üblen Verbrechen auf der Spur zu sein. Er befahl die genaue Untersuchung der *Mary Celeste,* in deren Verlauf am Bug Schnitte entdeckt wurden, die nach Ansicht des Staatsanwalts von einem scharfen Werkzeug stammten, sowie Blut auf dem Säbel von Kapitän Briggs und auf der Reling. In seinem Bericht an das Handelsministerium in London konstruierte er auf dieser Basis die Geschichte eines schaurigen Mordes, den die Mannschaft, betrunken vom Alkohol in der Ladung, an Kapitän Briggs, seiner Familie und den Offizieren verübt hatte, bevor sie sich mit dem Beiboot absetzte. Außerdem standen die Offiziere der *Dei Gratia* im Verdacht, etwas zu verheimlichen, denn die *Mary Celeste* konnte unmöglich alleine so weit geschwommen, sondern musste schon weiter östlich gefunden worden sein, befand Flood. Und weil er gerade so schön in Fahrt war, beschuldigte er gleich noch den Besitzer der *Mary Celeste*, James Winchester, der zwischenzeitlich auf Gibraltar eingetroffen war, ein Killerkommando auf Kapitän Briggs angesetzt zu haben.

Die Stimmung hatte ihren explosiven Höhepunkt erreicht, und womöglich hegte der ein oder andere Protagonist inzwischen tatsächlich Mordgedanken, als Floods sorgfältigst erdachte Verschwörungstheorie völlig in sich zusammenfiel. Zuerst ergab eine wissenschaftliche Analyse des «Blutes» an Säbel und Reling, dass es sich keineswegs um menschliche Überreste, sondern um ganz banalen Rost handelte. Dann wies obendrein ein Kapitän der US-Marine nach, dass die vermeintlichen Schnitte am Bug normale Abnutzungserscheinungen waren, die sich Segelschiffe aus Holz bei einer Fahrt über den Ozean zuziehen. Flood stand wie der Trottel dar, der er wohl tatsächlich war.

Ohne irgendwelche Beweise für ein Verbrechen blieb auch dem Generalstaatsanwalt nichts anderes übrig, als die *Mary Celeste* freizugeben. Die Prämie für die Bergung setzte Sir James Cochrane auf ein Fünftel des Werts von Schiff und Ladung fest – weitaus weniger, als Beobachter des Prozesses erwartet hatten. Vielleicht war diese letzte Gemeinheit aber notwendig, um die angeschlagenen Egos der Vertreter Ihrer Majestät für die erlittene Schmach zu entschädigen. Der Lösung des Rätsels um die *Mary Celeste* war man im Verlaufe der Verhandlungen jedenfalls keinen Schritt näher gekommen.

Darum stand der Fall gute 125 Jahre später erneut auf dem Prüfstand. Dieses Mal im Norden Deutschlands.

«SO ETWAS MACHT EIN SEEFAHRER NICHT!»

Der Weg zur See führte für Eigel Wiese über den Dachboden seiner Großeltern. Generationen von Männern der Familie hatten die Meere befahren und ihre Souvenirs hier oben deponiert. Für den kleinen Eigel waren sie ein Guckloch in die weite Welt, und so beschloss der Knirps, eines Tages ebenfalls zur See zu fahren. Sicherlich würde er heute auch auf der Brücke eines großen Schiffes stehen, wenn ihm nicht der Untergang des Segelschulschiffs *Pamir* im Jahr 1957 heftigen Gegenwind der Familie gegen seine Pläne beschert hätte. Ein Segelschein, eine Ausbildung in Seenotrettung und ein paar Fahrten als Trainee auf traditionellen Großseglern waren noch drin, dann musste ein Beruf her, bei dem man die meiste Zeit mit beiden Füßen auf festem Boden bleibt. Aus dem kleinen Eigel wurde folglich der gestandene Fotograf und Journalist Wiese, der sich die Nähe zum Meer, so gut es ging, bewahrte, indem er vor allem über Schiffe und Ozeane schrieb und Freundschaften zu Kapitänen und Seeleuten pflegte. Wiese weiß also, wovon er spricht, wenn er zum Rätsel der *Mary Celeste* sagt: «Ein Kapitän verlässt sein Schiff nicht. Erstens ist es sein Zuhause, und zweitens ist er verantwortlich – für das Schiff, die Besatzung und die Ladung. Das müssen schon ganz besondere Gründe sein, wenn er es im Stich lässt.»

Wie eben bei der *Mary Celeste.* Als sein Verleger ihn bat, ein Buch über das berühmteste aller Geisterschiffe zu schreiben, konnte Wiese sich zunächst keinen Reim drauf machen, warum Kapitän Briggs entgegen allen seemännischen Regeln gehandelt und die Evakuierung des Schiffs befohlen hatte. Deshalb musste er ganz von vorne anfangen und sich an den Quell des Wissens begeben. «Meine Recherchen für maritime Bücher fangen meist am Tresen des Blankeneser Segelclubs an», erzählt er. «Da hat immer jemand etwas zum Thema gehört oder ein Buch darüber.»

Was Wiese aus den verschiedenen Unterlagen erfuhr, kam ihm allerdings nicht sonderlich überzeugend vor. Viele der verbreiteten Gründe, warum die *Mary Celeste* aufgegeben wurde, wie Angriffe von Seeungeheuern oder Piraten, verwarf er sofort, weil nicht das kleinste Anzeichen auf derartige Ereignisse hindeutete. Auch von der Theorie der Filmemacherin Anne MacGregor, die mit Unterstützung des Smithsonian Instituts eine Dokumentation über den Fall gedreht hatte, hält er nicht viel. Sie kam zu dem Schluss, dass die Pumpen, mit denen das ständig eindringende Wasser aus dem Schiff befördert wurde, durch Kohlenstaub von der letzten Ladung und Holzreste vom Umbau verstopft waren. Dafür spricht, dass eine der beiden Pumpen in ihre Einzelteile zerlegt war, als die Mary Celeste gefunden wurde. Wegen des vollen Laderaums konnte Kapitän Briggs nach den schweren Stürmen den Wasserstand im Schiff nicht überprüfen, und als die Azoreninsel Santa Maria in Sicht war, ordnete er vorsichtshalber an, die *Mary Celeste* zu verlassen. «So etwas macht ein Seefahrer nicht!», weist Wiese die Idee entschieden zurück. «Auch ohne Messung merkt ein Seemann über seine Füße, ob sich das Schiff anders verhält, weil es vollgelaufen ist.» Und selbst wenn der Bauch voll Wasser gewesen wäre, hätte Kapitän Briggs sicherlich Kurs auf das angeblich so nahe Land angeordnet, um das Schiff auf eine sandige Stelle zu setzen und es auf diese Weise mitsamt Ladung vor dem Sinken zu bewahren. «Das wäre eine seemännische Verhaltensweise gewesen.»

Wiese selbst folgte bei seinen Recherchen einer anderen Spur. Ihn erinnerte die Ladung der *Mary Celeste* an ein Ritual, das er aus eigener Erfahrung kennt. «Auf manchen Seglern gibt es die Tradition, eine geleerte Flasche hochprozentigen Alkohol mit den Händen zu reiben, bis sie warm oder fast heiß ist. Dann schraubt man den Deckel ab und wirft ein brennendes Streichholz hinein. Das gibt eine ordentlich fauchende Stichflamme. Im

Englischen sagt man dazu ‹releasing the Jinni› – ‹den Geist aus der Flasche lassen›.» Tatsächlich sammelten sich früher in den Laderäumen der Schiffe, die Alkohol in Holzfässern transportierten, entzündliche Dämpfe, die regelmäßig durch gründliches Lüften entfernt werden mussten. Bei der *Mary Celeste* dürfte das Problem ebenfalls aufgetreten sein, zumal aus neun Fässern, die aus poröser roter Eiche statt gut dichtender weißer Eiche gefertigt waren, der gesamte Inhalt verdunstet war. Dummerweise konnte die Besatzung wegen des andauernd schlechten Wetters den Laderaum über mehrere Tage nicht belüften. Als sie es dann endlich doch tat, öffnete sie wahrscheinlich zuerst die hintere Luke, die bei Segelschiffen immer dem Wind zugewandt ist. «Ich habe mir zusammen mit einem befreundeten Chemiker, der Sicherheitsingenieur bei einem Hamburger Chemieunternehmen war, die Baupläne von Handelsschiffen aus der damaligen Zeit angesehen», erzählt Wiese. «Danach stand für mich fest, was geschehen ist.»

VERPUFFT UND VERLASSEN

Nach Wieses Theorie gab es auf der *Mary Celeste* eine Verkettung unglücklicher Umstände und verheerender Fehlentscheidungen. Als dummerweise die hintere Ladeluke zum Belüften geöffnet wurde, drückte die einströmende Luft die Alkoholdämpfe in den vorderen Teil des Laderaums und verdichtete sie. In diesem Zustand reichte bereits eine heiße Stelle aus, wie sie etwa durch die Reibung der Holzfässer aneinander entsteht, und das Gemisch aus Alkohol und Luft explodierte in einer Verpuffung. Anders als bei herkömmlichen Explosionen verbrennt bei dieser Art von chemischer Reaktion mit Ausnahme des Alkohols nichts, sodass es auch keine Spuren am Holz gibt. Das hatte auch ein Experiment des Fernsehsenders Channel Five ergeben, der das

Szenario im Jahr 2006 mit einem Schiffsmodell, Butangas und Papierfässchen wiederholt hatte. Nach der Verpuffung wies das Papier keinerlei Brandspuren auf. Allerdings riss das Gas bei der Explosion alle Luken, die nicht fest genug verschlossen waren, aus der Verankerung, und eine gewaltige Stichflamme stieg zum Himmel. Der ganze Prozess könnte sich an Bord der *Mary Celeste* mehrmals wiederholt haben. Unter solchen Umständen wäre es durchaus sicherer gewesen, sofort die gesamte Besatzung und die Passagiere in das Beiboot zu evakuieren und abzuwarten, bis die Alkoholdämpfe auf die ein oder andere Art abgezogen waren. Damit sie die *Mary Celeste* nicht verloren, werden die Seeleute das Beiboot mit einem Tau an das Schiff gebunden haben.

An dieser Stelle beging Kapitän Briggs jedoch in der Eile einen weiteren fatalen Fehler. Da wegen der Stichflammen niemand die gesetzten Segel am vorderen Mast reffen konnte, machte die *Mary Celeste* weiterhin gute Fahrt – und war zu schnell für das Beiboot. Immer wieder tauchte dessen Bug in das Wasser, weil der Rumpf nicht für solche Geschwindigkeiten ausgelegt war. Das Boot drohte mit all seinen Männern, mit Ehefrau und Kind von der *Mary Celeste* unter Wasser gezogen zu werden und zu sinken. Kapitän Briggs blieb schließlich keine andere Wahl, als das Tau zum Schiff zu kappen. Schweren Herzens sah er die *Mary Celeste* davonsegeln. Ohne Besatzung einem ungewissen Schicksal entgegen. Und vermutlich ahnte er, dass die Überlebenschancen für ihn selbst, seine Familie und seine Mannschaft äußerst gering waren. Die Winde werden das kleine Boot schnell von den befahrenen Routen abgedrängt und auf den weiten Atlantik geweht haben, wo es für immer verschollen ist. Die *Mary Celeste* war zu einem Geisterschiff und ihr Beiboot zu einer Todesfalle geworden.

Ob sich die Ereignisse auf der *Mary Celeste* wirklich so zugetragen haben, kann auch Eigel Wiese nicht mit Bestimmtheit sagen. Aber sie entsprechen genau der Hypothese, die auch der

Eigentümer des Schiffes, James Winchester, schon kurz nach dem Auffinden der *Mary Celeste* aufgestellt hatte. Es ist bislang die einzige Theorie, die alle Fakten erklären kann und mit dem Selbstverständnis eines erfahrenen Seemanns wie Kapitän Briggs vereinbar ist.

Aber es ist nicht die einzige Art, wie ein Geisterschiff entstehen kann.

DAS SCHIFF DER VERDAMMTEN RATTEN

Erinnern Sie sich noch an den Namen «Lyubov Orlova»?

Falls dem so ist, denken Sie vermutlich nicht an die Schauspielerin und Sängerin Lyubov Petrowna Orlova, die in den 1930er Jahren zum ersten großen Unterhaltungsstar der Sowjetunion wurde. Viel wahrscheinlicher ist, dass Sie den Namen in einem ganz anderen Kontext abgespeichert haben: Wahrscheinlich kennen Sie die *Lyubov Orlova* als das «Geisterschiff der Ratten».

Eigentlich hatte die Karriere des Schiffes, das nach der sowjetischen Künstlerin benannt war, recht vielversprechend begonnen. 1976 im damaligen Jugoslawien als Passagierdampfer gebaut, bot es mit rund 100 m Länge und 16 m Breite genügend Platz für 237 Passagiere und rund 80 Besatzungsmitglieder. Später wurde es umgerüstet zu einem speziellen Kreuzfahrtschiff für die Polargebiete und trug auf seinen Touren in die Arktis und Antarktis jeweils 110 kälteunempfindliche Touristen zu Eisbergen und Pinguinen. Die *Lyubov Orlova* war allemal ein stattliches, starkes Schiff, das durchaus für die raue Seite der See gewappnet war.

Trotzdem begann sein Stern bald nach der Jahrtausendwende zu sinken. Symbolisch für das nun missgünstige Schicksal war der 27. November 2006, als das Schiff bei Deception Island in der Antarktis auf Grund lief. Zwar konnte es aus eigener Kraft weiterfahren, nachdem es von einem spanischen Eisbrecher freigeschleppt worden war, doch vier Jahre später kam das endgültige Aus. Weil der Reeder eine Schuld von 250 000 Dollar nicht begleichen konnte, wurde die *Lyubov Orlova* in St. John auf Neufundland in Kanada festgesetzt. Kurz darauf ging die Mannschaft, die seit mehreren Monaten keine Heuer mehr erhalten hatte, von Bord. Zurück blieb ein vor sich hin rostendes Schiff, für das sich niemand interessierte, sodass es im April 2011 aus dem Register – sozusagen dem Grundbuch für Schiffe – gestrichen wurde.

Damit hätte die Geschichte der *Lyubov Orlova* bereits zu Ende sein können, doch der ganz große Ruhm lag paradoxerweise noch vor dem Schiff. Ein Konsortium kaufte den ehemaligen Kreuzfahrer und bestellte einen Schlepper, der ihn zum Abwracken von Kanada in die Dominikanische Republik ziehen sollte. Aber die *Lyubov Orlova* schien sich diese Schmach ersparen zu wollen. Als hätte es geahnt, was ihm bevorstand, bäumte sich das Schiff einen Tag nach der Abreise am 23. Januar 2013 bei stürmischem Wetter auf, sodass die Verbindung zum Schlepper riss. Wegen des Seegangs gelang es der Schlepperbesatzung nicht, es wieder einzufangen, und sie ließ es einfach treiben. Direkt auf die Offshore-Anlagen eines Ölfelds zu.

Wenn es um Öl geht, hört bei Regierungen und Behörden bekanntermaßen der Spaß auf, und darum schickte die zuständige kanadische Stelle Transport Canada die *Atlantic Hawk* los, um eine ökonomische und ökologische Katastrophe zu verhindern. Tatsächlich gelang es deren Mannschaft, die *Lyubov Orlova* wieder an die Leine zu legen und aus der Gefahrenzone zu bugsieren. Die Dinge hätten nun ihren vorbestimmten Lauf nehmen können, aber stattdessen begann ein Drama in drei Akten, das uns immer noch Rätsel aufgibt.

1. Akt: Ausgebrochen oder freigelassen? Kaum hatte das Gespann von Schlepper und Geschlepptem den kanadischen Seeraum verlassen und internationale Gewässer erreicht, machte sich die *Lyubov Orlova* erneut selbständig. Je nach Quelle gibt es unterschiedliche Meinungen, wie das geschehen konnte. Einige gehen davon aus, dass die Seile wegen des Seegangs ein weiteres Mal versagten und die Besatzung des Schleppers einfach keine Lust mehr hatte, dem widerspenstigen Schiff nachzujagen. Andere vermuten, die kanadischen Behörden hätten absichtlich angeordnet, den Störenfried ziehen zu lassen, um keine weiteren Kosten durch ihn zu haben. Sie setzten darauf, dass die *Lyubov Orlova* mit den Strömungen auf den Atlantik treiben und sehr bald untergehen würde.

Doch diesen Gefallen wollte ihnen die *Lyubov Orlova* nicht tun.

Ihr stand der Sinn mehr nach einem rebellischen Dasein als Geisterschiff.

2. Akt: Einsam und unauffindbar. Aus welchem Grund auch immer, von der ersten Februarwoche 2013 an war die *Lyubov Orlova* jedenfalls frei und auf sich allein gestellt. Ohne Mannschaft machte sie sich auf den Weg in Richtung Europa. Immer den Meeresströmungen und, weil sie unbeladen sehr hoch im Wasser lag, vor allem den Winden nach.

Niemand wusste, wo sie sich im wörtlichen Sinne herumtrieb. Anfangs wusste sogar kaum jemand, dass die *Lyubov Orlova* überhaupt unterwegs war. Beinahe nebenbei erfuhr der Chef der irischen Küstenwache, Chris Reynolds, von dem 100-m-Schiff, das womöglich auf seinen Zuständigkeitsbereich zuhielt. Ein Schiff dieser Größe konnte ihm jede Menge Schwierigkeiten bereiten. Dafür brauchte es nicht einmal eine Ölbohrplattform zu rammen, es reichte, wenn das schwimmtüchtige Wrack irgendwo auf Grund lief und eine der Seefahrtstraßen blockierte. Für Reynolds stand fest, dass er die *Lyubov Orlova* unbedingt finden musste. Nur wie? Selbst im Satellitenzeitalter ist der Atlantik gewaltig groß, sodass man schon ziemlich genau wissen muss, an welcher Stelle man suchen soll, um 100 m rostiges Blech zu entdecken. Aktive Schiffe haben deshalb ein Automatisches Identifikationssystem (AIS) an Bord, über das sie ihre Position bekanntgeben und mit anderen Schiffen austauschen. Auf der *Lyubov Orlova* war das AIS jedoch außer Betrieb. Wie unter einem Tarnmantel schlich sie sich ungesehen über das Meer.

Mehrfach meinte Reynolds, sie dennoch aufgespürt zu haben. Mit Hilfe von Satelliten, die über Radar Veränderungen der Erdtopographie beobachten, wie sie beispielsweise bei Erdbeben auftreten, kartierte sein Team alle Schiffe in einem großen Areal, wo die *Lyubov Orlova* nach Simulationsrechnungen sein müsste. Nachdem sie die Fahrzeuge mit aktivem AIS ausgeschlossen hatten, blieb nur eines übrig. Aber war es die *Lyubov Orlova*? Sie war es nicht. Beim nächsten Überflug registrierte der Satellit an der betreffenden Stelle keine Erhöhung mehr. Ein ums andere Mal war die Küstenwache einem Phantom aufgesessen. Ob die *Lyubov Orlova* überhaupt noch unterwegs war?

In dieser Frage war sich der belgische Glücksritter Pim de Rhoodes ganz sicher. Er verkündete in den Medien, dass er das Schiff finden und zur Verschrottung bringen wollte. Dafür sollte ihm der Besitzer eine hübsche Belohnung zahlen, oder er würde die Prämie für das Altmetall einfach selbst behalten. Für weltweite Aufmerksamkeit sorgte de Rhoodes aber vor allem mit der Spekulation, dass die menschenleere *Lyubov Orlova* inzwischen zu einem Schiff kannibalisierender Ratten geworden sein müsste. Mehr als zwei Jahre lang hatten keine Menschen mehr an Bord gelebt und die Zahl der Nagetiere niedrig gehalten. Die Ratten sollten sich also gewaltig vermehrt haben und vor lauter Hunger über ihresgleichen herfallen. Zwar war es viel wahrscheinlicher, dass sie schon in Kanada das futterleere Schiff verlassen hatten oder auf ihm verhungert waren, doch klang die Vorstellung eines «Geisterschiffs voller Ratten» zu verlockend für Zeitungen in aller Welt, und so bevölkerten sie die *Lyubov Orlova* bis an die rostige Oberkante mit quiekenden Nagern.

Damit war die *Lyubov Orlova* nicht mehr nur ein Geisterschiff – sie war zum schwimmenden Albtraum geworden.

3. Akt: Vom Geisterschiff zum Mythos. Der Albtraum hielt womöglich noch immer auf Irlands Küste zu, und er hatte nun die Aufmerksamkeit der Öffentlichkeit, die mit wohligem Grausen jede Neuigkeit verfolgte. Auch wenn es davon nicht viele gab, denn weder die Küstenwache noch die Wrackjäger vermochten die *Lyubov Orlova* aufzuspüren. Bis sich am 23. Februar eine der Notfunkbaken des Schiffes oder eines seiner Rettungsboote meldete. Diese kleinen Sender werden automatisch aktiv, wenn sie mit Wasser in Berührung kommen. War die *Lyubov Orlova* also im Begriff zu sinken? Sofort sandte Reynolds ein Team der Küstenwache in das Seegebiet, doch vor Ort war nicht das kleinste Anzeichen des Schiffes oder seiner Rettungsboote zu finden. Allem Anschein nach war die *Lyubov Orlova* nun doch gesunken und in den Tiefen des Atlantiks verschwunden – mitsamt ihren Geisterratten. Die Gefahr war offenbar gebannt. Erleichtert brach die Küstenwache die Suchaktion ab.

Die Verschnaufpause währte zwei Wochen. Dann meldete sich das Geisterschiff wieder. Am 12. März sendete erneut eine Bake ihr Notsignal. Dieses Mal war der Belgier de Rhoodes am schnellsten zur Stelle. Mit Hubschraubern überprüfte er Korridor um Korridor, ohne eine Spur der *Lyubov Orlova* zu entdecken. Auch die Küstenwache, die es erneut mit Satelliten versuchte, hatte nicht mehr vorzuweisen als einen Fischtrawler, der illegal in den Gewässern auf Fang aus war.

Die *Lyubov Orlova* hatte damit erneut bewiesen, dass sie ihren Titel als Geisterschiff zu Recht trug. Seit ihrem Ausbruch vor

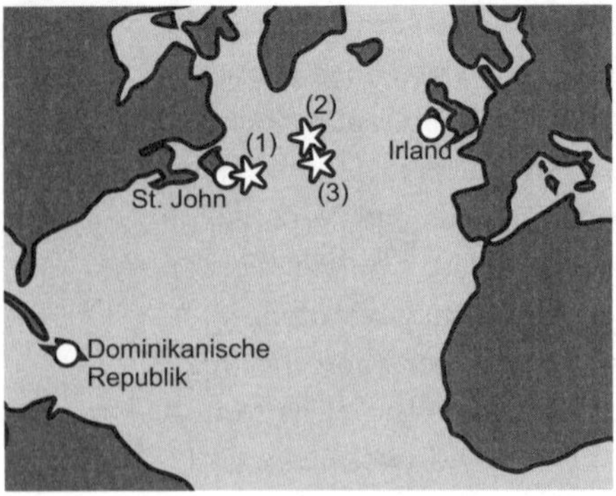

Die Fahrt der *Lyubov Orlova* begann im kanadischen St. John und sollte eigentlich in die Dominikanische Republik führen. Das Schiff ging jedoch bei der Überführung verloren (1) und trieb auf eigene Faust über den Atlantik in Richtung Irland. Unterwegs gaben seine automatischen Baken zweimal ein Notsignal ab (2) und (3).

der Küste Kanadas hatte sie allen Anstrengungen zum Trotz niemand mehr wirklich gesehen. Für alle Zeiten einem Geist nachzujagen wurde aber sowohl der irischen Küstenwache als auch dem belgischen Glücksritter zu teuer. «Ich glaube, [das Schiff] könnte noch für Jahre treiben», sagte de Rhoodes im Gespräch mit der Zeitschrift «New Scientist». «Wenn ich eine Positionsangabe habe, mache ich mich auf den Weg. Kein Problem.» Vorerst aber kümmert er sich ebenso wie die Küstenwache wieder um andere Aufgaben. Selbst als die Zeitschrift *The Maritime Executive* Anfang 2014 meldete, vor der Westküste Schottlands sei ein drittes Signal aufgefangen worden, kam bei den Verantwortlichen keine Hektik auf. Ohne Sichtung würden sie keine weiteren Aktionen starten, erzählten sie der Presse. Aber gerade darin war die *Lyubov Orlova* besonders gut: sich nicht sehen zu lassen.

DIE ARMADA DER GEISTERSCHIFFE

Ob die *Lyubov Orlova* nun noch unterwegs oder bereits gesunken ist, macht eigentlich keinen großen Unterschied, denn auf den Meeren hat es seit jeher nahezu gewimmelt von Geisterschiffen. Alleine für das Jahr 1869 verzeichnete Lloyds Buch der Schiffsverluste 214 Schiffe, die verlassen auf eigene Faust über die Ozeane fuhren. In unseren Tagen kommen noch rund 2000 Container dazu, die von ihren jeweiligen Frachtern gerutscht sind und von denen schätzungsweise ein Drittel schwimmfähig sein soll. Einige Vertreter dieser Armada haben überaus erstaunliche Leistungen vollbracht, und manche haben geradezu haarsträubende Geschichten erlebt.

Ein Geisterschiff, das einen neuen Streckenrekord aufstellen will, müsste sich aber gehörig anstrengen. Den zweiten Platz teilen sich gleich zwei Schoner. Die *William L. White* wurde 1888 während eines Blizzards aufgegeben und driftete anschließend zehn Monate über die See. Mehr als 5000 Seemeilen (etwa 9300 km) legte sie in dieser Zeit zurück und wurde von wenigstens 45 Schiffen gesichtet. Die gleiche Strecke schaffte auch die

Geister-Quietscheentchen

Nicht nur Schiffe treiben führerlos über die Ozeane, auch Badespielzeug ist auf allen Weltmeeren unterwegs. Am 10. Januar 1992 verlor der Frachter *Ever Laurel* auf dem Weg von Hongkong nach Tacoma in den USA während eines Sturms einen ganzen Container voll gelber Quietscheentchen, roter Biber, grüner Frösche und blauer Schildkröten. Seitdem treiben rund 29 000 Stück fehlgeleiteten Plastikmülls mit der pazifischen Ringströmung über Alaska vorbei an Japan erneut in Richtung Nordamerika oder südlich auf Australien und Indonesien zu. Zwei bis drei Jahre benötigen sie für eine volle Runde. Zwischendurch werden immer mal wieder einzelne Exemplare an Strände gespült. Einige konnten sich aus der Strömung befreien und gelangten über die Beringstraße in arktische Gewässer und in den Nordatlantik, unter anderem bis nach Schottland und Devon in England – 27 000 km vom Ort der Wasserung entfernt. Ozeanographen nutzen die unfreiwilligen Minibojen zur Kartierung der Oberflächenströmungen.

David W. Hunt im selben Jahr. Das ist aber nichts im Vergleich zu der Odyssee der *Fannie J. Wolsten*, die 1891 mit 9000 Seemeilen (fast 17 000 km) beinahe doppelt so weit unterwegs war, bevor sie an der Küste von New Jersey auflief. Erstaunlich ist, dass alle drei Rekorde innerhalb weniger Jahre an der nordamerikanischen Ostküste aufgestellt wurden. Als wäre es dort damals gerade Mode, sein treues Schiff bei schlechtem Wetter auf dem Meer auszusetzen.

Die Bestmarke für das längste Dasein als Geisterschiff hält jedoch ein Frachtdampfer auf der anderen Seite des amerikanischen Kontinents. Die Aufgabe der *Baychimo* bestand darin, abgelegene Siedlungen im Nordwesten Kanadas und Alaskas zu versorgen, als sie am 8. Oktober 1931 von Packeis eingeschlossen wurde. Die Mannschaft wollte die Wartezeit, bis das Schiff wieder freikam, lieber in einer nahegelegenen Unterkunft verbringen und verließ den Dampfer. Als sie nach einem heftigen Schneesturm zurückkehrte, um nach dem Rechten zu sehen, war die *Baychimo* jedoch verschwunden. Robbenjäger erzählten später, sie hätten das Schiff 70 km entfernt gesehen. Seitdem hat die *Baychimo* mindestens 38 Jahre lang den Nordpazifik erkundet. Zwischenzeitlich sind verschiedene Besatzungen an Bord gewesen, aber keine hat sich länger auf dem Schiff halten können, sodass die *Baychimo* meistens auf sich allein gestellt war. Zuletzt begegneten ihr 1969 einige Inuit. Da hatte erneut Packeis den Dampfer eingeschlossen, dieses Mal vermutlich mit fatalem Ausgang, denn eine große Suchaktion nach dem Schiff im Jahr 2006 verlief ohne Erfolg. Aller Wahrscheinlichkeit nach wurde die *Baychimo* vom Eis zerdrückt, und ihre Bruchstücke sind auf den Grund des Polarmeers gesunken.

Geisterschiffe bevölkern aber nicht nur die großen Ozeane wie Atlantik und Pazifik, mitunter treiben sie auch vor unserer Haustür herum. Beispielsweise hatte am 23. Oktober 1921 die letzte Stunde für den Zweimastschoner *Seeschwalbe* geschlagen.

Ein Geisterluftschiff

Während Geisterschiffe auf See recht häufig sind, ist ein führerloses Luftschiff eine Rarität. Im Zweiten Weltkrieg überwachten Prallluftschiffe, auch Blimps genannt, die Pazifikküste der USA, um rechtzeitig vor heimlichen Angriffen japanischer Verbände zu warnen. Am 16. August 1942, um 6.03 Uhr morgens, startete in Kalifornien das Luftschiff L-8 *Ranger* mit zwei Mann Besatzung. Um 7.42 Uhr gab die *Ranger* per Funk durch, einen Ölfilm auf dem Wasser ausgemacht zu haben, doch eine Stunde später reagierte sie nicht mehr auf die Rufe der zuständigen Kontrollstation. Um 11.15 Uhr verfolgten Fischer und Golfspieler, wie das Luftschiff torkelnd auf das Festland zuhielt und dabei eine Klippe streifte. Die Hülle hatte außerdem viel Gas verloren, sodass sie in der Mitte durchhing. Wenig später krachte L-8 in der Nähe von San Francisco auf eine Straße. Herbeigeeilte Helfer berichteten, dass die Türen offen standen, aber keine Menschenseele in der Kabine oder in den Trümmern war. Ein Team der Navy fand später die Fallschirme und das Rettungsfloß an ihren Plätzen. Die mehrtägige Suche nach der Besatzung erbrachte lediglich das Ergebnis, dass die Männer schon von Bord waren, als L-8 das Festland erreichte. Ein Jahr später wurden sie offiziell für tot erklärt.

L-8 *Ranger* kurz vor dem Absturz.

In einem heftigen Sturm ging das Schiff in der Ostsee im Bereich der Memelmündung an der heutigen Grenze zwischen Weißrussland und Litauen unter. Glücklicherweise konnte die gesamte Besatzung gerettet werden, doch das Schiff war nachweislich gesunken. Darum staunte die Mannschaft nicht schlecht, als sie erfuhr, dass ihre *Seeschwalbe* eine Woche später in 100 km Entfernung zum zweiten Mal havariert war, dieses Mal auf der kurischen Nehrung. Wie konnte das sein? Bei der Inspektion des Schiffes stellte sich heraus, dass der Rumpf am Boden geborsten war und die Ballaststeine fehlten. Vermutlich war der Schoner bei seinem ersten Untergang hart auf den Meeresgrund aufgeschlagen und teilweise zerbrochen. Befreit vom Gewicht der Steine, kam er irgendwann wieder an die Oberfläche und machte sich führerlos auf den Weg nach Westen. Zugegeben, ein kurzes Abenteuer als Geisterschiff, aber die Ostsee ist ja nun einmal auch ein ziemlich kleines Meer.

Richtig schlechtes Wetter ist aber weltweit ein beliebter Grund, warum eine Besatzung ihr Schiff aufgibt und sich an Land rettet. Manchmal schlägt das Schicksal jedoch noch rücksichtsloser zu und zwingt selbst die härtesten Seebären zähneknirschend zum Rückzug – oder macht ihnen ganz den Garaus.

NUR MIT WIRKLICH GUTEM GRUND

In früheren Zeiten bedeutete eine Seuche an Bord schnell das Todesurteil für die gesamte Besatzung. Nachdem sich die Pest im 14. Jahrhundert vor allem über Schiffe im Mittelmeerraum ausgebreitet hatte, durften Segler, auf denen eine ansteckende Krankheit ausgebrochen war, bald keinen Hafen mehr anlaufen oder mussten in gebührendem Abstand vor Anker gehen. Vom französischen Ausdruck für diese 40-tägige Isolation – «une quarantaine de jours» – stammt der Begriff der Quarantäne, während deren keine Menschenseele an Land gehen durfte. Häufig wurden die Unglücklichen auch gezwungen weiterzusegeln. Auf ihrer Irrfahrt von Hafen zu Hafen übergaben die Seeleute dann ihre von der Seuche dahingerafften Kameraden dem Meer. Waren die letzten Männer zu entkräftet für diese Seebestattungen, ließen sie die Leichen einfach liegen. Nach und nach wurde das Schiff auf diese Weise zum Geisterschiff, auf dem allenfalls ein paar Tote ohne festes Ziel fuhren. Wehe dem, der solch ein Schiff betrat – er konnte sich selbst den Schwarzen Tod holen und auf sein eigenes Schiff tragen.

Viel schneller als durch Krankheit kommt der Tod aber, wenn Piraten ein Schiff überfallen und mit der Besatzung kurzen Prozess machen. Eventuell steckten Seeräuber beispielsweise hinter dem Rätsel der *Joyita*. Die Motoryacht verdiente in den 1950er Jahren im Südpazifik ihr Geld mit dem Transport von Fracht und Passagieren. Als sie am 3. Oktober 1955 zu einem Trip von 430 km zu den Tokelau-Inseln aufbrach, war das Schiff nicht in allerbester Verfassung. Trotzdem hätte die Fahrt unter normalen Umständen lediglich zwei Tage gedauert, doch in der Nacht musste etwas passiert sein, was alles andere als normal war, denn die *Joyita* kam niemals in ihrem Bestimmungshafen an. Erst fünf Wochen später entdeckte ein Handelsschiff die vermisste Yacht. Sie trieb mit schwerer Schlagseite fast 1000 km westlich von ihrer vorgesehenen Route. Als ein Bergungsteam an Bord ging, fand es das Schiff verlassen vor. Außer den Menschen fehlten auch das Beiboot und die Rettungswesten sowie die Ladung. Und dann war da noch die Arzttasche an Deck, in der unter anderem vier blutige Binden lagen. Obwohl das Schiff gründlich untersucht wurde, fand man keine Antwort auf die Frage, was auf der *Joyita* geschehen war. Außer einem Piratenüberfall wurde unter anderem die Möglichkeit diskutiert, dass der erste Offizier des Schiffes eine Meuterei angeführt hatte. Bei einem Kampf mit dem Kapitän könnte dieser verletzt worden sein, und die Meuterer könnten das Schiff verlassen haben, um einer Bestrafung zu entgehen. Da niemand von der Besatzung oder den Passagieren jemals wieder gesehen wurde, bleiben das aber nur Spekulationen.

Mehr als Indizien weisen auch nicht auf eine Meuterei auf dem großen Fünfmastgaffelschoner *Carroll A. Deering* hin. Das Schiff stand unter dem Kommando des erfahrenen, aber mit 66 Jahren nicht mehr ganz jungen Kapitäns Willis T. Wormwell, der auf Barbados seinen ersten Offizier gegen Kaution auslösen musste, weil dieser betrunken randaliert hatte. Die Stimmung dürfte entsprechend angespannt gewesen sein, als das Schiff am 9. Januar 1921 weiterfuhr nach Newport News im US-Bundesstaat Virginia. Hinzu kam ein Sturm, in dem die *Carroll A. Deering* beide Anker verlor. Ein Feuerschiff und ein Frachtdampfer begegneten dem Segler im Verlaufe des 29. Januars, wobei sich der Kapitän des Feuerschiffs darüber wunderte, wie disziplinlos die Matrosen der *Carroll A. Deering* auf dem hinteren Deck herumliefen, das für gewöhnlich den Offizieren vorbehalten war. Zwei Tage später wurde der Schoner auf einer Sandbank vor Cape Hatteras, weit südlich seines Zielorts, entdeckt. Die Segel waren gesetzt, die Rettungsboote fehlten, ebenso die Navigationsinstrumente. Vor allem aber war niemand von der Besatzung mehr an Bord. Lediglich eine halb verhungerte Katze begrüßte das Inspektionsteam von der Küstenwache. In der Kajüte des Kapitäns fanden die Männer drei Paar Stiefel, von denen keines dem Schiffsführer gehörte. Hatte sich die Besatzung also ihres Kapitäns entledigt und im schweren Sturm das Schiff nicht selbst halten können? Bei den Windgeschwindigkeiten von bis zu 140 km/h, wie sie in diesen Tagen herrschten, standen die Chancen, das Ufer in einem Rettungsboot zu erreichen, nahezu bei null. Was auch immer geschehen sein mag, die Besatzung der *Carroll A. Deering* dürfte ihr Wissen darüber mit ins nasse Grab genommen haben.

Manche Boote werden dagegen ganz ohne menschliches Zutun zu Geisterschiffen. Der ehemalige Kalmarfischer *Ryōun Maru* wartete im März 2011 in einem Hafen der japanischen Insel Hokkaido auf seine Verschrottung, als ihn die Welle eines verheerenden Tsunamis losriss und auf das Meer zog. Zunächst nahm man an, er sei wie so viele andere Schiffe gesunken, und ließ ihn aus dem Register löschen. Doch ein gutes Jahr später wurde die *Ryōun Maru* etwas angeschlagen, aber stabil und schwimmfähig von einem kanadischen Seeaufklärer vor Alaska gesichtet. Medien auf der ganzen Welt berichteten über das tapfere Schiff, das alleine den Pazifik überquert hatte. Kurz darauf starb die *Ryōun Maru* den Heldentod, als am 5. April die US-Küstenwache den Irrläufer versenkte, damit er keine anderen Schiffe gefährden konnte.

Die Kunst des Verschwindens

Es war der Abend des 9. Juli 1975, als der niederländische Künstler Bas Jan Ader von seiner Frau Abschied nahm und mit dem nur 4 m langen Segelboot *Ocean Wave* aufbrach, um alleine den Nordatlantik von West nach Ost zu überqueren. Zweieinhalb Monate hatte er für die Performance «In Search of the Miraculous» («Auf der Suche nach dem Rätselhaften») eingeplant, doch schon nach drei Wochen brach der Funkkontakt zu ihm ab. Zehn Monate später entdeckte ein spanisches Fischerboot die gekenterte *Ocean Wave* 240 km vor der irischen Küste. Von Ader fehlte jede Spur. Sein Leichnam wurde niemals gefunden. Möglicherweise wurde der Künstler von einer Monsterwelle über Bord gespült, oder er verlor in der eintönigen Weite die Orientierung und sprang ins Wasser. Weil sich sein kreatives Schaffen aber stets um die zentralen Themen des Fallens und Fehlens drehte, wird auch vermutet, dass er einen Selbstmord als Höhepunkt seines Werkes geplant hatte.

Es ist jedoch nicht immer ein Unglück notwendig, um ein Geisterschiff zu erschaffen. Einige entstehen auch, wenn raffgierige Schwindler zu dumm sind, ihre Versicherung zu betrügen. Zu diesem Zweck beladen sie ihr Schiff mit wertlosem Plunder und versenken es auf hoher See. Der Versicherung erzählen sie etwas von einer kostbaren Fracht, die nun verloren ist. Da ist es dann außerordentliches Pech, wenn das Schiff nicht wirklich untergeht, sondern auch ohne Mannschaft munter weiterschwimmt.

Noch dreister trieb es der Luxemburger Franc Rouayrux im August 2006. Er hatte sich eine eigenwillige Luxusyacht im klassischen Stil bauen und auf den Namen *Bel Amica* taufen lassen. Etwas spät und ziemlich plötzlich muss ihm eingefallen sein, dass solch ein teures Vergnügen mit einer entsprechend hohen Steuer belegt ist. Gegenüber den Behörden gab er jedenfalls später im Verhör an, wegen eines «Notfalls zu Hause» die Yacht verlassen zu haben, in der festen Absicht, zu ihr zurückzukehren. Auch der Kapitän und die Mannschaft werden sich wohl ähnlich überraschend an ihre hochwichtigen anderweitigen Termine erinnert haben, denn als die Küstenwache die *Bel Amica* bei Punta Volpe vor Sardinien vorfand, war das Schiff nicht nur verlassen, sondern es stand sogar noch die Hälfte eines Mittagessens auf dem Tisch. Die Yacht war zudem in keinem Land registriert und in keinem Hafen bekannt, sodass es einige Mühe bereitete, den sprunghaften Steuersünder ausfindig zu machen.

In Anbetracht der erklecklichen Anzahl von Geisterschiffen der Vergangenheit ist es vielleicht etwas schwierig, sich vorzustellen, dass schon in naher Zukunft noch viel mehr Schiffe ohne Besatzung über die Meere schippern könnten. Aber genau daran arbeiten Ingenieure und Reedereien mit Hochdruck und mit Hightech.

Das Schiff der toten Schmuggler

Im Februar 1948 fingen einige Schiffe Fragmente eines Notrufs im Morsecode auf, wonach die Mannschaft des Dampfers S. S. *Ourang Medan* zum Teil bereits tot war und der Rest im Sterben lag. Das Kommando eines zu Hilfe geeilten Schiffes fand an Bord tatsächlich lauter Leichen, die aber weder Wunden noch sonstige Anzeichen von Gewalt zeigten. Während die Männer noch das Schiff durchsuchten, brach an Bord ein Feuer aus, sodass sie den Dampfer wieder verlassen mussten. Einige Minuten später gab es eine Explosion, und die *Ourang Medan* versank.

Einem Bericht zufolge, der nachträglich verfasst wurde, das Geschehen aber vordatiert auf den Juni 1947, soll drei Wochen später an den Marshallinseln ein Rettungsboot mit sechs toten und einem lebenden, aber sehr schwachen Insassen angetrieben worden sein. Der Mann gab an, zweiter Offizier auf der *Ourang Medan* gewesen zu sein. Das Schiff schmuggelte nach seiner Aussage Kisten mit Schwefelsäure und Zyankali sowie Kanister mit Nitroglyzerin, als es plötzlich zu den ersten Todesfällen kam. Gegen den Willen des Kapitäns hatte ein Teil der Mannschaft den Notruf abgesetzt und dann mit dem Rettungsboot das Schiff verlassen. Ohne Wasser verdursteten die Flüchtlinge aber bald. Auch der angebliche zweite Offizier war wenige Tage nach der Landung tot.

Da die *Ourang Medan* nirgendwo registriert war, ließ sich nicht nachprüfen, inwieweit die Geschichte wahr oder übertrieben dargestellt ist.

KOLLEGE ROBOTER AM STEUER

Auf den Ozeanen ist mächtig etwas los. Aber es sind weniger die schmucken Kreuzfahrtschiffe, die sich auf den großen Routen aneinanderreihen oder vor den Schleusen Schlange liegen. Den Löwenanteil am Schiffsverkehr auf den Meeren machen vielmehr die rund 100 000 Frachtschiffe aus, die etwa 90 Prozent des Welthandels kreuz und quer über die Weltmeere verschieben. Was dafür sorgt, dass wir billig einkaufen können, ist allerdings selbst kein wirklich billiges Vergnügen. Der größte Teil der Kosten, die bei den Touren von Turnschuhen, Bananen und Autos anfallen, schlucken die Dieselmotoren der Schiffe in Form von Treibstoff. An zweiter Stelle steht das Personal. Wie schön wäre es für Spediteure und Konsumenten, wenn sie beides einsparen oder wenigstens deutlich reduzieren könnten. Dummerweise hängen die Kosten der beiden Posten untrennbar miteinander zusammen und verlaufen in genau entgegengesetzte Richtungen: Während es einfach ist, Diesel zu sparen, indem man die Schiffe einfach langsamer fahren lässt, erhöht ausgerechnet das die Reisedauer und damit die Personalkosten. Auf den Diesel kann man nicht verzichten, also muss das Personal weg: In Zukunft sollen die Schiffe einfach selber fahren. Ein bisschen Technik von autonomen Autos und ferngelenkten Drohnen sollte es möglich machen, und schon sitzt der Kapitän bequem an Land und geht dem Kollegen Roboter nur noch in kniffligen Situationen über Satellit zur Hand.

So in etwa sehen die Szenarien aus, an denen neben dem norwegisch-deutschen Unternehmen DNV GL und dem Motoren-Allrounder Rolls-Royce auch das Fraunhofer-Centrum für Maritime Logistik und Dienstleistungen im Rahmen des EU-Projekts MUNIN arbeitet. Die Abkürzung steht für «Maritime Unmanned Navigation through Intelligence in Networks» («unbemannte maritime Navigation durch intelligente Vernetzung») und ist sicherlich nicht ganz zufällig auch der Name eines Raben, der den Gott Odin fleißig mit Informationen von seinen Rundflügen versorgte.

Im Grunde setzen alle Projekte auf die gleiche Strategie. Verschiedene Sensoren vom Radar für die Fernaufklärung bis zu Detektoren für die Höhe des Wellengangs sammeln Daten über den Zustand der Welt um das Schiff herum. Eine Software an Bord wertet das Material aus und legt unter Berücksichtigung der geplanten Route und der Schifffahrtsregeln den Kurs und die Geschwindigkeit fest. Automatische Systeme führen die Befehle dann aus. Also genau das, was momentan noch die üblichen zwei Dutzend Männer auf einem Frachter machen. Nur dass die eben auch Kleinigkeiten erledigen können, die unerwartet, aber mit unglückseliger Sicherheit passieren. Wie eine streikende Maschine beispielsweise. In neun von zehn Fällen liegt es am Dieselantrieb, wenn es während einer Schifffahrt Ärger gibt. Genau deswegen setzt die DNV GL bei ihrem Modell im Maßstab 1:20, das seine Testfahrten an der norwegischen Küste macht, auf einen Elektroantrieb. Der ist fast wartungsfrei, spuckt keine stinkenden Abgase in die Luft – und will nach 100 Seemeilen an der nächsten Steckdose gefüttert werden. Aber finden Sie mal eine geeignete Ladesäule mitten auf dem Atlantik! Die Pläne für die ersten autonomen Geisterschiffe sind eben noch nicht ganz ausgereift, und so rechnen Experten erst ab dem Jahr 2025 mit ernsthaften Versuchsschiffen.

Für die zivile Schifffahrt – denn das Militär ist schon einen Schritt weiter.

Am 27. Januar 2016 begann die *Sea Hunter* der US-amerikanischen Forschungseinrichtung DARPA ihre zweijährige Testphase. Das 40 m lange Schiff ist mit seinen beiden seitlichen Auslegern ein Trimaran, der es auf eine Geschwindigkeit von 50 km/h bringt und dabei ohne jegliches menschliches Zutun entscheidet, was und wie er fährt. Wenn sich die *Sea Hunter* bewährt, soll sie später einmal im Verband mit weiteren Kriegsschiffen unterwegs sein oder auf eigene Faust zwei bis drei Monate lang in küstennahen Gewässern patrouillieren und feindliche U-Boote aufstöbern. Findet sie eines, darf sie es jedoch nicht selbst beschießen, sondern lediglich über Satellit eine Meldung absetzen, und es kommt dann ein konventionelles Schiff mit echten Matrosen.

Es geht also zumindest vorerst keine unmittelbare Gefahr von den hochtechnisierten Geisterschiffen der Zukunft aus. Vielleicht erhöhen sie sogar die Sicherheit auf den Weltmeeren, denn laut Statistik gehen 80 Prozent der Unfälle auf See auf menschliches Versagen zurück. Ob allerdings ein Kapitän, der selbst seit Jahren nicht mehr bei Sturm richtige Decksplanken unter den Stiefeln gespürt hat, von seinem Sessel im Kontrollzentrum aus im Ernstfall noch das Verhalten eines 100-m-Frachters richtig einschätzen kann, wenn der Computer um Hilfe funkt? Vorausgesetzt, der Server ist nicht gerade abgestürzt. Oder es hat sich ein Hacker in das System eingeklinkt. Oder das Betriebssystemupdate hat einen Bug. Oder …

BEI DER EHRE DES KLABAUTERMANNS

Geisterschiffe gehören zur Seefahrt wie der Wind und die Wellen. Obwohl kaum ein Kapitän freiwillig sein Schiff aufgibt, haben Unglücke, Piraten und Krankheiten immer mal wieder dafür gesorgt, dass eine ganze Mannschaft von Bord musste. Für Seefahrer, die solchen Geisterschiffen begegnet sind und sie vielleicht sogar betreten und untersucht haben, war es nicht immer einfach, die Ereignisse im Nachhinein zu rekonstruieren. In manchen Fällen, wie bei der *Mary Celeste,* werden wir wohl niemals mit absoluter Sicherheit erfahren, was wirklich geschehen ist. Zum Ausgleich bieten uns Geisterschiffe trotz aller Tragödie wunderbaren Stoff für unterhaltend gruseliges Seemannsgarn.

Fazit: Geisterschiffe waren und sind reale Phänomene der Seefahrt – und werden mit der Einführung autonomer Schiffe irgendwann zum Normalfall werden.

WO GIBT ES MEHR?

Eigel Wiese: Das Geisterschiff – Die wahre Geschichte der Mary Celeste, Europa Verlag Hamburg (2001)
Der Hamburger Autor hat eine glaubwürdige Antwort auf eines der größten Rätsel der Seefahrtsgeschichte gefunden.

Eigel Wiese: Legendäre Schiffswracks – Von der Arche Noah bis zur Titanic, Konrad-Theiss-Verlag (2015)
Selber Autor, anderes Buch. In diesem gibt es ein lesenswertes Kapitel zur *Lyubov Orlova*.

Richard Fischer: Missing!, New Scientist vom 5. Oktober 2013
Der englischsprachige Artikel erzählt die Geschichte der *Lyubov Orlova*, soweit sie damals bekannt war.

Schiffsfriedhöfe – Totenreiche stolzer Segler

Soweit es die Welt anbelangte, war ich bereits tot – sanft gefangen in der langsamen Strömung, die meinen Schiffsrumpf stetig und erbarmungslos in das von Wracks starrende Zentrum der Sargassosee trug. [...] Man brauchte keine Weitsicht, um sicher zu sein, dass sich vor mir, so glaube ich, der seltsamste Anblick eröffnete, den die Welt für das Auge des Menschen bereithält. Was ich sah, war eine Heerschar von Schiffswracks, die Müllkippe von Wellen und Stürmen, die sich über vier Jahrhunderte – seit der Zeit, als Seemänner zum ersten Mal auf den großen westlichen Ozean drängten – langsam angesammelt hat und noch langsamer zerfällt in der zentralen Dauerhaftigkeit der Sargassosee.

Thomas Allibone Janvier: «In the Sargasso Sea» (1898)

Schiffsfriedhof ist nicht gleich Schiffsfriedhof. Es gibt solche und solche. Kap Hoorn an der Südspitze von Südamerika gehört beispielsweise zu der Sorte von Schiffsfriedhöfen, wo Schiffe mit Mann und Maus untergehen, weil sie bei schlechtem Wetter – und in solchen Gegenden herrscht fast immer schlechtes Wetter – von Stürmen und Wellen reihenweise versenkt werden. An anderen Stellen stapeln sich die Wracks unter Wasser, weil sie infolge von Kriegen zerschossen wurden, wie die deutsche Hochseeflotte nach dem Ersten Weltkrieg in der Bucht Scapa Flow im südlichen Teil der schottischen Orkney-Inseln.

Und dann sind da noch die mythischen Schiffsfriedhöfe, von denen das Seemannsgarn berichtet. Gegenden, die friedlich aussehen, aber jedes Schiff, das sich nichtsahnend hineinbegibt, für immer und ewig festhalten.

DER ADMIRAL UND DAS GRAS

Die Stimmung war nicht gut auf der *Santa Maria.* «Ist es noch weit?» und «Sind wir bald da?» waren bereits bei der Entdeckung Amerikas die am häufigsten gestellten Fragen. Und wie moderne Eltern auf einer Autofahrt hat auch Admiral Kolumbus die Strategie verfolgt, jedes Mal hoch und heilig zu versprechen, es sei nur noch ein kleines Stück und man werde jeden Moment ankommen. Natürlich hat die Methode schon damals nicht lange funktioniert. Da kam es Kolumbus recht gelegen, dass die murrende Mannschaft am 16. September 1492, anderthalb Monate nach der Abfahrt, im Wasser unvermittelt «große Mengen grünen frischen Grases sichtete, das sich erst vor kurzem von der Erde losgerissen zu haben schien». Das ersehnte Land konnte also nicht mehr weit sein. Man brauchte nur noch schnell Gold und Gewürze einzuladen, und endlich konnte es nach Hause gehen. Ausflüge, die zu weit weg von der sicheren Küste führten, waren eben nichts für viele Seeleute am Beginn der Renaissance.

In den folgenden Tagen zeigte sich das vermeintliche Gras immer häufiger, als hätten alle amerikanischen Ureinwohner zur Feier ihrer bevorstehenden Entdeckung sämtliche Wiesen des Kontinents gemäht und den Grünschnitt kurzerhand in den Atlantik entsorgt. «Im frühen Morgengrauen erblickten wir große Mengen Grases, das, aus Westen kommend, das Meer so dicht bedeckte, dass es den Anschein erweckte, als wäre das Meer eine einzige, ins Stocken geratene grüne Masse», schrieb Kolumbus am 21. September in sein Logbuch. Er war mittlerweile nicht mehr ganz so euphorisch, denn neben dem «Gras» hielt das Meeresgebiet, das seine kleine Flotte durchkreuzte, vor allem eines für die Segelschiffe bereit: Windstille. Anstelle der guten Fahrt, die sie bis dahin gemacht hatten und die sie häufig 150 oder gar 200 Seemeilen auf ihr Ziel zugetragen hatte, dümpelten sie nun öfter mit gerade einmal um die 50 Seemeilen pro Tag vor sich hin. Schon fing die Mannschaft wieder an zu

Die Vorläufer des Admirals

Möglicherweise war die Sargassosee bereits den Karthagern bekannt. Der römische Dichter Rufus Festus Avenius bezieht sich im 4. Jahrhundert auf einen rund 900 Jahre alten Bericht von Himilco, dem Navigator, als er von einem Teil des Atlantiks erzählt, der von «Seegras» bedeckt sein soll.

Mit Sicherheit kannten aber die portugiesischen Seefahrer des frühen 15. Jahrhunderts den östlichen Teil der Sargassosee. Sie waren den Algenteppichen bei ihren Fahrten westlich der Azoren begegnet. Allerdings hatten sie das Gebiet nicht vollständig erkundet, sodass Kolumbus immerhin der Erste war, der es in seiner ganzen Breite durchquert hat.

maulen, dass es hier keinen Wind für die Rückfahrt gebe, als die *Santa Maria* am 9. Oktober, nach zweieinhalb Wochen Seefahrt inmitten von treibenden Wiesen, endlich das seltsame Meeresareal verlassen hatte.

Zwei Tage später erblickte der einfache Matrose Rodrigo da Triana an Bord der *Pinta* als Erster wahrhaftig echtes Land. In der Aufregung war der Gedanke an das schwimmende Gras schnell vergessen.

Erst Jahrhunderte später sollte sein Verbreitungsgebiet unter Seeleuten als eine Zone des Todes berüchtigt werden.

EINE SEE OHNE UFER

Die Region der «Meereswiesen» des Kolumbus bezeichnen wir heutzutage als Sargassosee. Sie erstreckt sich östlich von Florida als längliches Oval weit in den Atlantik hinein und umfasst mit 5,3 Millionen Quadratkilometern eine Fläche, die rund 15-mal so groß ist wie die Bundesrepublik. Obwohl die Sargassosee mitten im Atlantik liegt, verhält sie sich beinahe wie ein riesiges Binnengewässer, das allerdings nicht von Land begrenzt wird, sondern von starken Meeresströmungen. Wie flüssige Barrieren fließen sie im Uhrzeigersinn um die Sargassosee herum und verhindern den normalen Austausch mit den umliegenden Meeresregionen.

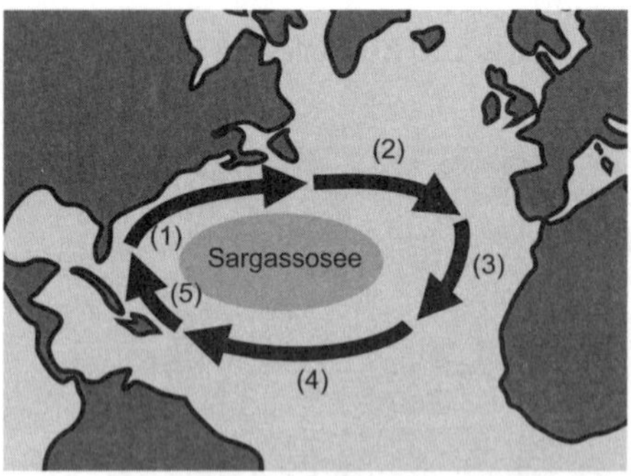

Die Sargassosee wird von großen Meeresströmungen begrenzt, die sich im Uhrzeigersinn um das Gebiet bewegen. Im Westen und Norden ist dies der Golfstrom (1), im Norden verlängert durch den Nordatlantikstrom (2), im Osten der Kanarenstrom (3), der im Süden zum Nordäquatorialstrom (4) wird. Der Antillenstrom (5) schließt im Westen den Kreis.

Dabei rufen sie einige seltsame Effekte hervor, die man beinahe ebenfalls für typisches Seemannsgarn halten könnte, wenn sie nicht allesamt wissenschaftlich belegt wären.

Beispielsweise reißen die Strömungen Wasser aus der Sargassosee mit sich, sodass der Wasserspiegel dort einen Meter niedriger liegt als im umgebenden Atlantik. Wirklich! Der Effekt ist ähnlich wie bei einem Wasserglas beim Umrühren, wo ebenfalls das Wasser weg vom Zentrum nach außen drängt. Gemahlener Pfeffer, den man auf die Oberfläche streut, strebt dagegen zur Mitte, wo das Wasser ruhiger ist, und formt eine Art Pfefferteppich. Auch dieses Phänomen gibt es in der Sargassosee. In unserer Zeit sind es vor allem winzige Plastikteilchen, die von Schiffen oder über Flüsse ins Meer gelangt sind. Haben sie bei ihren Wanderungen einmal die Barriere der Meeresströmungen überwunden, bleiben sie für lange Zeit in der Sargassosee und wandern gemächlich auf deren Zentrum zu. Im Laufe der Zeit ist die See so zu einem gigantischen Müllstrudel geworden, obwohl das Wasser dort im Grunde ausgesprochen klar und von fotogenstem Blau ist. Die müllfreien Zonen lächeln uns daher aus vielen Zeitschriften und Prospekten entgegen, die eine heile maritime Welt verkaufen wollen.

Im 19. Jahrhundert beäugten Seeleute die Sargassosee jedoch wegen deren Sammelleidenschaft deutlich skeptischer. Zwar

Schwimmende Wiesen

Die «Graswiesen» der Sargassosee bestehen vor allem aus zwei Arten von Braunalgen aus der Gattung der Golftange. Mit Hilfe von Luftblasen, die wie Beeren aussehen, halten sie sich frei schwimmend an der Oberfläche. Die Algen vermehren sich durch Zerfall in mehrere Teile. Zwischen 4 t und 10 t Frischgewicht bringen alle treibenden Algen der Sargassosee vermutlich auf die Waage.

machten sie sich keine Sorgen wegen des Mülls, aber sie gingen davon aus, dass auch Schiffe vom Sog in die Mitte gezogen wurden, wenn ihnen für längere Zeit der Antrieb wegbrach. Bei Segelschiffen geschah dies öfter, da die Region neben Hurrikans auch ausgedehnte Phasen von Windstille kennt und die Wellenbewegungen meistens eher moderat sind. Dampfschiffer fürchteten sich hingegen vor dem dichten «Gras», das botanisch gesehen aus frei schwimmenden Braunalgen besteht. Deren Teppiche sind so typisch für die Sargassosee, dass der lateinische Name für die Algen *Sargassum* Pate für das gesamte Gebiet stand. Die Seitenzweige der Algen können etliche Meter lang werden und würden sich um die Schiffsschrauben wickeln, so fürchtete man. Außerdem sollte der dichte Pflanzenteppich das Wasser zäh wie Tapetenkleister machen. Wer einmal in diese Falle getappt war, konnte dort festsitzen, bis ihm die Vorräte ausgingen. Ganz langsam und unerbittlich schob die See gefangene Schiffe in ihr Zentrum, wo sich Segler und Dampfer aus allen Epochen drängten.

So haben es jedenfalls Schriftsteller wie Jules Verne und Thomas Allibone Janvier beschrieben. Zur Inspiration konnten sie zurückgreifen auf eine Fülle schauriger Erzählungen von Geisterschiffen, denen genau dies widerfahren sein soll.

DAS MEER DER GEISTERSCHIFFE

Am 27. August 1840, so vermeldete es die Londoner «Times» mit leichter Verzögerung am 6. November desselben Jahres, stieß ein kleines Küstenschiff bei den Bermudainseln, die mitten in der Sargassosee liegen, auf das schmucke Kauffahrerschiff *Rosalie*, das unterwegs war von Hamburg nach Havanna. Die Segel waren zum großen Teil gesetzt, der Rumpf und die Takelage waren intakt, alles wäre in bester Ordnung gewesen – wenn es denn eine Mannschaft an Bord gegeben hätte. Doch die einzigen lebenden Seelen an Bord waren eine Katze, ein paar Hühner und einige halb verhungerte Kanarienvögel. Die Ladung, bestehend aus Wein, Obst und Seide, war offenbar vollständig vorhanden, die Kabinen der Besatzung und der Passagiere ordentlich aufgeräumt. Lediglich in einer deuteten einige Kleider und hingeworfene Toilettenartikel für Damen auf einen überhasteten Aufbruch hin. Der Grund, warum das Schiff verlassen wurde, blieb allerdings unklar. Weder gab es Spuren eines Kampfes, noch war die *Rosalie* leck geschlagen. Sie war nach allen Regeln der Kunst ein klassisches Geisterschiff geworden. Und sie war nicht die Einzige.

In den Jahren 1887 bis 1893 nahm sich der US-amerikanische Marineoffizier Charles Dwight Sigsbee die Zeit, alle aktuellen Berichte zu herrenlosen Schiffen oder Schiffsteilen im Nordatlantik gründlicher zu untersuchen und zu kartieren. Insgesamt zählte er 1146 nicht identifizierte Wracks und 482 unbekannte Schiffe, von denen viele mit dem Golfstrom schnell abgetrieben wurden und untergingen. Einige hielten sich aber länger über Wasser, und von diesen war der größte Teil in einem bestimmten Gebiet anzutreffen – der Sargassosee.

Waren die Geschichten vom Friedhof der Schiffe vielleicht wahr? Verschwanden tatsächlich ständig Schiffe auf Nimmerwiedersehen in der Sargassosee?

DOPPELT VERSCHOLLEN – ODER GAR NICHT?

Die Geschichte der *Ellen Austin* ist eines der Paradebeispiele dafür, was ahnungslose Seeleute in der Sargassosee erwartet – und demonstriert zugleich eine der Schwachstellen, an denen viele der schaurigen Erzählungen bei genauerer Betrachtung leiden.

Der 1854 gebaute Dreimaster *Ellen Austin* führte ein abwechslungsreiches Dasein, dessen weniger ruhmreiche Stationen durch verschiedene Zeitungsberichte belegt sind. So gab es Fälle von Misshandlungen von Seemännern und Passagieren durch den Kapitän und seine Offiziere, mehrere tote Emigranten, die während der Überfahrt von Liverpool nach New York an den Pocken gestorben waren, Zusammenstöße mit einem vor Anker liegenden und später einem fahrenden Schiff sowie den Verlust eines Seemanns in einem Sturm. Nur ein einziges Mal war das Glück der *Ellen Austin* zur Abwechslung hold, als sie im November 1858 die verlassene *Chieftain* in den New Yorker Hafen schleppen konnte. Ansonsten war es schon ein Erfolg für Kapitän und Mannschaft, wenn sie auf ihrer gewöhnlichen Route zwischen England und New York eine Tour absolvieren konnte, ohne eine peinliche Notiz in den Seefahrtskolumnen der Gazetten zu produzieren. Doch im Dezember 1880 sah es zunächst ganz so aus, als winkte ihr Fortuna ein zweites Mal.

Auf ihrer letzten geplanten Fahrt als Paketschiff stieß die *Ellen Austin* in der Sargassosee auf einen Schoner ohne Namenszug, der in Richtung Norden trieb. Da niemand auf Signale oder Rufe reagierte und kein Mensch an Deck zu sehen war, setzte der Kapitän mit vier Seeleuten im Beiboot über, und die Männer kletterten mit gezogenen Waffen an Bord. Schnell stellte sich heraus, dass das Schiff alle typischen Merkmale eines Geisterschiffes aufwies: Obwohl es keinerlei Anzeichen von Gewalt gab, fehlte die komplette Besatzung, die Segel waren zerschlissen, aber insgesamt war der Schoner weiterhin seetüchtig, und mit Ausnahme des Logbuchs sowie jeglichem Hinweis, um welches Schiff es sich handeln könnte, war alles dort, wo es zu sein hatte. Die Umstände deuteten auf eine phänomenale Bergungsprämie hin.

Auf Befehl des Kapitäns machte die Mannschaft der *Ellen Austin* das unbekannte Schiff klar, und eine kleine Crew wurde abgestellt, um es nach New York, dem Ziel der Paketfahrt, zu bringen. Nach zwei ruhigen Tagen kam am dritten jedoch ein heftiger Sturm auf, der die beiden Schiffe voneinander trennte. Erst nach längerem Suchen fand die *Ellen Austin* den Schoner wieder. Statt einem klaren Kurs zu folgen, driftete das Schiff aber anscheinend führerlos über die See. Was folgte, war ein Déjà-vu. Kaum hatte man den Schoner eingeholt und übergesetzt, stellte er sich erneut als menschenleer heraus, als sei niemals eine Bergungscrew an Bord gewesen. Nicht einmal von den Essensvorräten fehlte etwas, die Kojen waren trotz der mehrtägigen Fahrt unbenutzt, und das neue Logbuch, das die Männer von der *Ellen Austin* mitgebracht hatten, war nicht aufzufinden. Das Schiff, so murrten die Seemänner, musste verflucht sein. Keiner wollte es nochmals riskieren, den Schoner zu bergen.

Außer dem Kapitän. Irgendwie schaffte er es mit Versprechungen und Drohungen, eine neue Bergungsmannschaft zusammenzustellen. Dieses Mal gab er strikten Befehl, ständig auf weniger als zehn Schiffslängen an der *Ellen Austin* zu bleiben, und er gestattete den Männern, an Bord Schusswaffen zu tragen. Auf diese Weise, so war der Kapitän überzeugt, konnte nun wirklich nichts passieren.

Sie verloren das Schiff in einem Nebel. Obwohl die See ruhig war und die *Ellen Austin* wegen der schlechten Sicht ihre Fahrt einstellte, verschwand der Schoner zum zweiten Mal. Nun aber endgültig. Weder das Schiff noch die zweite Bergungscrew wurden jemals wieder gesehen. Mit großer Verspätung lief die *Ellen Austin* im Februar 1881 alleine in New York ein.

Was die Geschichte glaubwürdig erscheinen lässt, sind die vielen Fakten, die sich überprüfen lassen und belegen, dass es die *Ellen Austin* gegeben hat und sie regelmäßig zwischen England und New York verkehrt ist. Sogar die Tage des Auslaufens und der Ankunft sind korrekt. Danach hat das Postschiff auf seiner letzten Tour tatsächlich außergewöhnlich lange gebraucht für die Strecke.

Aber ausgerechnet für die mysteriöse Begegnung mit dem Geisterschiff fehlen die Belege. Dabei hätte der Kapitän in New York sicherlich öffentlich Rede und Antwort stehen müssen, wenn ihm gleich zwei Bergungscrews abhandenkommen. Der Verlust eines einzelnen Seemanns im Sturm einige Jahre zuvor hatte es immerhin in die Zeitung geschafft. Doch obwohl eine ganze Besatzung Zeuge der Ereignisse gewesen sein soll, ist nirgendwo eine zeitnah gedruckte Zeile darüber zu lesen. Erst 1906 widmete ein Blatt dem Vorgang einen bescheidenen Absatz. Vorher hatte es die Begegnung mit dem Geisterschiff ein Vierteljahrhundert lang praktisch nicht gegeben. Oder eben nie gegeben. Denn wie so viele Schauergeschichten über die Sargassosee halten die Fakten auch bei der *Ellen Austin* nicht, was das Seemannsgarn verspricht.

Was die Erzählung vom doppelten Verschwinden nicht davon abhielt, doch noch berühmt zu werden, wenngleich mit einer Verspätung von weiteren 30 Jahren. 1935 griff sie der pensionierte britische Marineoffizier Rupert T. Gould auf und sendete sie per Radioshow in die Wohnzimmer. Bei ihm hieß der Kapitän der *Ellen Austin* zwar Baker und nicht Griffin, wie es in den Unterlagen zum echten Schiff vermerkt ist, aber nachdem er die Geschichte zusätzlich in einem Buch veröffentlicht hatte, wurde sie immer wieder erzählt und dabei auf die verschiedensten Weisen abgewandelt. Ziel des Mythos war und ist eben die Unterhaltung, keine wissenschaftlich korrekte Geschichtsschreibung.

Doch trotz all der schaurig-schönen alternativen Fakten wurde es in der zweiten Hälfte des vorigen Jahrhunderts still um den vermeintlichen Schiffsfriedhof Sargassosee. Zu viele Schiffe fuhren mit Unmengen von Besatzungen und Passagieren durch ihre Gewässer, ohne zu verschwinden oder darin auch nur einen winzigen Stapel altertümlicher Wracks zu entdecken. Mehr noch: Obendrein verkehrten immer mehr Flugzeuge in dem Gebiet, denen sich ebenfalls kein Panoramablick auf einen Schiffsfriedhof bot. Wollte die Sargassosee ein berüchtigtes Todesmeer bleiben, benötigte sie schnellstens ein modernes Update und einen neuen Namen.

Und so startete sie mit frischem Marketing eine zweite Karriere – als Bermudadreieck!

EIN HARMLOSES TEUFELSDREIECK

Für den Neustart musste sich das Unternehmen mysteriöse Geistersee zunächst einmal verkleinern. Statt den halben nördlichen Atlantik abzudecken, wurde das Kerngebiet auf die südwestliche Ecke der Sargassosee zurechtgeschrumpft. Dementsprechend erstreckt sich das Bermudadreieck oder Teufelsdreieck klassischerweise zwischen den Bermudainseln, der Südspitze Floridas und Puerto Rico. Wenn es allerdings darum geht, die Zahl der Schiffe und Flugzeuge, die auf rätselhafte Weise verschwunden sind, in die Höhe zu treiben, reicht es aber durchaus schon mal Tausende Seemeilen weiter nach Norden, Osten oder Süden. In einzelnen Fällen soll das Bermudadreieck sogar schuld am Untergang von Schiffen gewesen sein, die nachweislich im Pazifik gesunken sind. Manche Autoren, die gut an den Dreiecksgeschichten verdienen, verstehen die Geographie bei Bedarf anscheinend eher als unverbindliche Empfehlung.

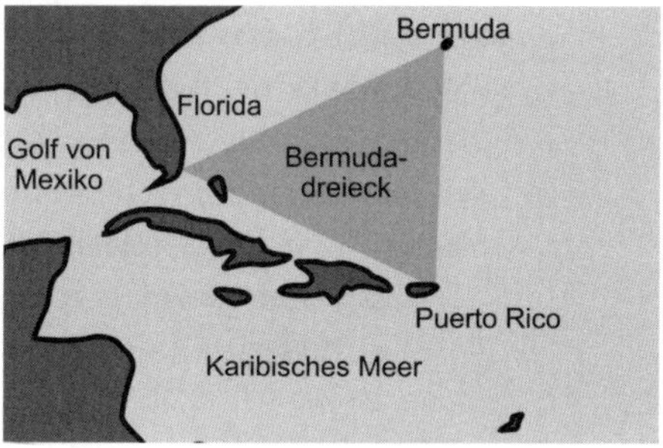

Das Bermudadreieck ist zwischen den Eckpunkten Bermudainseln, Südspitze Floridas und Puerto Rico aufgespannt.

Den Startschuss für den Relaunch der Todeszone gab am

17. September 1950 die Zeitung «The Miami Herald» mit einem Artikel über den Frachter *Sandra,* drei Verkehrsflugzeuge und fünf Militärflieger, die zwischen 1945 und 1949 niemals ihr Ziel erreicht hatten und trotz intensiver Suchaktionen nicht gefunden wurden. «Die alte teuflische See umhüllt mit einem Mantel des Rätsels das Schicksal von 135 Menschen, die in den vergangenen Jahren per Schiff oder Flugzeug auf dem Atlantik unterwegs waren. Der moderne Mensch mit seinem Wunder des Knöpfchendrückens hat keine Ahnung, was mit jenen geschehen ist, die beim Verlust der Schiffe und Flugzeuge spurlos verschwunden sind», schreibt der Autor unter einer handgezeichneten Karte mit den Routen.

Erwähnt sind in dem Artikel auch die fünf Bomber von *Flug 19,* die am 5. Dezember 1945 von einem Trainingsflug nicht mehr zurückgekehrt sind. Nach der offiziellen Version hat sich die kleine Staffel verflogen und ist bei schwerer See im Meer versunken, als der Treibstoff ausging. Relativ untypisch für diesen Fall ist, dass die Piloten während des Fluges wussten, dass irgendetwas nicht stimmte. Dem Funkverkehr mit der Bodenkontrolle zufolge vermuteten sie fatalerweise, ihre Kompasse seien ausgefallen, weil sie die Bahamainseln unter sich für die Florida Keys hielten. Daher sind sie wohl auf Nordkurs parallel zur Küste geflogen statt auf das rettende Land zu.

Die meisten Opfer des Bermudadreiecks ahnten hingegen

Nur gefährlich für Amerikaner!

Das Teufelsmeer oder Drachendreieck im Pazifik ist fast so berüchtigt wie das Bermudadreieck – allerdings nur bei US-Amerikanern. Japanische Fischer belegen das Gebiet etwa 100 km südlich von Tokio zwar mit diesem Namen, sie halten es aber nicht für sonderlich gefährlich. Dennoch sollen auch hier Schiffe und Flugzeuge verschwinden und UFOs auftauchen.

nichts vom bevorstehenden Unglück, bis es zu spät war. Bei bestem Wetter fuhren oder flogen sie als erfahrene Kapitäne oder Piloten in Schiffen bzw. Flugzeugen, die hervorragend in Schuss waren, los, gaben noch einmal per Funk durch, das alles in Ordnung wäre – und wurden von einem Moment auf den anderen nie wieder gehört oder gesehen. Bei der anschließenden Suche wurden so gut wie niemals Wrackteile, Trümmer oder Öllachen gefunden. Und je länger das Ereignis zurücklag, desto mehr Details fanden die Autoren der einschlägigen Bestseller heraus. Leider ohne das Rätsel um das Bermudadreieck zu lösen. Eher wurde alles immer noch mysteriöser und geheimnisvoller.

Dabei ist der Schleier über dem Teufelsdreieck längst gelüftet!

VORSICHT, SPOILER! DIE WAHRHEIT ÜBER DAS BERMUDADREIECK

Das große Geheimnis des Bermudadreiecks lautet: Es gibt kein Geheimnis!

Zu diesem enttäuschenden Ergebnis kam der Pilot und Autor Lawrence David Kusche bereits Mitte der 1970er Jahre, als er für ein Buch über das Rätsel des Teufelsdreiecks recherchierte. Eigentlich war Kusche ein begeisterter Anhänger der Berichte, in denen von Mysterien und Verschwörungen rund um die verschwundenen Schiffe und Flugzeuge die Rede war. Doch als er tiefer in die Materie eindrang, persönlich mit den Zeugen sprach, Wetterberichte studierte und die Routen selbst abflog, wich seine anfängliche Euphorie immer mehr der Ernüchterung.

Schnell stellte Kusche fest, dass sich viele der Fälle, die von den immer gleichen Autoren dem Bermudadreieck zugeordnet wurden, in ganz anderen Regionen des Atlantiks oder sogar auf anderen Meeren ereignet haben. Zieht man diese ab, bleibt schon eine erheblich kleinere Anzahl von Ereignissen übrig. In Anbetracht des regen Verkehrsaufkommens an der Ostküste der USA, wo tagtäglich unzählige Frachter Waren zwischen Amerika und Europa transportieren, Flugzeuge Urlauber und Geschäftsleute befördern und Kreuzfahrtschiffe mit Touristen starten, erwies sich das Bermudadreieck sogar als erstaunlich sicheres Gebiet. Jedenfalls passierte hier nicht mehr als in jeder anderen ähnlich stark frequentierten Meeresregion, weshalb das Bermudadreieck auch nicht auf der Liste der zehn gefährlichsten Gewässer für die Schifffahrt steht.

Selbstverständlich gingen aber trotzdem immer wieder Schiffe und Flugzeuge im Bermudadreieck verloren. Für die meisten fand Kusche jedoch schnell eine recht banale Erklärung wie beispielsweise Stürme oder Hurrikans. Bei instabilen Wetterlagen kommen außerdem besonders heftige Fallböen hinzu, sogenannte Downbursts, wenn kalte Luft mit so großer Wucht auf die Wasseroberfläche niederschlägt, dass amerikanische Meteorologen inoffiziell sogar von «Luftbomben» sprechen. Schließlich könnten Monsterwellen – von deren wirklicher Existenz Kuscher noch nichts wusste – selbst große Schiffe völlig überraschend innerhalb weniger Sekunden versenkt haben. All dies sind natürliche Phänomene, die ebenso in anderen Teilen der Meere auftreten.

Häufig stellte sich während Kuschers Nachforschungen auch heraus, dass die Transportmittel schon beim Aufbruch in einem schlechten Zustand waren, und das größte Mysterium beinahe war, wie sie es überhaupt schafften, den Hafen zu verlassen oder von der Startbahn abzuheben. Das trifft etwa auf den Flug einer Douglas DC-3 zu, die am 28. Dezember 1948 von Puerto Rico aus nach Miami gestartet ist – mit defektem Funkgerät. Auch die Explosion eines der Suchflugzeuge, die das Schicksal von *Flug 19* klären sollten, geht wahrscheinlich auf

Gefährliche Blasen?

Seit ihrer Entdeckung werden Methanhydrate gerne als Ursache für unerklärliche Unglücke angeführt. Dabei handelt es sich um von Bakterien produziertes Methangas, das bei dem hohem Druck und der niedrigen Temperatur in der Tiefsee zusammen mit Wasser einen festen Körper bildet, ähnlich wie zu Eis gefrorenes Wasser. Durch Störungen wie beispielsweise ein Seebeben kann sich ein Teil des Hydrats ablösen und an die Oberfläche steigen. Dabei wird das Methan gasförmig und bildet unzählige kleine Bläschen. Dort, wo ein derartiger Methanausbruch oder *Blowout* an die Oberfläche gelangt, verringert er die Dichte des Wasser so stark, dass ein eventuell hineingeratenes Schiff keinen Auftrieb mehr hat und blitzschnell sinkt.

Im Bereich des Bermudadreiecks wurden zwar große Mengen Methanhydrat am Meeresgrund gefunden, aber es ist noch ungeklärt, ob tatsächlich Schiffe durch Blowouts untergegangen sind.

einen technischen Defekt zurück, da sich bei Maschinen dieses Typs schon mehrfach austretende Treibstoffdämpfe selbst entzündet hatten.

Ist erst etwas passiert, wird die Suche nach Wrackteilen und Überlebenden durch die besonderen Eigenschaften der Sargassosee erschwert. Im Mittel ist sie etwa 5 km tief, sodass Trümmer, die einmal unter Wasser geraten sind, in eine Tiefe absacken, wo sie nur noch mit teurem Spezialgerät geortet werden können. Was an der Oberfläche bleibt, wird schnell von den Meeresströmungen erfasst und mitgenommen.

Schlimmer als die Ungenauigkeiten und wilden Mutmaßungen im Zusammenhang mit dem Bermudadreieck sind aber die offenkundigen Lügen und erfundenen Geschichten, mit denen der Mythos bis in die 1980er Jahre hinein gewaltsam angefeuert wurde. Da wurden Mannschaften, die von der Küstenwache gerettet wurden, wie die Besatzung des 1972 explodierten und gesunkenen Tankers SS *V.A. Fogg,* für unauffindbar verschollen erklärt. Oder es wurde der Crash eines Flugzeugs gleich vollständig erfunden wie bei einer Maschine, die 1937 vor Hunderten von Zeugen vor Florida ins Meer gestürzt sein soll – ohne dass die Lokalzeitung auch nur eine Zeile darüber berichtet hat.

Alles in allem besteht der Mythos des Bermudadreiecks wohl weniger aus rätselhaften Schiffs- und Flugzeugunglücken als vielmehr aus der Frage, wie es einigen Autoren gelungen ist, die versunkene Legende vom Schiffsfriedhof Sargassosee zu einem lukrativen Gruselgeschäft zu machen. Viel Gespür für den Zeitgeist, wenig Skrupel und ein erstklassiges Marketing waren wohl das Rezept. Wenn Kolumbus geahnt hätte, wie viel Gold sich alleine damit aus der Sargassosee holen lässt, hätte er seinen schwimmenden Wiesen sicherlich mehr Aufmerksamkeit gewidmet, statt sich mit der Entdeckung eines Kontinents herumzuschlagen.

BEI DER EHRE DES KLABAUTERMANNS

Das Seemannsgarn von den verdammten Schiffsfriedhöfen hat sich als ausgesprochen dünn erwiesen. Anstelle einer Sammlung von Schiffswracks treiben lediglich Teppiche von Plastikmüll in den Strömungen. Mit seinen ausgedehnten Flauten und heftigen Stürmen macht es gerade den Besatzungen von Segelschiffen vielleicht nicht immer Spaß, den Atlantik östlich von Florida zu durchqueren, und ab und zu gehen auch tatsächlich Schiffe oder Flugzeuge in der Sargassosee verloren. Doch weder die Küstenwache noch Versicherungsgesellschaften sehen das Bermudadreieck als auffallend gefährlich an. Und sogar auf dem

Sachbuchmarkt hat der Mythos Teufelsdreieck seine Plätze auf den Bestsellerlisten längst eingebüßt.

Fazit: Die Sargassosee mag mit ihren Algenteppichen und den langen Flauten ein unheimliches, vielleicht sogar gruseliges Meeresgebiet sein, doch ein Schiffsfriedhof ist sie nicht.

WO GIBT ES MEHR?

Lawrence David Kusche: *Die Rätsel des Bermuda-Dreiecks sind gelöst*, Rowohlt-Verlag (1984)
Das Buch, das dem Mythos des Bermudadreiecks den Todesstoß versetzte.

TEIL 2

Mythische Wesen

Die Meere sind voll absonderlicher Kreaturen! Was halten Sie von einem Fisch, bei dem das kleine Männchen fest mit dem großen Weibchen verwächst, sodass es zu einem untrennbaren Körperteil seiner Herzensdame wird? Von einer Fischart, bei der es gar keine Männchen mehr gibt? Von einem Krebs, der mit einem Wasserstrahl die Scheiben von Aquarien zum Bersten bringen kann? Von einer Krabbe, die doppelt so groß wird wie ein Mensch? Von einer Qualle, die tatsächlich den Jungbrunnen erfunden hat und unsterblich ist?

Klingt unglaublich? Ist aber alles wahr!

Nachdem sich das Männchen des Tiefseeanglerfisches an sein Weibchen geheftet hat, verschmelzen die Blutkreisläufe der beiden Tiere. Dass Männchen ist dadurch vollkommen abhängig von seiner besseren Hälfte. Und es kann nicht einmal protestieren, wenn seine Angebetete sich einen kleinen Harem zulegt. Die Weibchen mancher Arten begnügen sich nämlich nicht mit einem einzigen Partner. Bis zu acht Zwerge wurden schon auf einer einzelnen Anglerfischdame gezählt. Beim Amazonenkärpfling gibt es hingegen gar keine Männchen mehr, alle Tiere sind weiblich. Dumm ist nur, dass die Weibchen trotzdem Sperma brauchen, um sich fortzupflanzen. Ohne den Kick, von einem Spermium angestupst worden zu sein, entwickeln sich die Eizellen einfach nicht. Also bandeln die Kärpflingfrauen kurzzeitig mit den Männchen verwandter Arten an, nutzen sie sexuell aus und lassen sie dann wieder fallen. Nicht nett, aber wirkungsvoll. Pistolenkrebse nehmen es dagegen mit den Geschlechtern nicht so genau. Bei manchen Arten schlüpfen zunächst alle Larven als Männchen, und erst später wandeln sich einige in Weibchen um. Und manchmal wieder zurück in Männchen, ganz nach Bedarf. Ihren Namen haben die Pistolen- oder Knallkrebse aber von der Methode, mit der sie ihre Beute erjagen: Sie erschießen sie regelrecht mit explosivem heißem Wasser. Dafür verhaken sie die beiden Finger einer speziell gebauten Schere fest ineinander und bauen mit den Muskeln eine gewaltige Spannung auf. Schlagen die Finger schließlich doch aufeinander, schießt ein Wasserstrahl nach vorne, der kleine Bläschen mitreißt, die implodieren. Bis zu 5000 Grad heiß wird dieses Geschoss – genug Energie, um Glasscheiben zerspringen zu lassen. Trotz seiner Bewaffnung wirkt der Pistolenkrebs aber nicht so furchteinflößend wie die Japanische Riesenkrabbe. Ihr eigentlicher Körper misst zwar nur rund 40 cm im Durchmesser, aber von einer Spitze ihrer dünnen langen Beine zur anderen können es 4 m oder mehr sein. Das wäre eindeutig zu viel für den Kurzschwanzkrebs. Er muss klein genug sein, um als Steuermann mit der Furchenqualle mitfahren zu können. Die blinde Qualle wäre eine leichte Beute für ihre Feinde, wenn nicht der Krebs sie bei Gefahr an den richtigen Stellen zwacken und damit in Sicherheit lenken würde. Unendlich lange lebt die Furchenqualle dennoch nicht. Dieses Kunststück beherrscht nur die Mittelmeer-Meduse. Statt in herkömmlicher Quallenmanier nach der Vermehrung zu sterben, können sich die Medusen zurück in den Polypenzustand versetzen, sozusagen in das Babystadium, und den Lebenszyklus von vorne beginnen. Solange die Mittelmeer-Meduse aufpasst, dass sie nicht gefressen wird, kann sie dank dieses natürlichen Jungbrunnens im Prinzip ewig leben.

In der Natur herrscht wahrlich kein Mangel an skurrilen Ideen für unglaubliche Wesen. Wenn es nun aber Fischarten ohne Männchen, unsterbliche Quallen und schießende Krebse gibt … warum sollte in den Tiefen der Meere dann kein Platz sein für Riesenkraken, Seeschlangen und Meermenschen? Schließlich schwören Hunderte respektierliche Zeugen, genau solche Kreaturen gesehen zu haben. Sind ihre Geschichten alle nur Seemannsgarn? Oder muss unsere Schulweisheit erneut um einige Kapitel erweitert werden?

Besser, Sie rechnen mit dem Unerwarteten …

Riesentintenfische – Vielarmiger Tod aus der Tiefsee

Ned Land stürzte ans Fenster.

«Das fürchterliche Tier!», rief er aus.

Ich sah ebenfalls hin und konnte mich eines Gefühls des Widerwillens nicht erwehren. Vor meinen Augen bewegte sich ein grässliches Ungeheuer, das einen Platz in den Wunderlegenden verdiente. Es war ein Kalmar von kolossaler Größe, 8 Meter lang. Er bewegte sich äußerst schnell rückwärts auf die Nautilus zu, mit starrem Blick aus enorm großen Augen von graugrüner Farbe. Seine acht Arme [...] waren von doppelter Größe wie der Leib und ringelten sich gleich den Schlangen am Haupt der Furien. Deutlich konnte man 200 schröpfkopfartige Warzen erkennen, die an der inneren Fläche der Fühlarme in Form von halbrunden Kapseln saßen.

Jules Verne: «20000 Meilen unter den Meeren»

Tintenfische, die so groß sind wie ein Haus. Die heimtückisch Schiffe angreifen und Seeleute von Bord zerren. Oder die sich nicht mit Details aufhalten und gleich das ganze Schiff in die Tiefe reißen. Schriftsteller wie Jules Verne und Herman Melville haben in ihren Romanen «20 000 Meilen unter den Meeren» bzw. «Moby Dick» aufgegriffen, was Seeleute in ihrem Seemannsgarn verwoben haben. Heute treten Riesenkraken in Filmen, Comics und Computerspielen auf. Sie werden besungen und bedichtet und halten in Freizeitparks die Gondeln der Fahrgeschäfte. Der Mythos lebt – aber leben auch die Riesenkraken?

JAHRTAUSENDE VOLLER LEGENDEN UND MYTHEN

Der Name des Schiffes ist nicht überliefert. Ebenso wenig, was es geladen hatte und wie stark seine Besatzung war. Doch das Votivbild, das in der Kapelle St. Thomas im französischen Saint-Malo gehangen haben soll, zeigte in einer dramatischen Momentaufnahme, was sich angeblich um das Jahr 1800 vor der nordafrikanischen Küste bei Angola ereignet hatte. Aus den Tiefen der See heraus streckten sich baumdicke lange Fangarme nach dem Segler, glitten über die Reling und wanden sich die drei Masten empor bis zu deren obersten Rahen. Mannschaften und Offiziere stürzten in wildem Schrecken aufs Deck, als der gewaltige Tintenfisch begann, das Schiff zu sich ins Meer zu ziehen. Es hatte bereits bedenkliche Schieflage, bevor die Besatzung mit dem Mut der Verzweiflung zur Gegenwehr ansetzte. Die Männer stießen Stoßgebete aus und riefen ihren Schutzpatron, den heiligen Thomas, an, während sie mit Beilen und Messern auf die Arme einhieben. Sie mochten insgeheim wohl schon mit ihrem Leben abgeschlossen haben, als das Wunder geschah: Der Tintenfisch ließ von seiner widerspenstigen Beute ab und verschwand in den Fluten, aus denen er gekommen war.

Zum Dank für die glückliche Rettung aus größter Not stifteten die Seeleute das Gemälde, das der französische Naturforscher Pierre Dény de Montfort abzeichnete und zusammen mit dem Bericht über die Ereignisse 1802 in seiner *Naturgeschichte der Mollusken* (*Histoire naturelle générale et particulière des Mollusques*) veröffentlichte. Dank ihm erfuhren die Fachwelt wie die Öffentlichkeit von der Existenz der riesigen Kopffüßer, die es zuvor nur in Legenden und Schauergeschichten gegeben hatte. Dumm war nur, dass ihm niemand glauben wollte.

Montforts Zeichnung der angeblichen Votivtafel in der Kapelle des heiligen Thomas.

VON AUFSCHNEIDERN UND BISCHÖFEN

Den Karrieresprung vom anerkannten Wissenschaftler zum verlachten Märchenerzähler hatte Montfort allerdings größtenteils selbst verschuldet. Zu bereitwillig glaubte er alles, was man ihm über Monsterkraken erzählte – und übersteigerte die Geschichten mit der Phantasie eines Experten für narrative Spezialeffekte. Bis er schließlich in einem finalen Showdown einen kolossalen Tintenfisch auf einen Schlag sechs französische und vier britische Schiffe versenken ließ. Dieser Blockbuster war dann selbst den wohlwollendsten Anhängern maritimer Verschwörungstheorien zu viel, und Montfort hatte nicht nur sich selbst in den Ruin geredet, sondern auch den Tiefseetintenfisch.

Der Familienstammbaum der Kopffüßer

Tintenfisch, Krake, Kalmar ... Rund 800 Arten sogenannter Kopffüßer kennt die Wissenschaft. Den kleinen Unterschied verraten am einfachsten die Arme.

Acht Arme und ein Körper, der aussieht wie ein wassergefüllter Sack, kennzeichnen die Kraken, zu denen auch die Oktopusse gehören. Sie verleben ihre etwa drei Jahre vorzugsweise am Meeresgrund und sind erstaunlich intelligent (siehe Kasten «Trottel und Einsteins der Meere»). Ihr größter Vertreter, der Pazifische Riesenkrake (*Enteroctopus dofleini*), erreicht mit weniger als 5 m jedoch nur den dritten Platz unter den vielarmigen Giganten.

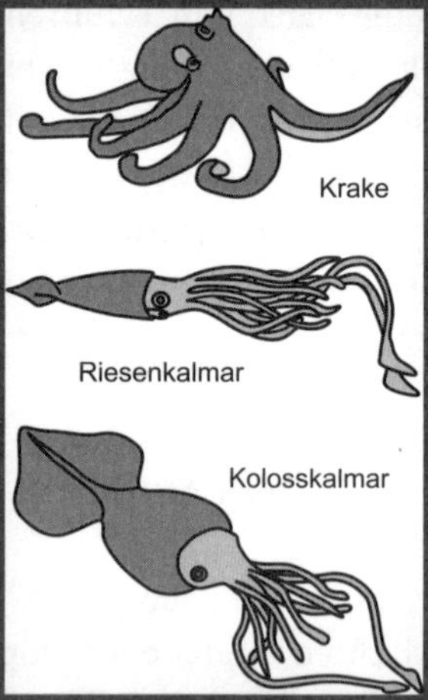

Während Kraken rundliche Pummelchen sind, haben Kalmare eine schlanke bis kräftige Stromlinienform.

Die Zehnarmigen Tintenfische haben zusätzlich zu den acht normalen Armen mit Saugnäpfen noch ein Paar längere Tentakel. Die größten Arten gehören zu den Kalmaren, die eine mehr oder minder aquadynamisch spindelförmige Gestalt haben. Sie sind Jäger, die das offene Wasser besiedeln. Ihr Körper besteht aus einem keilförmigen Mantel, an den sich der Kopf und die Arme anschließen.

Der Riesenkalmar (*Architeuthis dux*) hat die längsten Tentakel und erreicht vermutlich die größte Gesamtlänge von bis zu 13 m. Er lebt in der Tiefsee und wird drei bis fünf Jahre alt. Seine schlimmsten Feinde sind Pottwale – und größere Artgenossen.

Der Koloss-Kalmar (*Mesonychoteuthis hamiltoni*) hat kürzere

Arme als der Riesenkalmar, aber einen mächtigeren Mantel mit größeren Flossen. Über ihn ist noch sehr wenig bekannt, so wissen wir nicht einmal, wie groß Koloss-Kalmare überhaupt werden können.
Humboldt-Kalmare (*Dosidicus gigas*) sind mit bis zu 2,5 m Länge und 50 kg Gewicht immer noch recht groß. Obwohl sie sich gerne gegenseitig verspeisen, jagen sie in Schwärmen. Humboldt-Kalmare kommen nachts auch in den Bereich der Meeresoberfläche. Sie werden nur ein bis zwei Jahre alt.

Für ein halbes Jahrhundert gab es als Lohn für Berichte über Fangarme und Monsterkalmare nur Hohn und Spott.

Dabei konnte das Genre auf eine ruhmreiche Vergangenheit zurückblicken. Bereits Homer – der Hausautor der alten Griechen, von dem ebenfalls nicht ganz sicher ist, ob es ihn überhaupt jemals gegeben hat – ließ im 7. Jahrhundert vor Beginn unserer Zeitrechnung seinen Helden Odysseus gegen ein Monster namens Skylla antreten, das sich mit langen Armen dessen kampferprobte Gefährten vom Schiff angelte wie Pralinen aus der Schachtel. Dreihundert Jahre später ging Aristoteles das Thema seriöser an, indem er bei der Auflistung allen Lebens zwischen dem Riesenkalmar *teuthos* und seinem kleineren gewöhnlichen Verwandten *teuthis* unterschied. Und der fleißige römische Gelehrte Plinius der Ältere verwies im neunten Buch seiner 37-bändigen Enzyklopädie *Naturgeschichte* (*Naturalis historia*) auf eine Begebenheit im spanischen Ort Carteia (dem heutigen Rocadillo), wo ein äußerst übelriechendes Untier aus dem Meer an Land gekrochen sei, um dort aus den Vorratsbehältern in Salz eingelegte Fische zu stehlen und zu fressen. Selbst ein Zaun konnte den «Vielfüßer» nicht aufhalten. Erst eine nächtliche Jagd mit Hunden machte dem Diebstahl ein Ende. In dem Missetäter erkannten die Fischhändler zu ihrem Erstaunen einen

Tintenfisch mit 10 m langen Armen, der 700 Pfund wog. Vorsichtshalber schlugen sie ihn tot und verfütterten sein Fleisch an die Hunde. Handfeste Beweise für ihr Abenteuer vermochten die Fischer somit nicht mehr vorzuweisen. Für Plinius hatte die Darstellung darum den Beigeschmack einer überzogenen Marketingstrategie der vorspanischen Tourismusindustrie, sodass er in seinem Werk vorsichtig urteilte, die Geschichte «scheint einem Wunder nahe zu sein».

Das Gemetzel an ihrem Artgenossen schien sich jedenfalls unter den legendären Kopffüßern herumgesprochen zu haben, denn für den Rest der Antike und des Mittelalters wagten sie keinen großen Auftritt mehr. Allenfalls einige Fischer berichteten dann und wann von seltsamen Kreaturen mit zahlreichen Armen und gewaltigen Ausmaßen, und gelegentlich wurde ein entsprechender Kadaver an den Strand gespült. Bei dieser Gelegenheit könnte der Krake auch seinen Namen bekommen haben, denn das Wort stammt aus dem Norwegischen, wobei allerdings niemand so recht weiß, was es bedeuten soll. Fest steht, dass es der schwedische Bischof Olaus Magnus im Jahr 1555 benutzte, um ein schwimmendes Ungeheuer zu beschreiben, das mehrere quadratische Köpfe hatte sowie lange, spitze Hörner, die wie die Wurzeln eines Baumes gewesen seien und zahlreiche dunkle Augen trugen. Ob Magnus das betreffende Tier selbst auf seiner Reise in den Norden Schwedens gesehen haben will oder ob ihm nur von dem Monster berichtet wurde, ist unbekannt. Vielleicht verarbeitete er mit der Übertreibung auch seinen Frust über die Reformation in seinem Heimatland, die dem strengen Katholiken ein Exil in Rom auferlegt hatte. Als Erzbischof von Uppsala, der niemals den Boden seiner Gemeinde betreten sollte, blieb ihm für den Rest seines Lebens eben nur, Unterstützer für eine Gegenreformation zu suchen und seine *Seekarte der nordischen Länder* (*Carta marina*) samt Kommentarband mit entsprechend ketzerischen Monstern zu füllen.

Immerhin war Magnus imstande, die Ausmaße des Wesens einigermaßen plausibel abzuschätzen. Umgerechnet in heutige Einheiten soll der Krake alles in allem rund 16 m lang gewesen sein. Da war sein Amtskollege, der Bischof von Bergen, Erik Ludvigsen Pontoppidan, 200 Jahre später großzügiger. Sein Krake war mit 700 m Länge gleich ein gutes Stück größer als die Nordseeinsel Norderoog und damit so gigantisch, dass niemals ein Mensch das ganze Tier vollständig gesehen hat. Den Bischof selbst eingeschlossen, denn er berief sich auf die Berichte von Fischern, die teilweise noch dramatischere Ausmaße angegeben haben sollen. Ein Schelm, wer nun glaubt, die Männer hätten sich mit ihrem Bischof einen Scherz erlaubt.

VOM MYTHOS ZUR GEWISSHEIT

Nachdem sich der unglückliche Montfort mit seinen Super-Tintenfischen ins Elend gestürzt hatte und 1820 oder 1821 arm wie eine Schiffsratte verstorben war – als erster und einziger Mensch, der jemals an Land einem Tintenfisch zum Opfer gefallen ist –, bekam man von den riesigen Kopffüßern nicht mehr zu sehen als ab und zu ein Stück eines Fangarms im Magen eines Pottwals, deren Tran im 19. Jahrhundert die Wohnzimmer erleuchtete.

Darum hielten die Seeleute des kleinen französischen Kriegsschiffs *Alecton* das Objekt, das sie am 30. November 1861 nordöstlich von Teneriffa im Wasser treibend entdeckten, für ein gekentertes Beiboot, ein Fass oder ein totes Pferd. Erst ihr Kapitän Frédéric Marie Bouyer erkannte nach eigenen Angaben sofort, dass es sich um einen riesigen Kalmar handeln musste, und er gab Befehl, das Monster zu fangen – selbstverständlich zu Studienzwecken. Die Studien begannen in zeittypischer Weise mit dem Beschuss des Tieres, doch wegen des starken Wellengangs fanden nur wenige der abgegebenen 20 Kugeln ihr Ziel. Die

Treffer schienen dem Kalmar nur so viel auszumachen, dass er versuchte, dem Schiff zu entkommen. Er lag jedoch anscheinend bereits im Sterben, denn es gelang der *Alecton,* ihn einzuholen, und die Männer bemühten sich, ihn mit Harpunen und Seilen an Bord zu hieven. Bei einer heftigeren Welle rissen sowohl die Seile als auch der Körper des verendenden Tieres, und alles, was die Matrosen auf Deck brachten, war ein Teil des Rumpfendes. Zwar wollte sich die Mannschaft augenblicklich an die Verfolgung des Restes machen, doch Bouyer fürchtete das Risiko, dass einer von ihnen von den 5 bis 6 m langen Armen in die Tiefe gerissen würde. Stattdessen präsentierte er das rund 20 kg schwere Stück dem französischen Konsul auf Teneriffa, der es zusammen mit einem Bericht des Kapitäns an die französische Akademie der Wissenschaften sandte.

Damit hätte die Existenz der Riesenkalmare bewiesen sein können. Wenn die Gelehrten der Akademie es nicht besser gewusst und die Probe aufgrund ihrer Oberflächenbeschaffenheit, ihrer Farbe und ihres Geruchs für Teile einer Pflanze gehalten hätten. Ein Urteil, mit dem man keinen Blumentopf gewinnen konnte, aber Experten sind nun einmal Experten, und Autorität triumphiert eben auch in der Wissenschaft gelegentlich über die profane Realität.

Es musste erst ein Fischerjunge kommen, um die maritimen Theoretiker eines Besseren zu belehren. Im Oktober 1873 gerieten die drei Heringsfischer Daniel Squires, Theophilus Piccot und dessen zwölfjähriger Sohn Tom vor Neufundland in eine ähnliche Situation wie die Männer der *Alecton* – mit dem Unterschied, dass das Abenteuer dieses Mal beinahe auch für die Menschen schlecht ausgegangen wäre. Die Männer bemerkten ein vermeintliches Stück Treibgut im Wasser und ruderten dichter heran. Als sie es mit ihren Haken näher begutachten wollten, wurde der Fund auf einmal lebendig. Meterlange Arme schlangen sich um das Boot und drohten es umzukippen. Aus-

Trottel und Einsteins der Meere

Das Nervensystem des Kolosskalmars ist komplex, aber klein. Trotz eines Körpergewichts von einer halben Tonne bringt es sein Gehirn nur auf 100 g. Den größten Teil davon nutzt das Tier zum Sehen. Allerdings vermutlich in schwarzweiß, statt in Farbe. Hinzu kommt, dass bei Kalmaren das Gehirn ziemlich ungünstig in den Körper eingebaut ist: Es umgibt in Form eines Rings die Speiseröhre. Bei Kalmaren dreht sich damit das Denken wortwörtlich immer um das Essen. Viel mehr Intelligenz trauen Wissenschaftler den Riesen der Meere derzeit nicht zu.

Ganz anders sieht es dagegen bei den kleinen Verwandten aus. Kraken haben nicht nur bezogen auf ihre Masse das größte Gehirn aller Weichtiere, es ist sogar in Lappen gefaltet wie bei Säugetieren. Und die Kraken wissen diese moderne Bauart zu nutzen. Vor allem, wenn es um das Essen geht, zeigen sie beeindruckende Geistesleistungen. So stehlen sie Hummer aus Fangkörben, öffnen Schraubdeckel von Gläsern und schleichen sich auf Fischerboote, um einen Teil des Fangs mitgehen zu lassen. Andere Exemplare wurden beobachtet, wie sie Stücke von Kokosnussschalen sammeln, um sich daraus ein Versteck zu basteln. Und nicht einmal auf einen Spiegel fallen Kraken herein. Ob sie sich darin selbst erkennen, ist noch nicht geklärt. Fest steht aber, dass die Tiere schnell herausfinden, dass sie es nicht mit einem Rivalen zu tun haben. Ganz nach dem Motto «Der Klügere gibt nach» ziehen sie sich nach einer kurzen Untersuchung des Spiegels gelangweilt zurück.

gerechnet der kleine Tom behielt die Nerven und hieb mit einem Beil einen der Arme ab, woraufhin das Ungeheuer losließ und flüchtete. Zurück blieb ein rund 6 m langes Stück Arm – der eindeutig nicht pflanzliche Beweis für den Riesenkalmar. Die Fischer brachten den ungewöhnlichen Fang zum ortsansässigen Pfarrer Moses Harvey, der nebenbei nicht nur Naturforscher aus Leidenschaft war, sondern bemerkenswerterweise auch wusste, wo seine eigenen Grenzen lagen, und das Stück an den Zoologie-Professor Addison Emery Verrill von der Yale-Universität schickte. Das war nun wirklich der Durchbruch. Verrill untersuchte nicht nur Toms Trophäe, sondern in den folgenden Jahren fast zwei Dutzend weitere Teile und Kadaver von Riesenkalmaren, die in dieser Zeit aus unbekannten Gründen an die Strände von Neufundland gespült wurden. Nicht weniger als 29 wissenschaftliche Artikel verfasste er zu der Legende, die zur Wahrheit geworden war. *Architeuthis dux*, der Riesenkalmar, hatte es vom Mythos zum begehrten Objekt der Wissenschaft gebracht.

AUF DEM SEZIERTISCH DER WISSENSCHAFT

Für lange Zeit gönnte das Meer den Wissenschaftlern aber nicht mehr Riesentintenfische als ein paar verwesende Kadaver. Dann holten im Februar 2007 Fischer in der Antarktis ihre Leinen ein. Sie hatten es auf den seltenen Antarktisdorsch abgesehen, eine bis zu 2 m lange und 80 kg schwere Art, die so selten wie teuer ist und trotz der Gefahr, demnächst auszusterben, noch immer gejagt wird. Und das nicht nur vom Menschen. Als die Seeleute an Bord der *San Aspiring* ihre Winden anschalteten, war 1500 m tiefer ein Kolosskalmar gerade damit beschäftigt, einen der Fische, der an einen Haken geraten war, anzuknabbern. Kolosskalmare (*Mesonychoteuthis hamiltoni*) sind Verwandte der Riesenkalmare und lassen wie diese nur äußerst ungern von ihrer Beute ab. Vermutlich schon reichlich ungehalten, beim Essen gestört zu werden, ließ sich der Koloss nach oben mitziehen.

Blaues Blut und drei Herzen

Wenn blaues Blut tatsächlich ein Zeichen von Adel ist, dann gehören Kopffüßer zu den besonders edlen Geschöpfen. In ihrem Blut bindet nicht rotes, eisenhaltiges Hämoglobin den Sauerstoff, sondern Hämocyanin mit einem Kupferatom in der Mitte. Und Hämocyanin ist blau!

Außerdem haben Kopffüßer besonders viel Herz – nämlich drei davon. Zwei der Herzen pumpen das Blut zu den Kiemen, wo es mit Sauerstoff angereichert wird. Das dritte Herz versorgt den Körper mit dem aufgefrischten Blut.

Die Fischer staunten nicht schlecht, als neben ihrem Schiff außer den seltenen Fischen ein noch viel seltenerer gewaltiger Kalmar auftauchte, rot gefärbt vor Aufregung und immer noch fest seinen Fisch umklammernd. Ein Kamerateam, das gerade an Bord war, um eine Dokumentation über Fischerei in der Arktis zu drehen, filmte geistesgegenwärtig, wie die Fischer den Koloss mit Harpunen und Stangen fixierten, bevor ein Kran ihn in einem Netz an Bord hievte. Der Kalmar war dabei zwar noch am Leben, aber bereits sichtlich geschwächt und starb während der Prozedur.

Nach seinem Tod erging es dem Koloss auch nicht besser. Er wurde tiefgefroren und in das neuseeländische Nationalmuseum Te Papa gebracht. Sodann trommelte man nicht weniger als zehn Experten für Mollusken und Tintenfische aus der ganzen Welt zusammen, die sich im April 2008 begierig daranmachten, den Leichnam eingehend zu untersuchen und zu sezieren. Sie stellten fest, dass es sich um ein Weibchen handelte, das mit 495 kg fast eine halbe Tonne wog und von der Kopfspitze bis zu den Enden seiner Arme rund 4,2 m lang war. Im Gegensatz zu den Riesenkalmaren geht bei den Kolosskalmaren ein größerer Teil der Gesamtlänge auf den Rumpf oder Mantel, der deutlich wuchtiger ausfällt. Er maß bei diesem Exemplar 2,5 m in der Länge und etwa 1 m im Durchmesser – ungefähr so viel wie der Reifen eines Traktors. Acht der Arme waren um 1 m lang, während zwei Arme als verlängerte Tentakel etwa 2,1 m erreichten.

Das war ein gutes Stück weniger, als die Fischer beim Fang des Kalmars geschätzt hatten. Der Unterschied entstand vermutlich dadurch, dass der Kadaver durch das Einfrieren und die Lagerung in Formalin und Glykol ein gutes Stück zusammengeschrumpft war. Zwar hätten die Wissenschaftler den Koloss einfach wieder größer machen können, indem sie seine elastischen Arme in die Länge gezogen hätten, doch für sinnvolle Vergleiche eignen sich Extremitäten, die sich wie ausgeleierte Gummibänder verhalten, herzlich wenig. Deshalb nutzen Forscher als Messlatte ein Körperteil, das wohl die wenigsten ausgerechnet bei einem Tintenfisch erwarten würden: seinen Schnabel.

Tintenfische besitzen in der Tat einen Schnabel, der ganz ähnlich aussieht wie der Schnabel eines Papageis. Mit dem Unterschied, dass Kalmare einen Unterbiss haben, weil ihr Unterschnabel über den Oberschnabel ragt. Das Beißwerkzeug befindet sich an der unteren Spitze des Kopfes, im Zentrum der Arme, die ihm beim Fressen das Futter anreichen. Die unglückliche Beute wird bei lebendigem Leibe vom Schnabel in faustgroße Stückchen zerlegt und von der zahnbesetzten Zunge zu einem homogenen Püree verarbeitet. Diese Verbreiung ist notwendig, denn die Speiseröhre des Kolosskalmars ist nur fingerdick und darf sich beim Schlucken größerer Bissen nicht zu sehr dehnen,

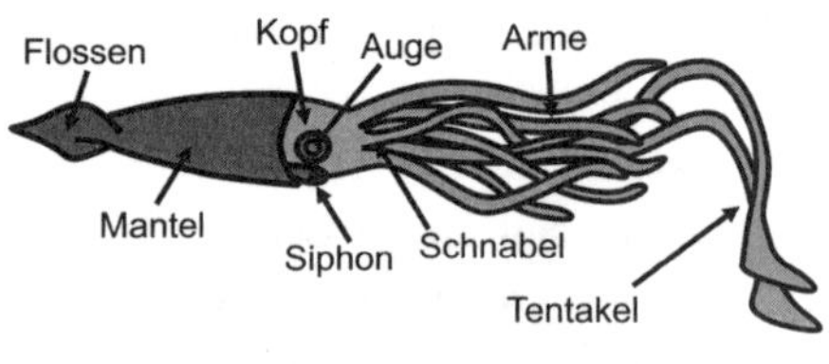

Die Anatomie der Kalmare erscheint uns Menschen ein wenig durcheinandergeraten.

denn ausgerechnet um die Speiseröhre herum hat der Kalmar sein kleines, ringförmiges Gehirn angebracht. Eine seltsam anmutende Konstruktion, die bedingt, dass sich bei den Kolosskalmaren das Denken im wörtlichen Sinne ständig ums Essen dreht.

Das Interesse der Wissenschaftler gilt dem Schnabel aber aus einem anderen Grund. Er besteht nämlich aus widerstandsfähigem Chitin, das auch die Verdauungstour durch einen Pottwalmagen übersteht. Da Pottwale mit Vorliebe Kalmare verspeisen, die etwa vier Fünftel ihrer Nahrung ausmachen, haben Walfänger in den Mägen der Meeressäuger weitaus mehr Schnäbel gefunden, als Kalmarkadaver an Stränden angespült wurden. Praktischerweise hat sich herausgestellt, dass die Länge des Unterschnabels einen ausgezeichneten Maßstab für die Gesamtgröße des Kalmars darstellt. Schon ein paar Millimeter Unterschied beim Schnabel entsprechen etlichen Zentimetern bis Metern bei der Gesamtgröße. Beispielsweise hatte ein kleineres Exemplar, das die Neuseeländer wenige Jahre zuvor gefangen hatten, eine Unterschnabellänge von 40 mm und wog 160 kg. Der Koloss von 2007 brachte hingegen bei 42,5 mm Schnabel 495 kg auf die Waage. Das war aber gar nichts im Vergleich zu dem größten Schnabel, den man bislang in einem Pottwalmagen gefunden hatte. Er maß volle 49 mm, was einem Tier entsprechen würde, dessen Ausmaße schon fast wieder im Bereich der Mythen und Legenden anzusiedeln wäre, sodass Wissenschaftler sein Gewicht lieber auf vorsichtige 600 bis 700 kg schätzen.

So kolossal der Koloss auch ist – sein Kopf ist gerade groß genug, um die beiden Augen unterzubringen. Kein Tier der Erde hat größere Augen als der Kolosskalmar. Während sich Blauwal und Pottwal mit Durchmessern von 6 cm bis 10 cm begnügen, bringt es der Tintenfisch auf bis zu 37 cm. Beim neuseeländischen Kalmar im Sezierbecken waren es immerhin noch 30 cm Durchmesser – ein gutes Stück mehr als ein Fußball

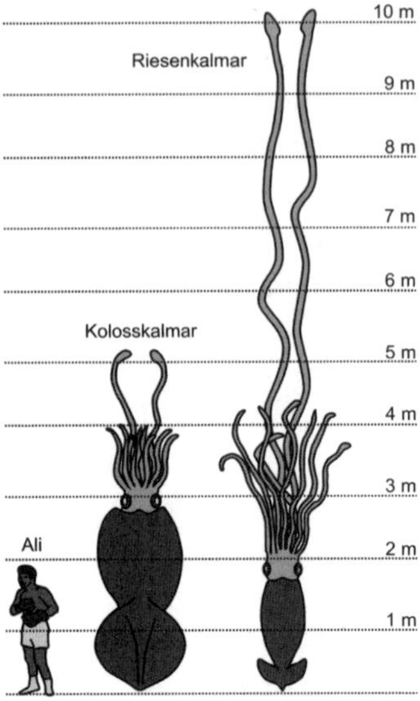

Giganten im Größenvergleich. Obwohl Muhammad Ali bekanntermaßen der Größte war, schlagen ihn Kolosskalmar und Riesenkalmar um Längen.

oder Basketball. Die gute Optik ist notwendig, denn im Gegensatz zu Pottwalen, die ihre Beute per Echolot aufstöbern, jagt der Kalmar auf Sicht. Und das in der Tiefsee im Bereich von 300 m bis etwa 2000 m, wo es für menschliche Begriffe absolut und ewig stockdunkel ist. Wenn es hier überhaupt einmal ein bisschen Licht gibt, dann wird es vom Leuchtorgan eines Tiefseewesens erzeugt, um Artgenossen oder vertrottelte Beutetiere auf sich aufmerksam zu machen. Auch der Kolosskalmar scheint diesen Trick zu kennen, denn in seinen Augen fanden die Forscher seitlich neben der Linse Gewebe, in das Leuchtbakterien eingebettet waren, die ihn sozusagen mit einer Art Scheinwerfer ausgestattet haben. Da die Augen nach vorne gerichtet sind, müsste der Koloss damit ganz genau und wunderbar räumlich sehen, was sich vor ihm im Wasser befindet – bevor er es dann mit seinen Tentakeln packt.

Und die lassen so schnell nicht wieder los. Alle Arme des Kolosskalmars sind mit Haken besetzt, die an den Tentakeln sogar um 360° drehbar gelagert sind. Gleich zwei Reihen davon sitzen auf den keulenartigen Verbreiterungen an den Enden der Tentakeln. Hinzu kommen die Saugnäpfe, deren Ränder mit kleinen Widerhaken besetzt sind. An Pottwalen hat man Narben gefunden, die bis zu 20 cm Durchmesser haben und womöglich von vergangenen Kämpfen mit großen Kalmaren stammen. Allerdings mehren sich die Zweifel, dass diese Male tatsächlich von entsprechend großen Saugnäpfen stammen. Alle frischen oder gar blutenden Wunden, die man bislang bei Pottwalen beobachten konnte, waren nämlich allenfalls bis zu 5 cm groß. Womöglich wachsen Narben, die sich ein Wal in seiner Jugend zuzieht, einfach mit wie Herzen, die Verliebte in Baumrinde schnitzen. Oder die Kreise in der Walhaut stammen überhaupt nicht von Kalmaren, sondern sind schlicht die Folgen einer Pilzinfektion. Was natürlich weniger aufregende Szenen beschwören lässt als der Todeskampf zwischen den Giganten der Tiefsee.

Aber Kolosskalmare sind vermutlich nicht die größten vielarmigen Riesen im Meer.

Ein Blick auf die Erdkugel

Die größten Kalmare leben vermutlich in allen Weltmeeren. Während Riesenkalmare gemäßigt temperiertes Wasser bevorzugen, besiedeln Kolosskalmare die kalte Tiefsee des antarktischen Meeres.

Die kleineren, aber aggressiven Humboldt-Kalmare haben sich in den letzten Jahren über die gesamte Pazifikküste von Nord-, Mittel- und Südamerika ausgebreitet.

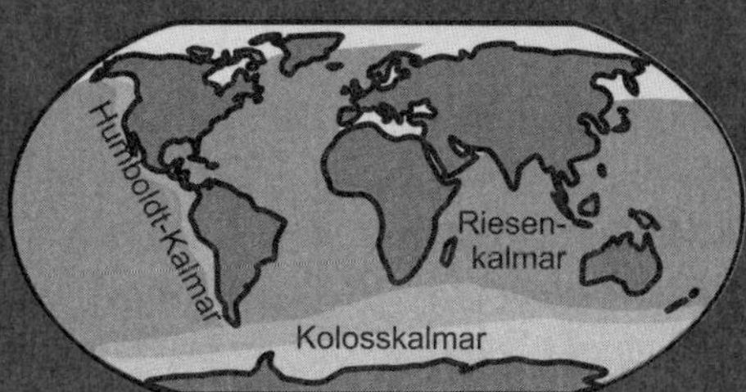

Die Wellen schlagen zusammen über Tsunemi Kubodera. Ein letztes Mal erhascht er einen Blick auf das Expeditionsboot, das ihn hierhergebracht hat. Dann verschluckt ihn das Meer. Ein wenig nervös wirkt er schon in seinem roten Polohemd, den weißen Schlapphut auf dem Kopf. Nicht aus Angst vor dem Wasser oder der Tiefe, in welche das Triton-Tauchboot langsam herabsinkt. Kubodera weiß, dass er sich auf seinen erfahrenen Piloten verlassen kann, und auch für ihn selbst ist es keineswegs der erste Tauchgang. Doch wenn alles klappt, könnte es sein wichtigster werden. Wenn nicht, waren drei Jahre Vorbereitung umsonst. Drei Jahre, in denen er das Geld für diese Expedition aufgebracht und ein Team zusammengestellt hat. Insgesamt 50 Wissenschaftler und Ingenieure haben monatelang geplant, Experimente entworfen, Karten studiert, technische Tricks ersonnen und sie auf ihre Tiefseetauglichkeit überprüft. Alles für diesen Tag im Juni 2012. Für diese Fahrt ins Dunkle.

Bei einer Tiefe von 315 m schaltet der Pilot die Lichter aus. Dunkelheit hüllt das Boot ein. Selbst der Blick nach oben in die Richtung, in der eigentlich der Himmel sein sollte, zeigt leere Finsternis. Das einzige Licht, das noch durch die Kuppel aus Acrylglas ins Innere dringt, stammt von den Rotlichtlampen, die außen am Tauchboot installiert sind. Sie erlauben es der Besatzung, wenigstens ein paar Meter weit zu sehen, während die Bewohner der Tiefsee trotz ihrer teils riesigen Augen kein rotes Licht wahrnehmen können. Was ihnen allerdings auffallen dürfte, ist das regelmäßige Blinken, das etwa 5 m vor dem Boot wie ein Positionslicht aufleuchtet. Genau dies ist auch seine Aufgabe: Das Blinken soll der Besatzung des Bootes anzeigen, wo sich der Kadaver des großen Rhombuskalmars befindet, der an einer Leine mit der *Triton* herabgesunken ist. Er ist der Köder, mit dem Kubodera das eigentliche Ziel seiner Tauchfahrt anlocken will.

Der Professor vom japanischen Nationalmuseum für Natur und Wissenschaft wischt mit einem Tuch das Kondenswasser von der Scheibe. Die Tiefsee ist kalt, sodass sich der Atem auf den Instrumenten und besonders der Kuppelinnenseite niederschlägt. Viele Wissenschaftler sind der Ansicht, dass die Kälte das Leben in der Tiefe träge macht. Es gibt nicht viel Nahrung so weit unten. Wer nichts zu essen hat, tut aber gut daran, keine Energie für hektische Bewegungen zu verschwenden. Ein Dasein auf Sparflamme soll die einzige Lösung sein. Doch Kubodera glaubt nicht daran. Seine Hände umfassen die kleine Videokamera. Ein Modell, wie man es in jedem Elektronikmarkt kaufen kann. Nicht zu vergleichen mit den Hightech-Spezialkameras des Bootes, aber das Gefühl des Geräts in der Hand vermittelt den Eindruck, das Geschehen unter Kontrolle zu haben.

Ein Leben in Zeitlupe passt nicht zu dem Tier, das er als Erster in dessen eigenem Lebensraum auf Video bannen will. Ein Koloss, der mit Pottwalen Kämpfe auf Leben und Tod austrägt und ganze Schiffe in die Tiefe reißt, muss ungeheuer agil und kraftvoll sein.

Die *Triton* kommt zum Stillstand. Sie hat die anvisierte Tiefe erreicht: 600 m. Nun werden die Männer warten. Auf ein legendäres Wesen, das jahrtausendelang abwechselnd als menschenfressendes Monster und als reiner Mythos angesehen wurde. Und das um ein Vielfaches länger als das Tauchboot ist, in dem die Forscher nun angespannt hoffen, dass es sich zum ersten Mal bei der Jagd zeigen wird.

Kubodera nimmt an Bord des Tauchboots seinen Schlapphut ab. Es gibt nicht viel zu tun während der Wartezeit. Sein Blick ist fest auf den Blinker am Köder gerichtet. Es ist im wörtlichen Sinne der einzige Lichtblick im Dunkel. Mit einem Tuch entfernt der Japaner wieder einmal das Kondenswasser von den Scheiben.

Ein fester Griff

So ein Fangarm ist weitaus mehr als eine glibschige Reihe von Klopömpeln.

Am harmlosesten ist noch der Riesenkrake. Seine acht Arme sind tatsächlich nur mit Saugnäpfen ausgestattet. Wenn er nach Ihnen greift, kommen Sie deshalb mit etwas Glück mit einer Reihe von kreisrunden Knutschflecken davon.

Ganz anders sieht es aus, wenn Sie ein Riesenkalmar mit seinen Tentakel erwischt. Die Saugnäpfe auf den beiden überlangen Armen sind von Ringen aus kleinen Sägezähnchen umgeben. Damit ritzt er Ihre Haut zusätzlich tief ein, was unschöne Narben gibt. Vorausgesetzt, Sie schaffen es überhaupt, sich aus dem Klammersägengriff zu befreien.

Humboldt-Kalmare rahmen ihre Saugnäpfe ebenfalls mit kleinen Zähnchen. Besonders große Sauger besitzen jeweils vier vergrößerte Zähne. Findet das Tier damit Halt, müssen Sie hoffen, dass Ihre Ritterrüstung gut sitzt, denn freiwillig lässt der Kalmar Sie bestimmt nicht mehr los.

Auch einem Kolosskalmar zu entkommen ist so gut wie aussichtslos. Anstelle von Saugnäpfen trägt er an den Tentakeln zwei Reihen drehbarer Haken. Diese bohren sich tief in das Fleisch und halten das Opfer fest wie unzählige Angelhaken.

Dann geht es ganz schnell. Keine 5 m von der *Triton* entfernt entfaltet sich plötzlich ein Kranz von Armen. In dem schummrigen Licht sieht es aus wie eine gewaltige Blüte, die sich direkt vor dem Boot öffnet. «Er kommt!», ruft Kubodera. Vor Aufregung hält es ihn kaum auf seinem Sitz. Er knipst eine Taschenlampe an und richtet sie auf den Köder. Doch der schwache Lichtkegel reicht nicht aus, um wirklich zu erkennen, was dort geschieht. «Licht an!», fordert der kleine Mann. «Weißes Licht!» Endlich flammen die Scheinwerfer des Tauchboots auf. Sie fallen auf ein

Gewirr von silbrigen Armen. Ein großer Kalmar umschlingt den Köder, zieht den toten Rhombuskalmar heran zu seiner Mundöffnung. Dann verharrt er trotz des grellen Lichts äußerlich gelassen und ruhig an seiner Beute, während der Schnabel große Bissen aus dem Köder reißt.

Es ist ein *Architheutis*! Ein Riesenkalmar! Zum ersten Mal vor einer Kamera! Aber Kubodera ist viel zu beschäftigt, um sich der Bedeutung des Augenblicks bewusst zu werden. Den Blick fest auf den Monitor seiner Amateurkamera gerichtet, filmt er jede Bewegung des Tieres, als könnte er es dadurch für immer festhalten. Zusammen mit seiner Beute ist der Riesenkalmar jedoch schwerer als das umgebende Wasser. Anders als die meisten Fische haben Kopffüßer keine Schwimmblase, mit der sie den Auftrieb regulieren, sondern verlassen sich auf chemische Mittel, die sie in ihr Gewebe einlagern. Wie das genau funktioniert, weiß die Wissenschaft noch nicht. Jedenfalls reicht es nicht aus, um zusätzlich den toten Rhombuskalmar zu halten. Und so sinkt der *Architheutis* mit seiner Mahlzeit langsam tiefer. Dabei drehen sich die beiden gemächlich im Kreis. Ein gespenstischer Tanz, dem das Tauchboot vorsichtig folgt. Tiefer und tiefer.

650 m – Der Riesenkalmar ist noch jung und dementsprechend eher ein kleines Exemplar von nur etwa 3 m. Anhand der mittlerweile über 100 mehr oder minder unversehrt gefangenen und gefundenen Individuen haben Forscher ermittelt, dass *Architheutis* bis zu 13 m lang werden kann – so groß wie ein vierstöckiges Haus. Rund 2,25 m davon entfallen auf den Mantel genannten Körper, den Rest machen die Arme aus. Die Spannweite hätte der *Santa Maria* von Kolumbus bis über die Mastspitze gereicht. Vor allem die beiden Tentakel, mit denen der Kalmar seine Beute zuerst packt, tragen zu der enormen Größe bei. Da die Arme ausgesprochen dehnbar sind, lassen sie sich bei toten Tieren auf ein Vielfaches ihrer natürlichen Länge stre-

cken. Vermutlich ist das der Grund für manche übertriebenen Angaben zu den Maßen der Riesen.

700 m – Im Licht der Scheinwerfer erscheint der Körper des Kalmars beinahe metallisch schillernd, abwechselnd kupfern und silberfarben. Kubodera hat im Gewimmel der Arme die beiden Tentakel ausgemacht. Aber sie erscheinen zu kurz. Ob das Tier sie im Kampf mit einem Feind wie einem großen Hai oder einem Wal verloren hat? Womöglich sind sie gerade dabei nachzuwachsen. Der Forscher weiß die Antwort nicht. Noch ist viel zu wenig bekannt über die Riesen der Tiefsee. Später werden die Wissenschaftler schätzen, dass dieses Tier mit voll ausgebildeten Tentakeln zwischen 7 m und 8 m lang sein müsste.

800 m – Das ungleiche Trio sinkt immer noch. Doch inzwischen scheint das dem Kalmar nicht mehr zu behagen. Immer häufiger stößt er Wasser aus seiner Siphon genannten Öffnung unterhalb des Kopfes aus und rudert mit den Armen, um die Höhe zu halten. Es hilft nicht. Zusammen mit dem Köder ist er einfach zu schwer. Bei 883 m lässt er von seiner Beute ab. Der Rest des Rhombuskalmars verschwindet nach unten, während der Riesenkalmar zurück nach oben schwimmt. Schneller, als ihm das Tauchboot folgen kann.

Kuboderas Miene ist ausdruckslos, als sich die *Triton* auf den Weg zur Oberfläche macht. Anscheinend ist er noch überwältigt von den Eindrücken der vergangenen Minuten. Erst als das Boot wieder auf das Expeditionsschiff gehievt worden ist und er unter dem lautstarken Jubel seiner Kollegen aus der engen Kapsel turnt, reckt er kurz beide Daumen nach oben. Er hat es geschafft! Er ist der erste Mensch, der einen lebenden Mythos in seinem natürlichen Lebensraum beobachten durfte.

FREISPRUCH AUS MANGEL AN BEWEISEN

Mit Kuboderas Aufnahmen war klar, dass der Riesenkalmar kein Mythos, sondern ein aktiver Jäger ist. Aber ist er auch das Monster aus den Erzählungen der Fischer und Seeleute? Oder wenn nicht der Riesenkalmar, dann vielleicht sein Vetter, der Kolosskalmar?

Ausreichend groß und kräftig wären beide Arten mit Sicherheit. Natürlich nicht um ganze Schiffe zu versenken oder gar mit einer Insel verwechselt zu werden. Doch die Geschichten des Kriegsschiffs *Alecton* oder der Fischer um den zwölfjährigen Tom Piccot könnten durchaus auf Begegnungen mit einem Riesenkalmar zurückgehen. Es wäre auch denkbar, dass Riesenkalmare kleinere Boote zum Kentern gebracht haben, wenn die Insassen das seltsame Objekt mit Stangen und Haken untersucht haben. Das dürften jedoch weniger Angriffe als vielmehr eine letzte Abwehrhandlung der Tiere gewesen sein. Ausgewachsene Riesenkalmare verbringen ihr Leben in Tiefen von mehreren hundert bis tausend Metern. Im Bereich der Oberfläche halten sich wohl nur junge Exemplare auf, die damit ihren gefräßigen Artgenossen aus dem Weg gehen. Ein erwachsenes Tier gerät in der Regel nur dann so weit nach oben, wenn es krank ist oder stirbt. Ähnlich sieht es bei den Kolosskalmaren aus, die sich meist in mehr als 300 m Tiefe aufhalten. Auch sie tauchen allenfalls höchst unfreiwillig an der Oberfläche auf, wenn sie sich in einem Antarktis-Dorsch verbissen haben, den Fischer an Bord ihres Trawlers bringen.

Trotzdem lässt sich nicht ganz ausschließen, dass Riesenkalmare in manchen Fällen tatsächlich gezielt Menschen angegriffen und gefressen haben. Allerdings fehlen dafür die Beweise. Alleine daraus, dass die Giganten der Meere existieren, lässt sich schließlich noch nicht folgern, dass sie solch blutrünstige Mörderbestien sind, wie etwa Jules Verne sie beschrieben hat.

Früher war alles schlimmer

Es gibt zahlreiche Berichte unterschiedlicher Glaubwürdigkeit zu Attacken von riesigen Kopffüßern auf Schiffe und Menschen.

In den 1930er Jahren soll ein Kalmar den Frachter *Brunswick* auf der Fahrt von Hawaii nach Samoa angegriffen haben. Das Tier versuchte laut Kapitän Arne Gronningsaeter, den Rumpf des Schiffes zu fassen, rutschte ab und wurde von der Schiffsschraube zerhackt.

1941 sollen sich elf Überlebende des Truppentransporters *Britannia*, den der deutsche Hilfskreuzer *Thor* versenkt hatte, außen an ein Rettungsfloß geklammert haben. Nach Aussage der Männer riss ein Kalmar plötzlich einen von ihnen in die Tiefe.

1977 identifizierte der Biologe Scott Johnson eigenartige Kratzspuren an der Gummiabdeckung des Unterwassersonars der Fregatte USS *Stein* als Male, die ein extrem großer Kalmar bei einem Angriffsversuch hinterlassen hat.

Oder geht dieser Teil des Mythos womöglich auf einen ganz anderen Kalmar zurück? Es gibt sie nämlich wirklich – die kopfbeinigen Killer!

AUF TAUCHGANG MIT DEN WAHREN KILLERN

Scott Cassell weiß, wie es ist, in Schwierigkeiten zu stecken. Der US-Amerikaner hat eine beeindruckende militärische Karriere hinter sich, die ihn in so manche gefährliche Situation gebracht hat. Kampfschwimmer, Scharfschütze und Tauchausbilder für Spezialeinheiten. Cassel ist mit dem weißen Hai geschwommen und stolz darauf, nahezu jede Haiart «geritten» zu haben. Ein ganzer Mann, ein harter Kerl und jemand, der sich im Meer zu Hause fühlt.

«Wenn du ins Wasser gehst, bist du tot!», prophezeit ihm der Fischer, mit dem Cassell rausgefahren ist, um den Humboldt-Kalmar zu sehen. Den «roten Teufel», wie ihn die mexikanischen Fischer nennen. Den Menschenfresser. Um ihn zu filmen, hat Cassell die Reise unternommen. Natürlich wird er ins Wasser gehen. So schlimm wird es schon nicht werden. Schließlich hatten ihm Wissenschaftler bestätigt, dass die Geschichten von getöteten Fischern nicht mehr als schaurige Legenden für die Touristen seien.

Nach wenigen Metern fühlt sich Cassell wie in einer anderen Welt. Es ist Nacht, und er kann nur deshalb etwas sehen, weil die Fischer mit Lampen das Wasser aufhellen. Angelockt vom Licht, stürzen sich die Kalmare auf die Fischstücke, die auf Haken an den Leinen hängen. Um Cassell herum sind überall Kalmare. Wie 2 m lange Torpedos gleiten sie durch das Wasser. Ihre Körper lumineszieren und blinken abwechselnd rot und weiß. Ohne Scheu schwimmen sie dicht an dem Taucher vorbei und greifen sich die Köder. Cassell ist wie hypnotisiert und konzentriert sich ganz darauf, mit der Kamera einen Hauch der einmaligen Stimmung einzufangen – als er im Augenwinkel eine Bewegung wahrnimmt. Den Bruchteil einer Sekunde später schießen an seinem Kopf vorbei Fangarme nach vorne. Sie umschlingen sein Handgelenk sowie die Kamera und reißen ihre Beute nach hinten zur Mundöffnung. Durch den Ruck springt Cassells Schultergelenk heraus. Doch ihm bleibt keine Zeit, sich dem Schmerz hinzugeben. Mit der Macht eines zentnerschweren erfahrenen Räubers zieht der Kalmar ihn in die Tiefe. Dies ist eine der Jagdtechniken der Humboldt-Kalmare: Sie umklammern ihr Opfer und tauchen so schnell mit ihm ab, dass es das Bewusstsein verliert. Cassell spürt, wie sein rechtes Trommelfell platzt. Wie in einem Fahrstuhl, bei dem die Halteseile gerissen sind, geht es immer schneller hinab in die tödliche Tiefe. Cassell kämpft um sein Leben. Er tritt und schlägt um sich. «Es war ein harter Kampf», erzählt er später und grinst dabei. Das Understatement überspielt nur unzulänglich die Dramatik der Ereignisse. Um einen weniger erfahrenen Taucher wäre es geschehen gewesen. Am Ende ist er aber doch irgendwie freigekommen. Verletzt und vollkommen erschöpft schafft Cassell es wieder an die Oberfläche.

Die Sprache der Farben

Rot zu werden ist für Kalmare keine Sache der Scham. Vielmehr versuchen die Tiere damit, sich unsichtbar zu machen. Denn die Farbe Rot können viele Tiefseebewohner nicht wahrnehmen.

Außer als Tarnkappe nutzen die Kopffüßer ihre Farbwechsel wahrscheinlich auch zur Kommunikation. Humboldt-Kalmare, die nur rote Farbzellen besitzen, koordinieren ihre Attacken als Schwarm vermutlich über weiß-rote Blinkmuster.

Dafür haben sie in der Haut spezielle Chromatophoren genannte Zellen, die mit Farbstoff gefüllt sind und an denen winzige Muskeln ansetzen. Spannt das Tier die Muskeln an, erstreckt sich der Farbstoff über eine größere Fläche und das Hautareal erscheint in der entsprechenden Farbe. Bei entspannten Muskeln zieht die Zelle das Pigment auf einen kleinen Punkt zusammen, und der Bereich ist farblos. Der Wechsel findet so rasant statt, dass er auf Videoaufnahmen nur bei Zeitlupe zu verfolgen ist. Für unser menschliches Auge verläuft er viel zu schnell.

Wie Humboldt-Kalmare müssen auch Riesenkalmare und Kolosskalmare mit Rot als einziger Farbe auskommen. Andere Tintenfische verfügen dagegen über verschiedene Farbzellen und können für ihr Bodypainting auf eine ganze Palette zurückgreifen.

Seit diesem Erlebnis bei seinem ersten Tauchgang zu den Humboldt-Kalmaren hat Cassell die Tiere öfter besucht und intensiver erforscht als irgendein anderer Mensch. Zur Sicherheit geht er aber nur noch gut gerüstet ins Wasser. Neben der üblichen Taucherausrüstung trägt er ein Kettenhemd, Platten aus schussfestem Kunststoff, einen Helm und eine starre Maske, die über das gesamte Gesicht reicht. Humboldt-Kalmare reißen Stücke von der Größe einer Orange aus ihrer Beute. Da genügt ein einziger Bissen, und der Kampf ist verloren. Außerdem ist Cassell über ein stabiles Drahtseil fest mit dem Boot verbunden, um nicht noch einmal in die Tiefe entführt zu werden. In voller Montur erinnert der Abenteurer mehr an einen Kreuzritter, der sich im Jahrhundert geirrt hat, als an einen Taucher. Aber wenn Humboldt-Kalmare angreifen, ist das wie die Attacke «von richtig großen, angepissten Pittbull-Terriern», erklärt er und grinst erneut über das ganze Gesicht.

Die Aussage, dass Humboldt-Kalmare für den Menschen harmlos seien, kann sich Cassell nur so erklären, dass die Forscher lediglich kleine Tiere beobachtet haben. «In Afrika haben Sie von den Löwenbabys auch nichts zu befürchten», führt er zum Vergleich an. Die Kalmare starten als Winzlinge von der Größe eines Sesamkörnchens ins Leben und müssen von Anfang an alles fressen, was sie überwältigen können. Um ihre volle Größe von bis zu 2,5 m zu erreichen, haben sie schließlich weniger als zwei Jahre Zeit, dann sterben sie. Wollte ein Menschenbaby die gleiche Leistung erbringen, müsste es auf die Maße eines Blauwals anwachsen. So schnelles Wachstum ist nur möglich, wenn der Stoffwechsel auf Höchstleistung läuft. Und wenn die Tiere ohne Skrupel vorgehen. Schon die Kleinsten ernähren sich von ihren Geschwistern, und auch bei den ausgewachsenen Exemplaren ist Kannibalismus an der Tagesordnung. Trotzdem jagen Humboldt-Kalmare bevorzugt in großen Schwärmen, die mehrere hundert oder gar über tausend Individuen umfassen. Haben sie gute Laune, bleiben sie friedlich. Doch die Stimmung kann jederzeit umschlagen, und dann greifen die Tiere alles an, was in ihre Nähe kommt. Selbst Tauchboote und größere Haie sind nicht vor ihnen sicher. Ebenso wenig wie Menschen. Cassell weiß bestimmt von vier Fällen, in denen die Kalmare Menschen getötet haben. Während die Tiere tagsüber meist Tiefen zwischen 200 und 500 m aufsuchen, kommen sie nachts bis an die Oberfläche. Gut möglich also, dass sie sich schon in früheren Zeiten den ein oder anderen Seemann geschnappt haben, der beim Angeln unvorsichtigerweise seinen Fang mit der Hand ins Boot holen wollte.

Übrigens beherrschen Humboldt-Kalmare noch einen Trick, den die Gelehrten an Land früher nicht glauben mochten: Sie können fliegen! Wenn ihnen Haie oder Zahnwale zu sehr nachsetzen, katapultieren sich die Kalmare manchmal mit Schwung aus dem Wasser heraus und segeln einige Dutzend Meter über die Wellen dahin. Falls ein Humboldt-Kalmar bei dieser Gelegenheit auf ein zufällig vorbeifahrendes Schiff fliegen sollte, dürfte das anschließende Tohuwabohu genug Faden für reichlich Seemannsgarn liefern.

Der Humboldt-Kalmar passt somit hervorragend zu dem Steckbrief des vielarmigen Killers, der seit Jahrtausenden die Meere tyrannisiert. Wäre da nicht ein kleines, aber entscheidendes Indiz, das zu seinen Gunsten spricht: Der Humboldt-Kalmar hat ein Alibi! Er war für die meisten Geschichten über Angriffe von Kalmaren schlichtweg nicht am Tatort. Bis weit in das 20. Jahrhundert hinein beschränkte sich das Verbreitungsgebiet dieser Art auf die Pazifikküste vor Peru und Chile. Erst später, als der Mensch viele Haie und Wale so stark dezimiert hatte, dass sie die Zahl der kleinen Kalmare nicht mehr unter Kontrolle halten konnten, breitete sich der Humboldt-Kalmar entlang der Westküste Nord- und Südamerikas aus, sodass er heute von Alaska bis Feuerland zu finden ist. Immer noch weitab der Schauplätze, an denen die meisten Schauergeschichten spielen.

BEI DER EHRE DES KLABAUTERMANNS

Es gibt sie also wirklich: die gigantischen Kalmare und menschenfressenden Tintenfische. Bloß vielleicht nicht in Personalunion. Während Riesenkalmare und Kolosskalmare fast so groß werden, wie die alten Seebären erzählt haben, dafür aber nur selten in den Bereich der Oberfläche kommen und vermutlich keine Menschen angreifen, sind die kleineren Humboldt-Kalmare nicht so zimperlich. Wenn sie im Schwarm auf Futtersuche sind, haben sie sich nachweislich auch schon den ein oder anderen Seemann, Fischer oder Taucher geholt. Und mit über 2 m Länge sind ausgewachsene Exemplare durchaus stattliche Erscheinungen. Allerdings kommen sie nicht dort vor, wo die meisten Angriffe auf Schiffe stattgefunden haben sollen.

Fazit: Der Mythos ist wohl im Detail ungenau, aber im Großen und Ganzen dürfte er einen sehr großen wahren Kern haben!

WO GIBT ES MEHR?

Das Phantom der Tiefsee

http://www.zdf.de/terra-x/phantome-der-tiefsee-lebende-riesenkalmare-26049678.html

Eine Dokumentation über die Expedition von Tsunemi Kubodera zu den Riesenkalmaren.

The Colossal Squid Exhibition

http://squid.tepapa.govt.nz/

Die Website des Museum of New Zealand Te Papa Tongarewa, wo ein gefangener Koloss-Kalmar seziert wurde.

scar**

https://www.youtube.com/watch?v=FmBrdFh1A74

Ein Video von Humboldt-Kalmaren, die von Fischern angefüttert werden, aber auch probieren, den Taucher anzuknabbern.

Seeschlangen – Im Würgegriff der Giganten

Durch das Los zum Priester des Neptun erkoren, wollte Laokoon auf dem festlichen Altar einen Stier opfern. Da wälzten sich von Tenedos kommend zwei Schlangen über das ruhige Meer – ich erschaudere, wenn ich davon berichte – in ungeheuren Windungen und strebten nebeneinander zur Küste. Über das Wasser gereckt waren ihre Brüste, und ihre blutroten Kämme ragten über die Wellen, ihre übrigen Leiber streiften die Oberfläche nur und wanden sich in gewaltigen Krümmungen. Die schäumende Flut rauschte, da erreichten sie das Land, die rot glühenden Augen von Feuer und Blut entflammt, die Zunge zuckend das zischende Maul leckend. Bleich flohen wir auseinander. Die Schlangen griffen geradewegs Laokoon an. Zuerst umwanden sie die schmächtigen Leiber der beiden Söhne und verschlangen sie. Sodann ergriffen sie den Vater selbst, der mit einem Speer zu Hilfe eilte. Sie umschlangen ihn mit mächtigen Windungen ihres schuppigen Körpers, zweimal um die Mitte, zweimal um den Hals. Ihre Köpfe und ihre Nacken ragten über ihn empor. Laokoon mühte sich, mit den Händen die Knoten zu zerreißen, seine Priesterbinde besudelt von Geifer und schwarzem Gift, und er sandte einen fürchterlichen Schrei zu den Sternen.

Vergil: «Aeneis», zweites Buch

Schlangen waren von jeher die liebsten Ungeheuer des Menschen. Sie zischeln mit gespaltener Zunge, schleichen lautlos über den Boden und verführen zum Mundraub an verbotenen Früchten. Wen wundert es da, wenn sie den Seeleuten auch auf den unendlichen Meeren auflauern und ihre Seelen samt körperlicher Verpackung fressen. Natürlich müssen sie dafür entsprechend gewaltige Ausmaße annehmen, gerne länger als das Schiff sein und höher als der Mast. Gelegentlich dürfen sie auch Beine und Pranken haben, was ihre Verwandtschaft zu den Drachen betont, die ihr Feuer aber lieber an Land speien. Erstaunlicherweise wimmelt es im Seemannsgarn aber auch von friedlichen Seeschlangen, die sich zwar zeigen, aber auf sicherem Abstand bleiben, sodass keiner den anderen beißen kann. Sie sind eben unverständige und unverständliche Kreaturen der See. Wenn es sie denn überhaupt gibt.

ZEUGEN IHRER MAJESTÄT

Es war der 6. August 1848. Die Fregatte *HMS Daedalus* der britischen Kriegsmarine hatte auf ihrer Fahrt von Indien nach Plymouth glücklich die Südspitze Afrikas umsegelt und befand sich etwa auf der Höhe der Insel St. Helena. Der Himmel war bewölkt, die See war friedlich. Kurz: Es war ein Tag wie viele andere, angefüllt mit langweiliger Routine. Ein Tag, wie Seeleute ihn tausendfach erleben und wieder vergessen.

Bis gegen fünf Uhr nachmittags. Etwa um diese Zeit entdeckte der Fähnrich zur See Sartorius vor dem Schiff ein Objekt, das er nicht zuordnen konnte und auf das die *Daedalus* zuhielt. Pflichtbewusst, wie es sich auf einem Kriegsschiff Ihrer Majestät gehörte, machte er sofort Meldung an den wachhabenden Offizier, den Oberleutnant zur See Edgar Drummond, der gerade mit dem Kapitän Peter M'Quhae und dem Navigationsoffizier

William Barrett über das Achterdeck spazierte. Der gemeinsame Blick über Bord fiel auf etwas, das Kapitän M'Quhae später in seinem Bericht an die Admiralität als «riesige Schlange» beschrieb. Das Tier war nach seiner Schätzung etwa 18 m lang und reckte den Kopf gut einen Meter über das Wasser hinaus. Sein Durchmesser lag bei 35 cm bis 40 cm. Insgesamt war es dunkelbraun gefärbt, nur die Kehle erschien gelblich weiß. Besonders auffällig war eine haarige Struktur auf dem Rücken, die M'Quhae mit der Mähne eines Pferdes oder einem zufällig aufliegendem Bündel Seetang verglich.

Obwohl die Offiziere die vermeintliche Seeschlange rund zwanzig Minuten lang mit Ferngläsern studierten, konnten sie nicht erkennen, auf welche Weise sich das Tier mit immerhin 25 km/h gegen die See bewegte. Ohne erkennbare Rückenflossen oder Schlängelbewegungen des Körpers lag es starr wie ein Baumstamm im Wasser. Da es ein Kielwasser erzeugte, musste es aber dennoch über irgendeine Art Antrieb verfügen.

Kaum war die *Daedalus* im heimatlichen Plymouth angekommen, stieg ihre geheimnisvolle Seeschlange zum beliebten Medien-Promi mit B-Status auf. Den Anfang machte ein sensationsheischender Artikel in der «Times» vom 10. Oktober, nach welchem das Monster dem Schiff kräftig die Zähne gezeigt hatte. Drei Tage später folgte dann der weitaus harmlosere Bericht des Kapitäns, der allerdings auch nicht mehr Licht auf die wahre zoologische Natur der Kreatur warf. Was die Männer der *Daedalus* wirklich gesehen hatten, blieb ein Rätsel.

Dabei waren die Offiziere Ihrer Majestät wahrlich nicht die Ersten, die eine Seeschlange zu Gesicht bekamen.

Seeschlangen waren schon immer Kosmopoliten. Praktisch alle Kulturen kannten Geschichten von riesigen Schlangen, die vorwiegend im Meer lebten und allenfalls gelegentlich an Land kamen, um sich zu sonnen oder ein bisschen Vieh von den Weiden zu stehlen. So erzählen Fragmente babylonischer Steintafeln aus der Zeit um 3000 v. Chr. von der 550 km langen und 11 km dicken Schlange Labbu, die, ausgestattet mit Flügeln und Beinen, das Volk tyrannisierte, bis schließlich ein Gott sich der Menschen erbarmte und das Monster tötete. Drei Jahre, drei Monate, einen Tag und eine Nacht soll ihr Blut geflossen sein, bis der Leichnam endlich leer war.

Ähnlich zäh muss die Midgardschlange Jörmungand aus der nordischen Mythologie gewesen sein. Als Nachkomme des Asengottes Loki und der Riesin Angrboda war sie einer der drei Weltfeinde, und der Gott Thor war als Beschützer der Welt oder Midgard dazu ausersehen, sie zu vernichten. Keine ganz einfache Aufgabe, wie sich bald zeigte, denn bei den beiden ersten Begegnungen konnte die Schlange entkommen. Erst im großen Finale der nordischen Götterwelt, während des Weltenbrands Ragnarök, gelang es Thor, Jörmungand mit seinem Hammer zu erschlagen. Dummerweise wurde der Gott in dem Gerangel vom Gift der Schlange getroffen, sodass er nach seinem Triumph gerade einmal neun Schritte machen konnte, bevor er selbst verstarb. Ein klassisches Unentschieden, das den Raum schaffte für eine neue Welt, in welcher es unverbrauchte, frische Götter gab und weiterhin Seeschlangen, nun jedoch mit deutlich geringeren Ausmaßen.

Auch die Christenheit fand in ihrem Glauben Platz für schlängelnde Monster. So wusste der Bischof von Schweden Olaus Magnus in seinem römischen Exil 1555 in der *Geschichte der nordischen Völker* (*Historia de gentibus septentrionalibus*) nicht

Zu klein für ein Monster

Im Meer leben tatsächlich 56 Arten von echten Seeschlangen (Hydrophiinae). Als Vorlage für Seemannsgarn sind sie mit einer Länge von maximal 2,75 m aber deutlich zu klein, die meisten Arten erreichen sogar nur rund 1,5 m. Mit ihrem seitlich abgeflachten Ruderschwanz und dem stark vergrößerten rechten Lungenflügel, der bis in die Schwanzspitze reicht, sind sie hervorragend an ihren Lebensraum angepasst. Bis zu zwei Stunden können sie unter Wasser bleiben. Eventuell sind sie sogar in der Lage, über die Haut Sauerstoff aus dem Wasser aufzunehmen. Obwohl das Gift der Seeschlangen extrem wirksam ist, sind die Tiere wenig aggressiv und ziehen es vor, bei Gefahr zu fliehen.

Auf das offene Meer traut sich nur die Plättchen-Seeschlange. Ihr Verbreitungsgebiet ist daher größer als das der anderen Arten und erstreckt sich über den Indischen Ozean und den Pazifik hinaus bis nach Madagaskar und den Südosten Afrikas sowie den tropischen Bereich der amerikanischen Westküste

nur von Riesenkraken zu berichten, sondern auch von einer Seeschlange, die vor Bergen ihr Unwesen getrieben haben soll. Dieses Mal ließ er sich jedoch von seinem Hang zum Gruseligen mitreißen und versah das rund 60 m lange und 6 m dicke Monster mit Augen, die wie Feuer leuchteten, während es sich genüsslich Menschen vom Deck ihrer Schiffe pflückte. Passende Vorstellungen dazu lieferte Magnus in seinem Buch und der *Carta Marina* gleich doppelt mit. Ein Bild überzeugt eben mehr als tausend Worte. In fast die gleiche Kerbe schlug der Missionar Grönlands und spätere Bischof Hans Egede, der am 6. Juli 1734 höchstselbst einer Seeschlange begegnet sein wollte, die drei- bis viermal so lang wie das Schiff gewesen sein soll, mit einem bauchigen Rumpf, großen Tatzen und einem Kopf mit spitz zulaufender Schnauze, die sie bis über die oberste Mastspitze erhob.

Es war wohl ein letztes Aufbäumen in derartigen Dimensionen, denn mit dem Wechsel in das 19. Jahrhundert schrumpften die Schlangengiganten zu fast schon vorstellbaren Maßen zusammen. Dafür begeisterten sie nun gerne auch mal das Landpublikum.

WISSENSCHAFTLICH ABGESEGNET UND ABGESÄGT

Ein wenig nördlich von Boston liegt im Bundesstaat Massachusetts das Örtchen Gloucester. Die meisten seiner Einwohner verdienten dort im vorvorigen Jahrhundert ihren Lebensunterhalt als Fischer oder Walfänger. Sie kannten sich folglich aus mit den Bewohnern des Atlantiks vor ihrer Haustür – sowohl mit denen, die man essen konnte, als auch mit jenen, die ihrerseits einen ordentlichen Happen Mensch nicht zurückwiesen. Viele der Seefahrer hatten bereits Seeschlangen gesehen, ohne sonderlich Aufhebens darum zu machen. Es gab wohl schlichtweg keinen Grund dafür, die Begegnungen an die große Glocke zu hängen, denn die Tiere verhielten sich stets unaufdringlich und friedfertig. Sie ließen sich zudem nicht fangen und darum nicht verkaufen. Man lebte somit nebeneinanderher – wie vermutlich an vielen anderen Küsten auch.

Im Laufe des Jahres 1817 gerieten die harmlosen Ungeheuer jedoch unter unbedarften Landratten in Mode. Damals wagte sich ein vorwitziges Exemplar in den Hafen, wo es in den nächsten Tagen und Wochen von einer zunehmend größer werdenden Zahl von Menschen aller gesellschaftlichen Schichten begutachtet werden konnte. Obwohl die Beschreibungen im Detail unterschiedlich ausfielen, sprachen sie im Mittel für einen 15 m bis 20 m langen Körper vom Durchmesser eines Fasses, der oben

Falschmeldungen anno dazumal

Im April 1852 war in der britischen Fachzeitschrift «Zoology» und anschließend in zahlreichen Zeitungen der Bericht eines Kapitäns namens Charles Seabury zu lesen. Der Walfänger behauptete, mit seinem Schiff *Monongahela* im tropischen Südpazifik eine 30 m lange Seeschlange gejagt und gefangen zu haben. Zum Beweis hatte er den Kopf mit 94 scharfen Zähnen aufbewahrt, den er nach Ende der Reise der Welt präsentieren wollte. Seinen Bericht gab er vorab schon einmal einem befreundeten Kapitän eines anderen Schiffes mit, der ihn an die Presse weiterleitete. Zum Glück, mochte man meinen, denn kurz darauf verschwand die *Monongahela* für immer in der Arktis. Ein unschätzbarer Verlust für die Wissenschaft? – Wohl kaum. Denn das Ereignis dürfte frei erfunden sein. Es sei denn, Kapitän Seabury konnte sich in der Aufregung über seinen Fang nicht mehr an den eigenen Vornamen erinnern. Statt Charles, wie es unter den Artikeln stand, hieß er in Wahrheit nämlich Jason.

dunkel und unten hell gefärbt war. Auf dem Rücken reihten sich mehrere Buckel aneinander. Der Kopf soll etwa die Größe eines Pferdekopfes, aber eher die Form wie bei einer Schlange oder einer Schildkröte gehabt haben. Bemerkenswert war die Fortbewegungsmethode. Statt sich wie eine gewöhnliche Schlange durch seitliche Biegungen durch das Wasser zu schieben, geben die meisten Zeugen an, das Tier sei mit wellenartigen Auf-und-ab-Bewegungen geschwommen – was zumindest für Landschlangen und die bekannten kleineren Seeschlangen anatomisch unmöglich ist. Hinzu kommt die phänomenale Geschwindigkeit von 40 km/h bis 60 km/h, die das Monster vorgelegt haben soll und die es fast so schnell wie einen Delfin machte.

Die Nachricht von dem Seemonster mit Turboantrieb

breitete sich beinahe im gleichem Tempo im Lande aus, sodass die Linné-Gesellschaft von Neuengland einen Friedensrichter damit beauftragte, die Augenzeugen unter Eid zu vernehmen. Hausfrauen, Fischer, Kaufleute, Beamte, Handwerker und Seeleute gaben zu Protokoll, was sie gesehen hatten oder woran sie sich zu erinnern glaubten. Das entscheidende Tüpfelchen an Beweiskraft erlangte ihre Geschichte, als Kinder im nahegelegenen Cape Ann eine kleine schwarze Schlange fanden, die es zwar nur auf einen knappen Meter Länge brachte, mit ihren zahlreichen Buckeln auf dem Rücken aber dennoch wie eine winzige Ausgabe des Monsters aussah. Ohne Zweifel musste es sich um ein Seeschlangenbaby handeln! Da war sich der Linné-Ausschuss so sicher, dass er dem Tier kurzerhand den wissenschaftlichen Namen *Scoliophis atlanticus* verlieh, was in etwa «atlantische Buckelschlange» bedeutet. Der Fall war souverän erledigt, und man durfte sich auf die eigene Schulter klopfen.

Wenn nur die ehrwürdigen Herren der ebenso ehrwürdigen Linné-Gesellschaft in ihrer Begeisterung nicht ihre Pflicht zur Sorgfalt vernachlässigt hätten. Kaum verbreitete sich die frohe Botschaft von der winzigen Monsterschlange, als ausgerechnet das Kronstück der Beweiskette versagte. Der französische Naturforscher Charles-Alexandre Lesueur identifizierte die vermeintliche Babyseeschlange im Handumdrehen als eine gewöhnliche Schwarznatter, die infolge von Krankheit oder Verletzung einige ungewöhnliche Missbildungen auf dem Rücken trug, die als Buckel interpretiert worden waren. Die Angelegenheit war umso peinlicher für die Vertreter der Linné-Gesellschaft, als sie selbst in ihrer Beschreibung der Schlange auf die Ähnlichkeit zur Schwarznatter hingewiesen, diese aber lediglich als Indiz für eine nahe Verwandtschaft angesehen hatten.

Ein Eigentor mit Folgen, denn fortan machte sich öffentlich lächerlich, wer eine Seeschlange gesehen haben wollte.

UNFEHLBAR DAGEGEN!

Zu den lautesten und angriffslustigsten Zweiflern an der Existenz monströser Seeschlangen zählte der britische Zoologe und Paläontologe Richard Owen. Seinen Spitznamen «Old Bones» («Alter Knochen»), mit dem ihn die Zeitschrift «Vanity Fair» 1873 verspottete, hatte er sich redlich als Kenner verschiedenster Fossilien verdient. Beispielsweise riskierte er bewusst seine Karriere und Reputation, als er einzig anhand einiger Knochenfragmente aus Neuseeland postulierte, dass es dort einen riesigen straußenähnlichen Vogel gegeben haben musste – während seine Kollegen die Funde für Stücke von Rinderknochen hielten. Vier Jahre später erreichten zwei Kisten mit den restlichen Knochen des ausgestorbenen Moas England und bestätigten eindrucksvoll Owens Diagnose. Indirekt setzt sich Owens Wirken sogar bis heute in die Kinderzimmer unserer Kleinsten fort, denn wir verdanken ihm den Begriff «Dinosauria», mit dem er die verschwundene Reptiliengruppe bezeichnete.

Owens hätte ein ewiger Held der Wissenschaft werden können, wenn ihm nicht seine eigene Intelligenz zu Kopfe gestiegen wäre. Nach Aussagen von Zeitgenossen war er überaus stur und rechthaberisch. Zu seinen unverrückbaren Standpunkten gehörte die Überzeugung, dass alle Lebewesen von Archetypen genannten Urformen abstammten, die Gott direkt geschaffen und anschließend durch ein wenig Feinarbeit gezielt verändert hatte. Damit akzeptierte er zwar, dass Arten sich in einem Evolutionsprozess entwickeln, aber ein Wechselspiel von zufälligen Veränderungen und einer natürlichen Selektion, die jeweils die am besten angepasste Variante bevorzugt, wie Charles Darwin es propagierte, war für Owens reiner Humbug. Und da er seine Kritik im Stile eines heutigen Forentrolls verbreitete, zählte wohl nicht nur Darwin ihn zu seinen schlimmsten Feinden.

Früher war alles schlimmer

Ihrem Ruf als «Monster» werden Seeschlangen in den Erzählungen selten gerecht. Eine Ausnahme machte ein Exemplar, das während des Ersten Weltkriegs angeblich ein deutsches U-Boot zur Aufgabe zwang.

Einem unbestätigten, aber dennoch schönen Stück Seemannsgarn zufolge hat das U-Boot UB-85 in der Nacht vom 29. auf den 30. April 1918 seine Batterien geladen, als ein seltsames Geschöpf mit großen Augen und beeindruckenden Zähnen an Bord kroch. Das Tier soll so schwer gewesen sein, dass das Boot bedenkliche Schlagseite bekam und in Gefahr geriet zu sinken. Nachdem die Mannschaft das Ungeheuer mit Schüssen verjagt hatte, war die vordere Deckbeplankung so schwer beschädigt, dass UB-85 nicht tauchen konnte, als am nächsten Tag ein britisches Patrouillenboot in Sicht kam. Ohne Chance, sich zu wehren oder zu entkommen, ergaben sich die deutschen Matrosen.

Sollte die Geschichte wahr sein, war UB-85 sicherlich das einzige Boot des Krieges, das von einem Monster besiegt worden ist. Die meisten Historiker glauben allerdings eher an einen besonders «ungeheuren» Fall von Kriegsmüdigkeit.

Pech für die angeblichen Seeschlangen! Weil Owens in seinem System der Tiere keinen Platz für sie vorgesehen hatte, konnte Gott sie nicht erschaffen haben, weswegen Seeschlangen zwangsläufig nicht existierten. Wer dennoch behauptete, ein Exemplar gesehen zu haben, bewies dadurch lediglich, dass er keine Ahnung hatte. Oder mit Owens eigenen Worten formuliert: «Die Zeugen verfügen über keinerlei zoologisches Fachwissen. Ihre Beobachtungen sind daher wertlos. […] Man könnte womöglich mehr Augenzeugenbeweise für die Existenz von Gespenstern zusammentragen als für Seeschlangen.»

Unter anderem bekamen die Offiziere der *HMS Daedalus*, von der wir anfangs erfahren haben, Owens autoritäre Keule zu spüren. Ihre Sichtung erklärte er mit einem ziemlich groß geratenen Seeelefanten, der auf einer Eisscholle zur Insel Helena getrieben sei. Alle beschriebenen Eigenschaften des Tieres, die gegen seine Hypothese sprachen, ignorierte der bockige Forscher einfach oder unterstellte den Offizieren mangelndes Urteilsvermögen. Damit hatte er den Fall vom Sessel aus gelöst. Wenn überhaupt, dann waren seiner Ansicht nach allenfalls gründlich ausgebildete Zoologen in der Lage, eine unbekannte Tierart als solche zu erkennen. Doch seltsamerweise zeigten sich die angeblichen Seeschlangen nie, wenn Wissenschaftler anwesend waren.

Aber das sollte sich wenige Jahre nach Owens Tod ändern.

IM NAMEN DER WISSENSCHAFT!

«Ich werde niemals das erstaunte Gesicht vergessen, das der arme Nicoll machte, als wir uns ansahen, nachdem wir uns außer Sichtweite [von dem Wesen] entfernt hatten», schrieb der Zoologe Edmund Gustavus Bloomfield Meade-Waldo in einem Brief an den Seeschlangenforscher Rupert T. Gould. Im Dezember 1905 begleitete Meade-Waldo zusammen mit seinem Kollegen Michael J. Nicoll den Earl of Crawford, dem seine Ärzte aus gesundheitlichen Gründen einen Aufenthalt in den Tropen verordnet hatten. Der wissenschaftsbegeisterte Earl wandelte den Kuraufenthalt kurzerhand in eine ausgewachsene Forschungsreise mit seiner Yacht *Valhalla* um, zu welcher er einige Spezialisten der verschiedenen Fachgebiete mitnahm, darunter die beiden Zoologen. Das Schiff befand sich am Vormittag des 7. Dezembers vor der Küste Brasiliens, als sich der Earl zum Ausruhen in seine Kabine zurückzog, bewacht von einem halbzahmen, angriffslustigen Mungo, der dafür sorgte, dass niemand den Kränkelnden zu stören wagte.

So entging ihm, wie Nicoll um 10.15 Uhr in etwa 100 m Entfernung zum Schiff ein seltsames Objekt erblickte, das etwa 1,8 m lang und einen halben Meter hoch war. An den Rändern war es leicht gewellt wie feuchtes Papier. Die Farbe erinnerte den Forscher an dunkelbraunen Seetang. Zunächst dachten die beiden Zoologen an die Rückenflosse eines großen Fisches, zumal sie unter der Meeresoberfläche einen gewaltigen Schatten sahen. Als Meade-Waldo sein starkes Fernglas auf das Objekt richtete, erschien aber ein Stückchen weiter vorne ein langer Hals mit einem großen Kopf, der bald gute 2 m aus dem Wasser ragte. Kopf und Hals waren gleich dick und hatten etwa den Durchmesser eines schlanken Mannes. Der Hals war auf der Oberseite dunkelbraun und unten fast weiß. Die Form des Kopfes erinnerte an eine Schildkröte, und im Fernglas waren gut ein Auge und der Mundspalt zu erkennen. Ein Fisch konnte es damit nicht mehr sein. Aber was dann? Meade-Waldo hielt die Kreatur für ein Reptil, wohingegen Nicoll mehr Ähnlichkeit mit einem Säugetier zu erkennen glaubte.

In ihrer Verwunderung machten die beiden Wissenschaftler das zweitbeste, was man in solch einer Situation tun konnte: Sie beobachteten das Wesen, bis sie es aus den Augen verloren. Auf die naheliegende Idee, den Kapitän zu veranlassen, dem Tier mit der Yacht zu folgen oder sich ihm sogar zu nähern, um es besser betrachten zu können, kam keiner von den beiden. In Sachen Expedition und Was-mache-ich-wenn-mir-etwas-total-Seltenes-vor-das-Fernglas-schwimmt waren die gelehrten Zoologen eben nicht sonderlich bewandert.

Dennoch war Owens frommer Wunsch endlich erhört worden. Als Mitglieder der Zoologischen Gesellschaft von London verfügten Nicoll und Meade-Waldo zweifellos über ausreichend tierisches Fachwissen, um selbst einen notorischen Nörgler zufriedenzustellen, und sie veröffentlichten ihre Berichte inklusive einer Zeichnung standesgemäß in der Zeitschrift der Gesellschaft. Allerdings ohne von einer «Seeschlange» zu sprechen. In gemessener wissenschaftlicher Vorsicht bezeichnen sie das Wesen lediglich als «unbekanntes Tier» und «Meerestier».

Damit stand fest, dass eine seltsame schlangenähnliche Kreatur die Meere bevölkerte. Aber um welche Art von Tier handelte es sich?

ABFALL, KALMARE UND BEKLOPPTE WALE

Dummerweise ist Seeschlange noch lange nicht gleich Seeschlange. Viele der Berichte von langhalsigen Meeresungeheuern stellten sich bei genauerer Betrachtung nicht einmal als Beschreibung eines Tieres heraus, sondern hatten im wortwörtlichen Sinne reinsten Müll zum Inhalt. Selbst erfahrene Beobachter und Seeleute ließen sich manchmal von treibendem Abfall in die Irre führen. So erging es beispielsweise im Dezember 1848 der Besatzung des Segelschiffs *Pekin,* die vor dem Kap der Guten Hoffnung ein schlangenähnliches Wesen mit einer wilden Mähne entdeckte, das hocherhobenen Hauptes durch die Wellen zog. Dem Kapitän wurde angst und bange, während er beobachtete, wie das ausgesetzte Beiboot todesmutig auf das Monster zuhielt. Wenig später staunte er nicht schlecht, als ihm seine Männer als «Ungeheuer» eine hölzerne Wurzel präsentierten, die sich in einer Seegrasmatte verfangen hatte. Auch das schnell schwimmende Tier, das der Schiffsarzt Arthur Adams einige Jahre später sichtete, entpuppte sich als gewundene Wurzel, die in einem Fischernetz gefangen brav an Ort und Stelle auf und ab schwappte, während der Wellengang für die vorgetäuschten Schwimmbewegungen sorgte.

Häufig führen auch relativ normale Tiere die Zeugen an der

Nase herum. So stellte Kapitän Rich, der im August 1818 mit einer illustren Gesellschaft stundenlang Jagd auf das vermeintliche Gloucestermonster machte, schließlich fest, dass er der Bugwelle eines großen Fisches gefolgt war. Auch große Landschlangen wie die bis zu 9 m lange Anaconda oder ein 7 m langer Python, die sich aufs Meer verirrt haben, könnten Pate gestanden haben für so manche Seeschlange. Der Meeresaal *Coloconger giganteus* erreicht ebenfalls etwa 9 m Länge. Und sogar Leistenkrokodile – die einzige Art, die sich auch im Salzwasser wohl fühlt – machen gelegentlich Ausflüge von mehreren hundert Kilometern übers Meer und stehen damit auf der Liste der Verdächtigen.

Eine ganze Reihe von Sichtungen geht vermutlich auf das Konto von Walen, Delfinen und Riesenhaien. Auf große Ent-

Gelogen und betrogen

Dass selbst ein im wörtlichen Sinne greifbarer Beleg für die Existenz von Seeschlangen noch längst kein wissenschaftlich haltbarer Beweis sein muss, zeigte sich besonders deutlich am Beispiel des *Hydrarchos*, des «Herrschers der Meere». Der deutsche Fossiliensammler Alfred Carl Koch stellte 1845 das vollständige Skelett dieser fossilen Seeschlange im Apollo-Salon auf dem Broadway aus. Für 25 Cent durfte jedermann und jederfrau bewundern, was der Hobbyforscher angeblich im gelblichen Kalkstein Alabamas ausgegraben hatte. Fast 35 m lang war das vorzeitliche Ungeheuer, das bis auf ein paar mickrige Vorderflossen keine Gliedmaßen besaß. Umso beeindruckender war dafür sein großer Schädel mit dem langgestreckten Maul, in dem furchterregende Zähne steckten. Fürwahr – der Fund des *Hydrarchos* sollte die Zweifler vollends zum Schweigen verdammen.

Hätten sie ihn nur nicht zu genau angeschaut! Noch während die Ausstellung lief, stellte der Anatom Jeffries Wyman fest,

fernungen sehen etwa Tümmler, die in einer Reihe hintereinanderschwimmen, wie die Biegungen eines Schlangenkörpers aus. Noch verwirrender wird es, wenn die Tiere ganz tief in ihre Verhaltenskiste greifen und von der üblichen Schwimmtechnik mit Kopf vorne und Rücken oben abweichen. Riesenhaie und Buckelwale lieben es beispielsweise, sich bei schönem Wetter die Sonne auf den Bauch scheinen zu lassen. Dazu schwimmen sie auf dem Rücken und lassen die Brustflossen aus dem Wasser ragen. Selbst mit einem Fernglas sieht die Silhouette einem langen Schlangenhals und -körper zum Verwechseln ähnlich. Glattwale treiben es zur Paarungszeit sogar noch bunter. Vermutlich um sich der aufdringlichen Männchen zu erwehren, schwimmen die Weibchen zeitweise kopfüber an der Ober-

dass die gewaltigen Zähne nicht zu einer Schlange gehörten, sondern zu einem Säugetier. Oder besser gesagt: zu mehreren Säugetieren, denn bei einigen handelte es sich noch um Milchzähne, während andere bereits ausgewachsenen Exemplaren gehört hatten. Auch die übrigen Knochen bildeten nicht mehr als ein geschickt zusammengestelltes Mosaik der Gebeine von mindestens fünf verschiedenen fossilen Urwalen. Hydrarchos war folglich niemals ein einzelnes Tier gewesen und schon gar keine Schlange, sondern nur ein raffinierter Betrug. Und das war wissenschaftlich bewiesen.

Was Herrn Koch jedoch nicht davon abhielt, mit seiner Bastelei über den Atlantik nach Europa zu ziehen und hier seine Seeschlange neu aufleben zu lassen. In Deutschland machte er 1846 Station in Dresden, Leipzig und Berlin. Der Preußenkönig Friedrich Wilhelm IV. war so angetan, dass er das Fossil gar für 1000 Reichstaler kaufte – trotz der Einwände der Professoren Johannes Müller und Hermann Burmeister, die den Schwindel ebenfalls erkannt hatten.

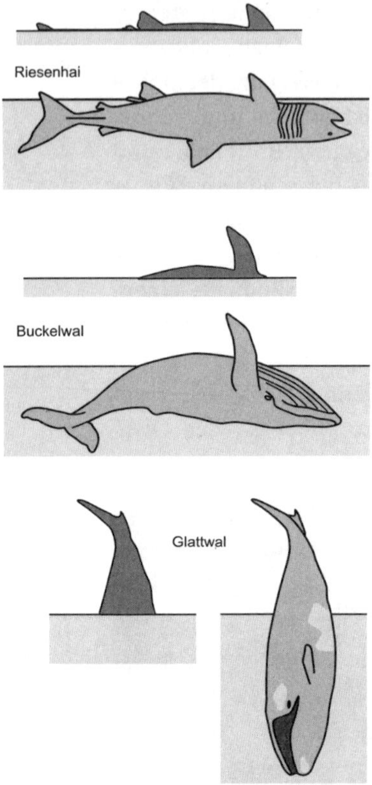

Die überseeischen Teile von Haien und Walen, die sich sonnen oder Yoga machen, kann man aus der Ferne durchaus für eine Seeschlange halten.

fläche. Ihre Schwanzflosse und ein guter Teil des schlanken Hinterleibs schauen dabei weit in die Luft. Wer diese Übung zum ersten Mal sieht, denkt verständlicherweise eher an eine Seeschlange als an einen Wal bei der Yogastunde.

Indirekt war ein Wal auch für den Irrtum verantwortlich, dem die Mannschaft der *Pauline* 1875 unterlag. Vor der Barke tauchte ein Pottwal auf, um dessen Mitte sich eine große Seeschlange wand. Offensichtlich rangen hier zwei Giganten der Meere miteinander! Als das Schiff näher an den Wal herankam, stellte sich heraus, dass der Kampf bereits beendet und der unterlegene Kombattant schon gefressen war. Bei der vermeintlichen Seeschlange handelte es sich allerdings um den Arm eines großen Kalmars, von dem sich Pottwale mit Vorliebe ernähren. Sozusagen Essensreste von der letzten Mahlzeit.

Doch auch wenn wir derartige Verwechslungen abziehen, bleibt eine bemerkenswert hohe Anzahl rätselhafter Sichtungen übrig. Im Jahr 1968 veröffentlichte der Kryptozoologe Bernard Heuvelmans einen Auszug der zahlreichen Berichte über Seeschlangen, die er gesammelt hatte. Für immerhin 587 von ihnen fand er beim besten Willen keine Erklärung. Heuvelmans kategorisierte diese Fälle nach den jeweiligen Merkmalen der vermeintlichen

Tiere und kam zu dem Schluss, dass eine einzige Sorte von Seeschlange nicht ausreichte, um alle Beobachtungen einzuordnen. Stattdessen schlug er vor, dass es gleich zehn Arten von bislang unbekannten Meeresriesen geben musste. Später strich er aus dieser Liste drei Einträge, sodass sie heute noch sieben Gruppen von rätselhaften Schein-Seeschlangen umfasst: Neben übergroßen Säugetieren wie dem langhalsigen Seelöwen, der Meerpferdrobbe, dem Riesenotter und zwei Varianten von Urwalen gehören ein gewaltiger Super-Aal sowie ein ganz besonderer Liebling aller Monsterfreunde dazu: der Meeressaurier.

EIN ÜBERBLEIBSEL AUS DER VORZEIT?

Plesiosaurier sind nahezu perfekte Kandidaten für den Job als Seeschlange. Vor allem werden sie bis zu 20 m lang, wobei nur ein geringer Teil auf den Rumpf und den Schwanz entfällt. Die meisten Meter beansprucht der lange Hals, der wegen seiner bis zu 72 Halswirbel ausgesprochen gelenkig ist und einen recht kleinen Kopf trägt. Ihr Lebensraum ist das Meer. Darin fühlen sie sich trotz ihrer Reptiliennatur wohl, da sie als Warmblüter ihre Körpertemperatur aktiv regulieren können. Im Grunde spricht nur ein einziges Argument dagegen, dass Plesiosaurier die besseren Seeschlangen sind: Die Tiere waren Zeitgenossen der Dinosaurier und sind vor rund 65 Millionen Jahren ausgestorben.

Wenigstens glaubte man das bis zum 25. April 1977. An diesem Tag zog die Mannschaft des japanischen Makrelentrawlers *Zuiyo Maru* mit ihrem Netz einen überaus seltsamen Fang aus den Gewässern östlich von Christchurch in Neuseeland. In rund 300 m Tiefe hatte sich ein stark zersetzter Kadaver von 1,8 Tonnen Gewicht im Netz verfangen. Während er an Bord gehievt wurde, enthüllte er zunehmend seine sensationelle Form. Was dort am Haken hing, war etwa 10 m lang, mit einem 1,5 m langen Hals und einem kleinen Kopf, der es auf rund einen halben Meter Länge brachte. An dem Rumpf hingen Überbleibsel von vier Flossen. Es war geradezu das perfekte Abbild eines verwesenden Plesiosauriers.

Doch die Sache stank von Anfang an zum Himmel. Der Kadaver verströmte einen so starken Verwesungsgeruch, dass Kapitän Akira Tanaka beschloss, ihn zurück ins Meer zu werfen, bevor er den eigentlichen Fang kontaminieren konnte. Der Sensationsfund drohte auf Nimmerwiedersehen zu verschwinden, da griff sich der Assistent Michihiko Yano geistesgegenwärtig einen Fotoapparat, schoss einige Bilder und entnahm ein paar Gewebeproben. Kurz darauf ging der vermeintliche Plesiosaurier über Bord.

Damit war die Karriere des Seemonsters allerdings keineswegs beendet. Vielmehr schickte es sich an, ganz Nippon in einen Monsterrausch zu versetzen, wie ihn das Land seit Godzilla nicht mehr gesehen hatte. Es begann damit, dass keiner der Wissenschaftler, die Yano kontaktierte und um Aufklärung bat, den Kadaver anhand der Fotos identifizieren konnte. Manche dachten jedoch laut darüber nach, dass es sich um einen Plesiosaurier handeln könnte. Das reichte aus, um einen zunehmend anwachsenden Saurier-Tsunami durch die japanische Medienlandschaft schwappen zu lassen. Schon bald prangten die Fotos auf den Titelseiten der Zeitungen, und Radio und Fernsehen erzählten die Geschichte des Fangs aus der Urzeit. Besonnene Stimmen, die darauf hinwiesen, dass die Gewebeproben noch nicht ausgewertet waren, fanden kein Gehör. Japan wollte den Saurier! Sogar Spielzeug-Plesiosaurier für Kinder sowie eine Plesiosaurier-Briefmarke kamen auf den Markt.

Außerhalb des Landes waren die Wissenschaftler skeptischer. Sie hatten bereits Erfahrungen mit ähnlichen Kadavern, die unter anderem in Schottland, England und Frankreich an Land

Eine Seeschlange mit sechs Beinen?

Gelegentlich werden an Küsten Seemonster mit sechs «Beinen» angeschwemmt. Dabei handelt es sich keineswegs um prähistorische Insekten, sondern ebenfalls um verwesende Haie. Die vorderen vier «Beine» gehen auf die Reste der Brust- und Bauchflossen zurück. Was dahinter wie ein weiteres Beinpaar aussieht, ist in Wirklichkeit das Geschlechtsorgan eines männlichen Haies. Im Gegensatz zu Knochenfischen, die ihre Eier und Spermien meistens einfach ins Wasser abgeben, vollziehen Knorpelfische, zu denen auch Haie zählen, eine innere Befruchtung. Um die Samen in die Geschlechtsöffnung des Weibchens zu leiten, hat sich bei Haien ein Stück Bauchflosse zu einem paarigen sogenannten Klasper umgewandelt, das zwei nebeneinanderliegenden Penissen ähnelt. Bei lebenden Haien verraten die gut sichtbaren Klasper das Geschlecht – bei toten Tieren erscheinen sie mitunter wie zwei weitere Beine.

gespült worden waren und sich stets als Überreste von Riesenhaien erwiesen hatten. Riesenhaie sind nach den Walhaien die zweitgrößten Fische der Welt. Um satt zu werden, schwimmen die Planktonfresser mit weit geöffnetem Maul durch das Wasser, aus dem sie ihre Nahrung filtern. Stirbt ein Tier, lösen sich schnell der Unterkiefer und die Kiemen vom Rest des Leichnams. Zurück bleibt der vergleichsweise kleine Hirnschädel an einem langen, dünnen «Hals». Auch am Schwanz geht zuerst der untere Teil verloren, wodurch die Flossen größer erscheinen. Fertig ist der «Plesioshark», wie manche Forscher scherzhaft den zerfallenden Kadaver nennen.

Auch der japanische Saurier wandelte sich im Labor von Untersuchung zu Untersuchung immer eindeutiger zurück in einen Riesenhai. Vor allem wies die Analyse der Aminosäuren

Wenn ein Riesenhai nach seinem Tod zerfällt, bleibt ein Rest (dunkel) übrig, der an einen Plesiosaurier erinnert – ein «Plesioshark».

in den Gewebeproben auf das Protein Elastoidin hin, das in der gefundenen Zusammensetzung nur bei Haien vorkommt. Obendrein fehlten einige wichtige Skelettmerkmale von Plesiosauriern wie das Brustbein, an dem die starken Muskeln ansetzten, mit denen die Saurier ihren pinguinähnlichen «Schwimmflug» unter Wasser antreiben konnten. Als schließlich wenige Monate nach dem Fang der *Zuiyo Maru* auf der Insel Hokkaido ein weiterer Kadaver mit dem gleichen Aussehen angespült und nach eingehender Untersuchung als Riesenhai bestimmt wurde, musste Japan endgültig Abschied von seinem Saurier-Star nehmen. Ein toter Riesenhai kann eben immer noch eine ganz passable Seeschlange abgeben.

Die vermutlich schönste und anmutigste Seeschlange ist aber weder ausgestorben, noch muss sie tot sein. Obwohl wir Menschen meistens nur sterbende Exemplare zu sehen kriegen.

EIN MYTHOS, DER KEINE SCHLANGE IST

Der Favorit im Rennen um den Titel «vermeintliche Seeschlange» wird bis zu 9 m lang, hat einen aalähnlich gestreckten, seitlich abgeflachten Leib mit dem Umfang eines kleinen Fasses, hypnotisierende Augen und eine leuchtend rote Mähne. Na, wenn das nicht nach einer fulminanten Seeschlange klingt …

Tatsächlich ist es die Beschreibung eines Fisches. Der Riemenfisch *Regalecus glesne* ist die längste Knochenfischart der Welt, doch wenn man ihn sieht, fühlt man sich unwillkürlich mehr an eine Schlange als einen Fisch erinnert. Und wenn man ihn sieht, ist der Riemenfisch in aller Regel schon tot oder liegt

Gruppenbild mit Riemenfisch. Das 7 m lange Tier war schon tot, als US-Navy-SEALs es an einem kalifornischen Strand fanden.

im Sterben. Nur dann kommen die Tiere ganz an die Oberfläche und werden gelegentlich an den Strand gespült, wo selbst viele Biologen nicht wissen, wie sie die «Seeschlange» einordnen sollen.

Eigentlich ist der Riemenfisch ein fast noch größeres Rätsel als die Seeschlange. Beinahe alles, was wir von ihm wissen, haben Wissenschaftler aus der Untersuchung angespülter Exemplare geschlossen. Nur ganz selten gelingt es, einen Riemenfisch im offenen Wasser zu beobachten oder gar zu filmen.

Auch der Berufstaucher David Luquet war noch nie einem Riemenfisch begegnet, als er im April, mitten während der Algenblüte, in das trübe Mittelmeer abtauchte. Er hatte den Auftrag übernommen, die 20 Sensoren der Boussole-Boje zu reinigen. Diese wird unter anderem von den Raumfahrtbehörden NASA und ESA betrieben und misst die optischen Eigenschaften des Wassers im Laufe des Jahres direkt vor Ort. Die gewonnenen Werte gelten als Maßstab, mit denen die Daten von Beobachtungssatelliten im Orbit kalibriert werden. Aber nicht nur Wissenschaftler interessieren sich für die Boje. 60 km vor Nizza verankert, an einer Stelle, wo das Mittelmeer genau 2440 m tief ist, bietet sie weit und breit den einzigen festen Untergrund, auf dem man siedeln kann. In dichten Schichten und Flocken legen sich Algen und andere mikroskopische Kleinstlebewesen auf die Instrumente, den Schwimmkörper, das Gestänge und das kilometerlange Kevlarkabel, an dem die Boje fixiert ist. Das konzentrierte Angebot an Nahrung lockt kleine Fische an, die wiederum größeren Fischen als Futter dienen. Bis zum Weißen Hai findet sich hier alles ein, was schwimmen kann und Hunger hat. Und mittendrin müht sich David Luquet zweimal im Jahr mit verschiedenen Bürsten ab, um die Sensoren vom Bewuchs zu befreien. Nach getaner Arbeit lässt er sich gerne am Kabel entlang ein Stückchen nach unten sinken, um das bunte Treiben zu beobachten. In diesem Moment erschien die Seeschlange.

Luquet wusste, dass es keine Schlange war, was dort in wenigen Metern Abstand an ihm vorbeitrieb. Er kannte Riemenfische – zumindest theoretisch. Jetzt sah er zum ersten Mal ein Exemplar mit eigenen Augen. Es schwamm senkrecht im Wasser stehend nach oben bis unter den Schwimmkörper der Boje. Zum Antrieb benutzte es nicht den langen Körper, sondern nur die Rückenflosse, die sich vom Kopf bis zur Schwanzspitze zog und eifrig Wellenbewegungen vollführte. Fasziniert folgte Lu-

Blick auf die Erdkugel

Riemenfische sind mit Ausnahme der Polarregionen in allen Meeren zu finden.

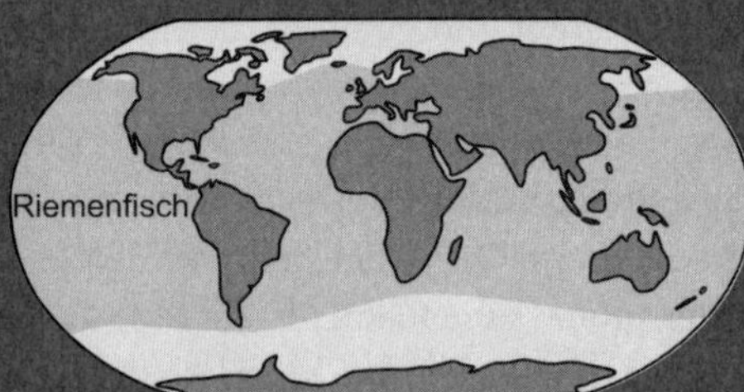

Das kleinste Hirn im Fischreich

Riemenfische haben einige anatomische Besonderheiten vorzuweisen.

Obwohl sie die längsten Knochenfische sind, ist ihr Gehirn nur so groß wie eine Mandel. Im Verhältnis zur Körpergröße ist es damit das kleinste Gehirn aller Fische.

Das Maul trägt keine Zähne, kann aber weit nach vorne ausgeklappt werden. In der Mundhöhle befindet sich die Nase, mit welcher der Fisch vermutlich feststellen kann, in welcher Richtung es Nahrung gibt.

Im Kopfbereich tragen Riemenfische einige auffallend lange Flossenstrahlen, die zudem leuchtend rote Flecken tragen. Auf dem Kopf bildet rund ein Dutzend davon eine Art Mähne, die das Tier aufstellt, wenn es aufgeregt ist. Die beiden einstrahligen Bauchflossen hängen die meiste Zeit wie lange Schnurbarthaare locker am Körper herab.

Anstelle von Schuppen bedeckt eine Schleimschicht den Körper. Sie verleiht dem Fisch einen silbrigen Grundton, in dem blauschwarze Punkte und Streifen für Abwechslung sorgen.

quet dem Riemenfisch, doch der fühlte sich von den Luftblasen des Tauchers gestört und verschwand wieder in der Tiefe. Aber er war da gewesen!

Die nächste Expedition sollte gezielt dem Riemenfisch gelten. Neben Luquet war dieses Mal ein ganzes Team von Tauchern um den Unterwasserfotografen Roberto Rinaldi dabei. Die Männer verwendeten anstelle von normalen Sauerstoffflaschen Kreislauftauchgeräte, die keine Blasen ausstießen. Derart fischfreundlich ausgerüstet, begegneten ihnen tatsächlich im Laufe mehrerer Tauchgänge verschiedene Exemplare von Riemenfischen. Eines war rund 5 m lang, viele andere wirkten jedoch an ihrem Hinterende seltsam verstümmelt. Schuld daran waren aber keine Haie oder andere Jäger, sondern die Riemenfische selbst. Aus noch nicht ganz geklärten Gründen werfen die Tiere manchmal Abschnitte ihres Schwanzes ab und fristen anschließend ihr Leben als verkürzte Ausgaben ihrer Art. Einige Exemplare wiederholen diese Selbstamputation mehrfach, bis nur noch Kopf und Rumpf mit den lebenswichtigen Organen übrig sind. Möglicherweise sparen die Riemenfische auf diese Weise in schlechten Zeiten Energie, indem sie unnützes Mitessergewebe loswerden. Eine Methode, die außer ihnen kein anderer Fisch praktiziert.

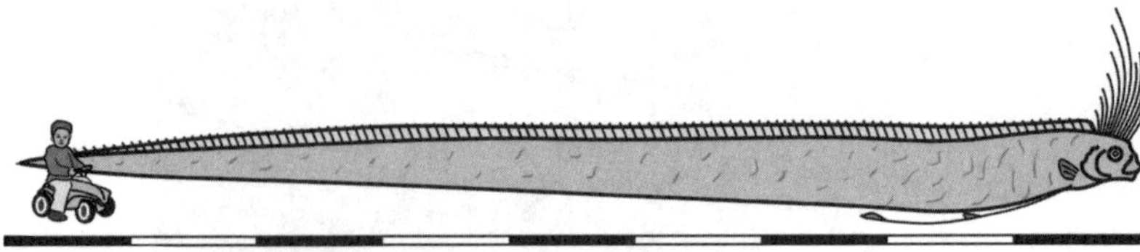

Ein Kind auf einem Bobbycar braucht etwa 15 s bis 20 s, um an einem großen Riemenfisch vorbeizufahren.

Auch sonst frönen Riemenfische manch seltsamer Verhaltensweise, die den Wissenschaftlern Rätsel aufgibt. Als den Tauchern gleich zwei Tiere vor die Kameras schwammen, bildete einer der Fische eine Art schwebendes Kreuz, indem er senkrecht im Wasser stehend die beiden langen Strahlen der Bauchflossen zu den Seiten streckte.

Viele Wissenschaftler vermuten an die Oberfläche geratene Riemenfische hinter den meisten Seeschlangensichtungen. Nur eines können die langen Tiere leider nicht: Weil ihre Muskulatur an das ruhige Wasser der Tiefe angepasst ist, fehlt ihnen die Kraft, um in typischer Seeschlangenmanier den Oberkörper aus dem Wasser zu recken. Solange es aber mehr auf das Aussehen als auf die Muskeln ankommt, geben Riemenfische wahrlich großartige Seeschlangen ab.

GUTE BEKANNTE

Auch wenn es in jüngster Zeit eher ruhig geworden ist um gigantische Seeschlangen aller Art, gibt es hin und wieder Berichte über neue Sichtungen. Einige Regionen scheinen dabei besonders attraktiv für touristisch wertvolle Monster zu sein. So treibt sich seit 1994 vor der argentinischen Küste bei Buenos Aires immer wieder ein 10 m bis 12 m langes Ungeheuer herum, dass die Einheimischen Joselito getauft haben. Die gleiche Größe wird Chessie zugeschrieben, die in der Chesapeake Bay vor Maryland und Virginia beheimatet ist.

Die aktivste Fangemeinde dürfte aber Caddy, der *Cadborosaurus*, haben, den 1953 immerhin eine studierte Meeresbiologin gesehen hat. Caddy ist vermutlich nur ein Vertreter einer ganzen Familie, die in der Bucht beheimatet ist. Über 150 Sichtungen wurden seit 1881 verzeichnet, und aus dem Magen eines Pottwals wurde sogar ein nur leicht angedautes Exemplar eines *Cadborosaurus*-Babys geborgen. Zwar hielt der ortsansässige Museumsdirektor den Fang eher für einen Blauwalfötus, doch die Sauriervariante erwies sich als eindeutig medientauglicher. Aktuell vermuten die Meeresbiologen Paul LeBlond und Edward Lloyd Bousfield, dass es sich bei Caddy um einen Abkömmling des Urwals *Zeuglodon* oder *Basilosaurus* handelt, der eigentlich seit 35 Millionen Jahren ausgestorben sein sollte. Da man sich bei Seeschlangen mit dem Aussterben jedoch nie so ganz sicher sein kann, haben die beiden das Projekt CaddyScan ins Leben gerufen, das nicht nur Zeugen befragt und Berichte sammelt, sondern auch mit automatischen Kameras aktiv nach Caddy sucht. Leider hat sich das Monster aber bis zum Zeitpunkt der Drucklegung dieses Buches reichlich kamerascheu gegeben, sodass LeBlond und Bousfield mit ihrer Zuversicht innerhalb der Wissenschaftsgemeinde recht wenige Likes sammeln konnten.

Seeschlangen waren schon immer da, und sie sind überall – allerdings nur solange niemand mit einer guten Kamera hinsieht. Wie bei nahezu allen Ungeheuern machen sich auch die sanften Riesenschlangen umso rarer, je mehr Menschen nach ihnen Ausschau halten. Viele der trotzdem erfolgten Sichtungen dürften zudem auf seltsam geformtes Treibgut oder ungewohnte Anblicke von gewöhnlichen Tieren zurückgehen. Einige von ihnen, wie der Riemenfisch, erinnern tatsächlich an eine gewaltige Seeschlange. Es gibt jedoch keine einzelne bekannte Tierart, mit der sich alle seriösen Berichte erklären ließen.

Fazit: Die Seeschlange ist höchstwahrscheinlich keine wirkliche Schlange, doch es gibt verschiedene Tiere, die man auf See tatsächlich für eine Schlange halten könnte.

WO GIBT ES MEHR?

Snaketales.ch

http://snaketales.ch/mythische-seeschlangen-in-der-antike-und-in-der-neuzeit/

Der private Blog informiert über alle Aspekte zu Schlangen, zur See wie auch an Land.

CaddyScan

http://members.shaw.ca/caddyscan

Eine Website, die sich ganz der Suche nach Caddy, dem Cadborosaurus, verschrieben hat.

Giant Sea Serpent, Meet the Myth

http://www.saint-thomas.net/uk-news-106-on-air-worldwide-giant-sea-serpent-meet-the-myth.html

Schon dieser Trailer zum Dokumentarfilm «Meet the Myth» zeigt den Riemenfisch in seinem natürlichen Lebensraum.

Meerjungfrauen und Wassermänner – Ferne Verwandte aus dem Meer

Ich bin überzeugt, ihr alle wisst nicht, dass es Meerbischöfe gibt. [...] da ich hier von Nixen, von Wassermenschen, zu sprechen habe, verlangt es die deutsch-gewissenhafte Gründlichkeit, dass ich der Seebischöfe erwähne. Prätorius erzählt nämlich Folgendes:

«In den holländischen Chroniken liest man, Cornelius von Amsterdam habe an einen Medikus namens Gelbert nach Rom geschrieben, dass im Jahr 1531 in dem nordischen Meere, nahe bei Elpach, ein Meermann sei gefangen worden, der wie ein Bischof von der römischen Kirche ausgesehen habe. Den habe man dem König von Polen zugeschickt. Weil er aber ganz im Geringsten nichts essen wollte von allem, was ihm dargereicht, sei er am dritten Tage gestorben, habe nichts geredet, sondern nur große Seufzer geholet.»

Eine Seite weiter hat Prätorius ein anderes Beispiel mitgeteilt:

«Im Jahr 1433 hat man in dem Baltischen Meere, gegen Polen, einen Meermann gefunden, welcher einem Bischof ganz ähnlich gewesen. Er hatte einen Bischofshut auf dem Haupte, seinen Bischofstab in der Hand und ein Messgewand an. Er ließ sich berühren, sonderlich von den Bischöfen des Ortes, und erwies ihnen Ehre, jedoch ohne Rede. Der König wollte ihn in einem Turm verwahren lassen, darwider setzte er sich mit Gebärden, und baten die Bischöfe, dass man ihn wieder in sein Element lassen wolle, welches auch geschehen, und wurde er von

zweien Bischöfen dahin begleitet und erwies sich freudig. Sobald er in das Wasser kam, machte er ein Kreuz und tauchte sich hinunter, wurde auch künftig nicht mehr gesehen. Dieses ist zu lesen in Flandr. Chronic., in Hist. Ecclesiast. Spondani, wie auch in den Memorabilibus Wolfii.»

Ich habe beide Geschichten wörtlich mitgeteilt und meine Quelle genau angegeben, damit man nicht etwa glaube, ich hätte die Meerbischöfe erfunden. Ich werde mich wohl hüten, noch mehr Bischöfe zu erfinden.

Heinrich Heine: «Elementargeister»

Meermenschen sind anders. Die Geschichten um Meerjungfrauen, Nixen, Sirenen und Wassermänner unterscheiden sich in einem wesentlichen Punkt von den Mythen zu Riesenkraken und Seeschlangen: So richtig hat auch schon früher kaum jemand daran geglaubt. Vielleicht weil der Mensch sich selbst zu einzigartig fühlte, um einen Cousin mit einem Fischschwanz anstelle von Beinen zu dulden?

Manche sind aber doch drauf reingefallen. Und eigentlich ist das gar nicht so verwunderlich, denn die Beweislage ist keinesfalls dünner als bei den anderen Monsterwesen. Zeitweise gab es sogar ungewöhnlich handfeste Belege zu bewundern.

EINE MUMIFIZIERTE MEERJUNGFRAU

Eine der berühmtesten Meerjungfrauen wurde angeblich zu Beginn des 19. Jahrhunderts vor Japan gefangen und getrocknet. Wie bei den meisten Formen von Mumifizierung hatte die Prozedur ihrer Schönheit nicht sonderlich gutgetan. Das Endprodukt war etwa einen Meter groß, mit dem Unterleib eines

Fisches und einem Oberkörper, der gewisse Ähnlichkeit mit dem Torso einer Menschenfrau hatte. Die Brüste hingen schlaff herab, die Arme waren angewinkelt, einer neben dem Rumpf, der andere leicht erhoben, sodass die Hand seitlich an dem unverhältnismäßig großen Kopf lag. Und dieser Kopf war geeignet, dem Betrachter lebhafte Albträume zu bereiten. Den Mund weit aufgerissen, die großen Eckzähne entblößt und die Gesichtszüge grotesk verzerrt, schien er unvorstellbare Qualen zu erleiden. Wer diese Meerjungfrau einmal gesehen hatte, konnte den Anblick sein Leben lang nicht mehr vergessen.

Das Aussehen der Feejee-Meerjungfrau hielt nicht, was man sich weithin von einer Meerjungfrau erhofft.

Und doch war es eine Meerjungfrau. So erzählte es zumindest ein holländischer Händler dem Bostoner Kapitän Samuel Barret Eades in Kalkutta. Dieser ergriff daraufhin die vermeintliche Chance seines Lebens und verkaufte sein Schiff, um die geforderte Summe von damals sagenhaften 6000 Dollar bezahlen zu können. Als Passagier auf einem fremden Schiff fuhr er mit seinem Schatz nach England, wo er im September 1822 umgehend eine Ausstellung organisierte. Per Zeitungsanzeige lockte er das Londoner Publikum in Scharen an, das bereitwillig einen Schilling für den Blick auf die «bemerkenswerte ausgestopfte Meerjungfrau» zahlte. Wunder gibt es nun einmal nicht umsonst, und es sah ganz so aus, als hätte sich das Risiko für den Kapitän gelohnt.

Zu Eades' Unglück interessierten sich aber bald auch kritische Geister für seine Aktivitäten. Zum einen meldete sich der Miteigentümer des Schiffes, dass der Kapitän veräußert hatte. Aus verständlichen Gründen war er nicht sonderlich begeistert davon, dass sein Eigentum ohne Nachfrage gegen eine Jahrmarktsattraktion eingetauscht worden war, und er verklagte Eades auf Schadenersatz in einer Höhe, die der Kapitän nicht zahlen konnte und darum abarbeiten musste. Zum anderen waren einige der Naturforscher, die Eades eingeladen hatte, um die Echtheit der Meerjungfrau zu bestätigen, eher geneigt, sie für eine Kombination aus einem großen Lachs und einem halben Gorilla zu halten. Ihr vernichtendes Urteil ging durch die Presse, wodurch die Schillinge wieder deutlich fester in den Portemonnaies der Londoner steckten und die Ausstellung bereits im Januar 1823 schließen musste. Gedemütigt und arm wie eine Kirchenmaus in einem Bettelorden fuhr Eades noch 20 Jahre zur See, um seine Schulden zu begleichen. Als er starb, war die Meerjungfrau das Einzige, was er seinem Sohn hinterließ.

Den Höhepunkt ihrer Karriere hatte die Mumie aber zu diesem Zeitpunkt noch vor sich.

«DIE KURIOSESTE ALLER KURIOSITÄTEN»

Es kommt nicht darauf an, ob etwas echt ist, sondern darauf, dass die Leute es für echt halten. Mit dieser Einstellung wurde Phineas Taylor Barnum einer der erfolgreichsten und reichsten Schausteller Amerikas. Als ihn der befreundete Besitzer des Bostoner Museums, dass im Wesentlichen aus einer Sammlung von Kuriositäten und Absurditäten bestand, im Jahr 1842 mit der angeblichen Meerjungfrau des Kapitäns Eades im Gepäck besuchte, war beiden klar, dass es sich um eine Fälschung handelte. Sie waren sich auch bewusst, dass Barnum die Meerjungfrau nicht einfach ohne Vorbereitung in seinem *American Museum* in New York ausstellen durfte. Zu gut konnten sich die New Yorker noch erinnern, wie er ihnen eine rund 70-jährige Frau als 161 Jahre alten Methusalem verkauft hatte. Nein, der Auftritt der Fiji- oder Feejee-Meerjungfrau, wie Barnum das Konstrukt taufte, musste sorgsam vorbereitet sein.

Barnum lieh sich die Meerjungfrau zu diesem Zwecke aus und startete seine Kampagne mit einigen sorgsam formulierten Briefen, die er über Freunde im Süden der Vereinigten Staaten an verschiedene Zeitungen schicken ließ. Darin berichteten angebliche Leser von Begegnungen mit einem gewissen Dr. Griffin von der Londoner *Naturhistorischen Lehranstalt* (*Lyceum of National History*), in deren Verlauf ihnen der renommierte Wissenschaftler einige höchst erstaunliche Kreaturen, darunter eine echte Meerjungfrau, gezeigt habe. Besonders die New Yorker Blätter wurden bedacht und darauf hingewiesen, dass Dr. Griffin vor seiner Abreise nach Europa kurz im Big Apple Station machen würde. Es wäre doch eine Schande, wenn die Amerikaner nicht bei dieser Gelegenheit seine Meerjungfrau bewundern dürften.

Die Presse schluckte den Köder. Bei einem eigens arrangierten Treffen in Philadelphia erlaubte Dr. Griffin den Reportern, seine Sammlung zu bewundern und mit enthusiastischen Artikeln zu preisen. In ihrer Begeisterung vergaßen die Journalisten dabei leider, ein wenig Recherche zu betreiben, denn sonst hätten sie festgestellt, dass der weltgewandte Dr. Griffin beinahe genauso falsch war wie seine Meerjungfrau. In Wahrheit war er nicht einmal Engländer, sondern hieß Levi Lyman und hatte Barnum schon bei manch anderer Betrügerei hilfreich zur Seite gestanden. Nicht einmal die Lehranstalt des «Doktors» gab es. Der Schwindel wäre folglich beim ersten Nachhaken aufgeflogen, aber welcher Zeitungsmacher sabotiert schon gerne seine eigene Schlagzeile?

Doch Barnum hatte sein Spiel noch nicht ausgereizt. Mit dem einsetzenden Medienrummel war für ihn der richtige Zeitpunkt

Meerjungfrauensyndrom oder Sirenomelie
In seltenen Fällen kommt bei uns Menschen ein Kind auf die Welt, das verblüffende Ähnlichkeit mit einem Meerwesen hat. Beim Meerjungfrauensyndrom, das in Fachkreisen Sirenomelie heißt, sind die Beine miteinander verwachsen, sodass sie wie ein Fischschwanz aussehen. Weil meistens auch einige innere Organe fehlgebildet sind, sterben die betroffenen Babys in der Regel früh oder werden schon tot geboren. Nur drei Fälle sind bekannt, in denen die Kinder älter geworden sind. Shiloh Pepin aus Maine (USA) wurde zehn, Tiffany Yorks aus Florida sogar 27 Jahre alt. Tiffany konnte dank einer Operation vor ihrem ersten Geburtstag bis zu ihrem neunten Lebensjahr selbständig laufen und eine normale Schule besuchen. Später hatte sie Probleme mit den Beinen und musste an Krücken gehen oder im Rollstuhl sitzen. Das einzige noch lebende Kind mit dem Syndrom ist Milagros Cerrón, die 2004 in einer armen Region Perus geboren wurde. Damit die Familie vereint bleiben kann, hat das Krankenhaus in Lima ihren Vater angestellt, und die Stadt trägt die Kosten für alle notwendigen Operationen. Ihr Vorname Milagros bedeutet «Wunder».

gekommen, sein Museum zum Schein als Ort der Ausstellung anzubieten. Zu diesem Zweck ließ er eigens Werbezettel drucken, auf denen Holzschnitte von liebreizenden Meerjungfrauen zu sehen waren. Als Lyman alias Dr. Griffin in New York eintraf, fieberte darum die ganze Stadt der vermeintlichen Sensation entgegen und erwartete, sie demnächst im *American Museum* bewundern zu dürfen. Doch der angebliche Forscher lehnte es wie abgesprochen ab, seine Kuriositäten jemand anderem als den Journalisten zu zeigen. In gespielter Enttäuschung verschenkte Barnum seine Werbematerialien inklusive der Holzschnitte, die er nun nicht mehr gebrauchen konnte, großzügig an die New Yorker Zeitungen – selbstverständlich jeder einzelnen «exklusiv». Im Glauben, als einziges Blatt eine sensationelle Story mit Bild drucken zu können, brachten alle Zeitungen der Stadt am 17. Juli die Geschichte von der Meerjungfrau, die keiner sehen durfte, groß heraus. Zusätzlich ließ Barnum weitere 10 000 Handzettel mit verführerischen Fischdamen in den Straßen verteilen. Das brachte die Stimmung nahe an einen öffentlichen Aufruhr. Dem nun einsetzenden Druck der Straße konnte sich Dr. Griffin schließlich nicht mehr entziehen. Theatralisch widerstrebend willigte er ein, seine Meerjungfrau in der *Concert Hall*, direkt gegenüber von Barnums Museum, auszustellen. Ausnahmsweise und ganz bestimmt nur für eine Woche!

Barnums Werbung versprach eine deutlich attraktivere Meerjungfrau, als er in seinem Museum anbieten konnte.

Es strömten wahre Menschenmassen herbei. Manche wunderten sich vielleicht darüber, dass die «echte» Meerjungfrau so gut wie keine Ähnlichkeit mit den holden Schönheiten in den Zeitungen und auf den Handzetteln hatte, doch was machte dies, wenn man sich den Anblick so heroisch erkämpft hatte? Kaum jemand kam auf die Idee, an der Authentizität des Wunderwesens zu zweifeln. Als «die kurioseste aller Kuriositäten, die Erde oder See jemals hervorgebracht haben», bejubelte die «New York Sun» die Feejee-Meerjungfrau. Dazu trug Dr. Griffin persönlich ein Referat vor, in welchem er ausführte, dass es zu allen Landtieren auch ein entsprechendes Gegenstück im Meer gebe, wie man an Seepferdchen und Seelöwen sehen könne. Folglich sei es nur logisch, dass auch Meermenschen existierten. Und angetan vom überwältigenden Interesse der Menschen willigte er ein, die Meerjungfrau nach Ablauf der Woche schließlich doch in Barnums *American Museum* auszustellen. Der große Coup war gelungen, die Besucherzahlen des Museums verdreifachten sich auf einen Schlag.

Etwa einen Monat lang war die Feejee-Meerjungfrau das wichtigste Gesprächsthema in der Stadt, dann flaute das Interesse an ihr ab. Barnum schickte sie noch auf eine kurze Tournee in den Süden des Landes und präsentierte sie 1859 sogar in London, bevor sie schließlich ihren Ruhesitz im Bostoner Museum erhielt. Dort ist sie vermutlich 1880 bei einem Brand zerstört worden.

VON GROSSEN UND NICHT GANZ SO GROSSEN GÖTTERN

Die Feejee-Meerjungfrau hatte vermutlich in ihrem Ursprungsland viele Schwestern. In Ostasien fertigten Künstler seit langem Mischwesen aus Fisch und Affe, die bei religiösen Zeremonien verwendet wurden. Aber auch im Westen hatten Meeresmenschen seit Urzeiten eine spirituelle Bedeutung. Ihre Prototypen sollen manchen Überlieferungen zufolge sogar schon vor den Landmenschen auf Erden gewesen sein. Als Götter zeigten sie sich mal wohlwollend, mal von ihrer schrecklichen Seite.

Der Seegott Oannes meinte es beispielsweise vor rund 7000 Jahren gut mit den Babyloniern. Er brachte ihnen die Kultur, indem er sie nicht nur Landwirtschaft und Hausbau lehrte, sondern ihnen auch die Schrift, die Mathematik und die Wissenschaft schenkte. Bei so viel Großzügigkeit nahmen die Landleute auch keinen Anstoß an seinem seltsamen Äußeren, das selbst für einen Wassermann ein wenig grotesk gewesen sein soll. Statt halb Fisch, halb Mensch zu sein, war er beides: Oben auf dem Körper eines großen Fisches steckte ein zusätzlicher Menschenkopf, und neben der Schwanzflosse zappelte ein Paar Beine. So ausgestattet wandelte Oannes tagsüber unter den Menschen an Land und verschwand abends im Meer.

Sein weiblicher Gegenpart in Assyrien, die Göttin Atargatis (oder Derketo, wie sie bei den Griechen genannt wurde), war da 4000 Jahre später konsequenter. Sie begann ihre Laufbahn in menschlicher Gestalt, in welcher sie sich in einen Schafhirten verliebte. Die beiden bekamen sogar ein Kind, das später zur legendären Königin Semiramis werden sollte. Doch irgendetwas lief fürchterlich schief. Je nach Quelle schämte sich die Göttin ihrer Liaison mit einem Sterblichen, oder sie tötete versehentlich ihren Geliebten, jedenfalls warf sie sich in den nahegelegenen See Ascalon, um sich zu ertränken oder in einen Fisch zu verwandeln. Das Vorhaben scheiterte in beiderlei Hinsicht. Die bescheidene Göttin hatte nämlich ihre eigene Schönheit übersehen, die so grenzenlos war, dass sie nicht zerstört werden konnte. Zu liebreizend, um zu sterben oder als Fisch dahinzuvegetieren, und zu deprimiert, um weiterhin unter Menschen zu leben, blieb die Unglückliche irgendwo zwischendrin stecken und endete im klassischen Meerjungfrauenkostüm mit fischartigem Unterleib und fraulichem Oberkörper.

Auch den Griechen schien der Übergang vom Land- zum Fischmenschen kein großes Kopfzerbrechen bereitet zu haben, wie man an dem Gott Triton sieht. Dessen Eltern Poseidon und Amphitrite wurden auf Schalen und Vasen sowie als Skulpturen stets mit Beinen dargestellt, wohingegen ihr Sohn ein waschechter Wassermann mit dem Unterleib eines Delfins war. Von seiner Generation an blieb es innerhalb der Familie bei der Doppelnatur, denn auch die Tritonen genannten Kinder des Triton waren Meerfrauen oder -männer, die beruflich den Wagen der Göttin Aphrodite zogen.

Richtig kompliziert wurde es aber mit den Sirenen. In der griechischen Mythologie handelte es sich dabei nämlich keines-

Die Sehnsucht der Selkies

Viele Völker kennen Geschichten von Meerwesen, die sich in Menschen verwandeln und auf dem Land leben können. Die Selkies aus dem Norden Schottlands, von den Faröern, den Orkneyinseln und Irland sind besondere Robben, die zu diesem Zweck ihr Fell ablegen. Wird dieses Fell gestohlen und versteckt, können sie nicht in ihr Element zurück. Da die Selkie-Frauen unbeschreiblich schön sein sollen, zwingen einsame Männer sie auf diese Weise in Erzählungen, bei ihnen zu bleiben. Natürlich geht das auf Dauer nicht gut, und so mancher Jäger hat unwissentlich seine eigene Selkie-Gemahlin erschossen, nachdem sie ihr Fell wiedergefunden hatte und ins Meer zurückgekehrt war.

wegs von Anfang an um Meerjungfrauen, sondern zunächst traten sie als Mischwesen mit dem Oberkörper einer Frau und dem Unterleib sowie den Flügeln eines Vogels auf. In dieser Gestalt lauerten sie vorbeifahrenden Schiffen auf und betörten die Seeleute mit ihren Liedern, sodass die Männer entweder auf die Klippen zuhielten oder schlichtweg vergaßen weiterzufahren und sich zu Tode schmachteten. Erst als die Sirenen im Sängerwettstreit mit den Musen unterlagen, mussten sie im wörtlichen Sinne «Federn lassen» und stürzten sich gerupft und gefrustet selbst ins Meer, wo sie nach mancher Legende den Vogelanteil ihres Körpers gegen einen Fischschwanz eingetauscht haben sollen. Wenigstens hatten sie dadurch ein Alleinstellungsmerkmal erlangt, und seitdem steht ihr Name in vielen Sprachen für alle Arten von Meerfrauen.

Halbfischige Gottheiten waren übrigens nicht auf den Mittelmeerraum beschränkt. Es gab sie überall in der Alten Welt, von Europa über Vorderasien und Indien bis nach China und Japan sowie in Afrika. Je nach Charakter und Laune sorgten sie für günstige Winde oder tobten sich mit Stürmen und Fluten aus. Eines war ihnen aber allen gemeinsam: Mit der Ausbreitung der großen Weltreligionen verschwanden sie aus dem Leben der Seefahrer.

Während andere Meermenschen erst so richtig zur Hochform aufliefen.

MEERMÖNCHE, SEEBISCHÖFE UND GANZ NORMALE MEERMENSCHEN

Menschenähnliche Meerwesen waren nicht nur etwas für den Olymp, sie zeigten sich gelegentlich auch Seefahrern fern von der Heimat. Niemand Geringerer als Christoph Kolumbus berichtete in dem Tagebuch von seiner zweiten Amerikareise für den 9. Januar 1493: «[Der Admiral, also Kolumbus selbst] sagt, er habe drei Sirenen gesehen, die weit aus dem Wasser ragten. Aber sie waren nicht so schön wie auf den Gemälden, obwohl ihr Gesicht in gewisser Weise wie das eines Menschen erschien. Früher, so sagt er, habe er einige in Guinea an der Küste von Manegueta gesehen.» Einen wunderbaren Gesang erwähnte Kolumbus nicht, und so sah er wohl auch keine Notwendigkeit, die enttäuschenden Fabelwesen eingehender zu untersuchen.

Eine genauere Beschreibung lieferte der englische Entdecker Henry Hudson. Bei der Suche nach der Nordwestpassage beobachteten zwei Besatzungsmitglieder am 15. Juni 1608 nördlich von Norwegen eine Meerjungfrau, die dicht an das Schiff herankam und zu den Männern emporsah. Von der Taille aufwärts hatte sie den Rücken und die Brust einer Menschenfrau. Ihre Haut war sehr weiß, und das lange schwarze Haar hing über die Schultern herab. Ihr Unterleib war jedoch wie bei einem Delfin oder Schweinswal gestaltet und gefleckt wie bei einer Makrele. Eine klassische Meerjungfrau also, und dieses Mal auf so kurze

Entfernung und von erfahrenen Polarmeerfahrern, dass es sich kaum um eine Verwechslung mit einer Robbe oder einem Wal handeln dürfte.

Viele weitere Seeleute wollen ebenfalls Meerjungfrauen gesehen haben. Manche ihrer Darstellungen klingen durchaus glaubwürdig, andere sind schon beim ersten Hören aus zu dickem Seemannsgarn gestrickt, und in einigen schwingt ein gutes Maß an Aberglauben mit. Selbst dem hartgesottenen und allseits gefürchteten Piraten Blackbeard soll nicht wohl gewesen sein beim Gedanken an Meerjungfrauen, sodass er Gewässer, in denen diese zu Hause sein sollten, tunlichst gemieden hat. Auch als Schrecken der Karibik ist man eben nur ein Mensch.

Eine Besonderheit der Meermenschen ist, dass sie sich recht häufig an Land aufhalten und ab und zu sogar in Gefangenschaft geraten. So gibt der niederländische Kolonialkaplan François Valentjin in seinem Buch über die Naturgeschichte Amboinas (einer katholischen Diözese auf der indonesischen Insel Ambon) die Geschichte eines Wassermanns wieder, der vor der Küste Borneos eingefangen wurde. Vier Tage lang dauerte sein Martyrium, während derer er unverständliche Laute von sich gab und sich weigerte, etwas zu essen, sodass er schließlich starb. Das gleiche Schicksal ereilte angeblich im Jahr 1531 einen sogenannten Seebischof, der in der Ostsee seinen Peinigern ins Netz geriet und nach nur drei Tagen einging.

Seebischöfe sind selbst unter den Wassermännern eine Ausnahmeerscheinung. Statt der Tradition folgend, halb Fisch, halb Mensch zu sein, soll es sich bei ihnen um eine Art Fisch handeln, die mit dem Gewand und der Kopfbedeckung eines Bischofs bekleidet ist und gelegentlich sogar einen Bischofsstab mit sich führt. Auf Abbildungen, wie sie in den Naturkundewerken des 16. und 17. Jahrhunderts aufgeführt sind, erscheint das Wesen für unsere Augen eher wie ein Gartenzwerg im Taucheranzug. Zeitgenössische Gelehrte waren sich hingegen häufig unsicher, ob diese Art von Fisch existierte oder nicht. Einerseits wussten sie bereits, dass nicht jedem Seegarn zu trauen war und es zahlreiche gefälschte «Beweise» gab. Andererseits waren die Meere damals noch geheimnisvoller als heute und bis zum Rand gefüllt mit unbekannten und absonderlichen Kreaturen. Sie deuteten deshalb in ihren Büchern Zweifel an der Genauigkeit der Beschreibung an, gingen aber meist davon aus, dass die Erzählungen einen wahren Kern enthielten.

So auch beim Meermönch, der etwa seit 1200 immer mal wieder in nordeuropäischen Gewässern auftauchte. Seinen Namen verdankte er der tonsurähnlichen Glatze, die der Fisch auf seinem ansonsten wenig menschlich anmutenden Kopf trug. In Büchern wie dem vierten Band der *Historia Animalium* («Geschichte der Tiere») des Schweizer Naturforschers Conrad Gesner aus dem Jahr 1558 war er mitunter zusätzlich mit einer Mönchskutte bekleidet. Trotz ihres frommen Aussehens galten Meermönche aber nicht als heilig, sondern als gefährliche Verführer, die Menschen unter Wasser lockten und dort auffraßen. Der dänische Naturforscher Japetus Steenstrup vermutete im 19. Jahrhundert aufgrund der Beschreibungen, der Meermönch sei in Wirklichkeit einfach eine Art von Tintenfisch gewesen.

Diese Darstellung des Seebischofs schaffte es im 16. und 17. Jahrhundert in zahlreiche seriöse Werke zur Naturkunde.

Andere Wissenschaftler halten ihn und einen Großteil der übrigen Meermenschen schlichtweg für raffinierte Fälschungen.

NICHT GANZ ORIGINAL

Haben Sie vielleicht Interesse, sich ein getrocknetes Meerwesen mit menschlichen Zügen im Wohnzimmer an die Wand zu hängen? Nichts leichter als das!

Alles, was Sie dafür benötigen, ist ein Geigenrochen (beispielsweise *Rhinobatos lentiginosus*), eine Schere, etwas Schnur und Klarlack. Wenn Sie das Tier auf den Rücken legen, sehen Sie am Kopf dessen Nasenöffnungen und das Maul – das Gesicht Ihres zukünftigen Fabelwesens. Mit der Schere schneiden Sie die Flossen so ein, dass sie schöne Flügel oder einen Kragen bilden. Die Schnur wickeln Sie dann auf der passenden Höhe für den Hals und ziehen sie fest zusammen. Den Schwanz bringen Sie in eine ausdrucksstarke Positur, und falls Sie einen männlichen Rochen erwischt haben, können sie die Klasper genannten paarigen Geschlechtsorgane so drapieren, dass sie wie Beine wirken. Nun legen Sie Ihr Werk zum Trocknen in die Sonne. Nach ein paar Tagen entfernen Sie die Schnur und überziehen alles mit Klarlack. Fertig! Durch den Wasserverlust schrumpft der Kadaver zusammen, und die Kiefer lassen das Maul hervortreten, sodass es wie ein verzerrter Mund aussieht. Die Nasenöffnungen interpretiert ein Betrachter unwillkürlich als Augen, während die wahren Augen des Rochens dezent auf der Hinterseite verborgen liegen.

Bis vor etwa 100 Jahren konnten Sie solche Jenny Haniver genannten Phantasiewesen vielerorts an der Nordseeküste erwerben. Besonders im belgischen Antwerpen besserten die Seeleute ihre Heuer mit dem Verkauf an Touristen auf. Womöglich haben die Figuren auch daher ihren Namen. Aus dem ursprünglichen *jeune d'Anvers* (Mädchen aus Antwerpen), mit dem die Künstler ihre Werke anpriesen, machten englische Seefahrer kurzerhand eine für sie leichter auszusprechende *Jenny Haniver.*

Die älteste Darstellung einer Jenny Haniver finden wir in dem Fischbuch des Schweizer Forschers Gesner, dem wir bereits im vorigen Abschnitt bei den Meermönchen und Seebischöfen begegnet sind. Gesner wies darin nachdrücklich darauf hin, dass die diversen Drachen, Basilisken und Monster, die zu seinen Zeiten im Umlauf waren, nicht mehr als verschrumpelte Rochen seien. Und auch die Berichte über Meermönche und Seebischöfe könnten auf kleine Betrügereien mit Jenny Hanivers oder geschickt gebastelte Chimären aus verschiedenen Tierarten wie die Feejee-Meerjungfrau zurückgehen. Im Geschäft mit den Meerwesen ist eben nicht immer drin, was draufsteht.

Doch was haben Seefahrer und Strandläufer wirklich gesehen, wenn es keine Meerjungfrauen und Wassermänner waren?

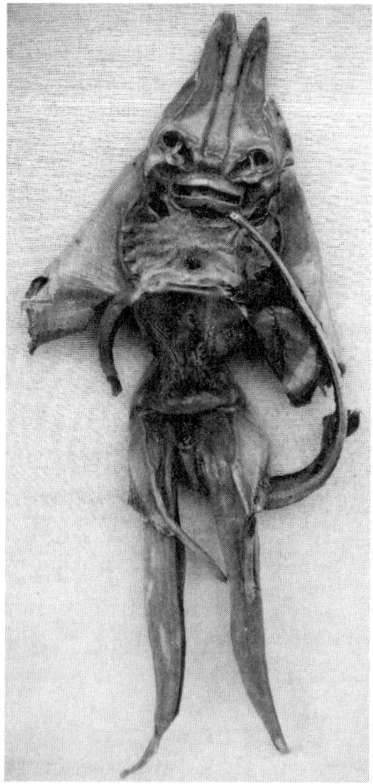

Mit ein paar gezielten Schnitten wird aus einem Geigenrochen ein Meermensch wie bei dieser Jenny Haniver.

VORBILD IM RUBENSGESCHMACK

Schönheit liegt bekanntlich im Auge des Betrachters. Und die Augen der Seeleute waren reichlich ausgehungert, wenn sie wochenlang nur unter Männern auf See waren. Da reichte dann schon eine allenfalls entfernte Ähnlichkeit mit einer Frau, damit ein Matrose glaubte, eine holde Maid zu sehen. Wie sonst ließe sich nachvollziehen, dass über 2,5 m lange und gute 600 kg oder mehr schwere Seekühe als Meerjungfrauen durchgingen? Viele Wissenschaftler sind jedenfalls überzeugt, dass die massigen Meeressäuger hinter einem Großteil der Sichtungen stecken.

Heute leben auf der Erde zwei Arten von Seekühen, die sich vor allem in der Form ihres platten Schwanzes unterscheiden: die Rundschwanzseekuh oder Manati mit einem schaufelförmigen Schwanz und die Gabelschwanzseekuh oder Dugong, deren Schwanz etwa wie die Fluke von Walen geformt ist. Obwohl beide Arten auf den ersten Blick an fette Robben erinnern, sind ihre nächsten Verwandten auf der Erde die Elefanten. Abgesehen von der vegetarischen Lebensweise haben sie jedoch recht wenig mit ihren grauen Vettern gemeinsam.

Mit Menschenfrauen verbindet sie allerdings auch keine übermäßige Ähnlichkeit. Richard Ellis beschreibt Manatis in seinem Buch «Seeungeheuer» als «ein spärlich behaartes, schnauzbärtiges, hasenschartiges Tier mit Flossen», das «nur wenig Ähnlichkeit mit einer langhaarigen, graziösen Frau mit

Seekühe

Seekühe haben es gerne gemächlich – leider auch bei der Fortpflanzung. Damit das Weibchen in Stimmung gerät, verlangt es eine erkleckliche Menge Testosteron im Wasser, die nur zusammenkommt, wenn sich mehrere Männchen balgen. Nach der Begattung dauert es über ein Jahr, bis die Kuh ihr Kalb gebiert. Die Zitzen, mit denen sie es säugt, liegen in den Achselhöhlen, sodass es beim Trinken so aussieht, als würde das Kleine in die Flosse der Mutter beißen. Während der nächsten ein bis zwei Jahre bleiben die beiden zusammen. Den Kontakt zueinander halten sie über Berührungen und Töne. Erst nach drei Jahren ist die Seekuh dann bereit für den nächsten Nachwuchs

Fischschwanz oder einem hochgewachsenen Mann mit tief eingesunkenen Augen» hat. Unzweifelhaft hat er damit recht. Doch vielleicht stand den Seeleuten der damaligen Zeit gar nicht der Sinn nach Grazie, sondern mehr nach Fülle. In der Renaissance und im Barock galt keineswegs das Magermodel unserer Zeit als Schönheitsideal, sondern man bevorzugte wohlgenährte Weiblichkeit im Stile eines Peter Paul Rubens. Wenn nun in einiger Entfernung eine entsprechend gestaltete Figur im seichten Wasser trieb, könnte das der Phantasie eines schmachtenden Matrosen durchaus den entscheidenden Reiz versetzt haben. Zumindest theoretisch.

Dass selbst erfahrene Seeleute wie Kolumbus auf die Rubens'schen Meerjungfrauen hereingefallen sind, hängt vermutlich auch damit zusammen, dass es im Mittelmeer und an der nördlichen Westküste Afrikas keine Seekühe gibt. Die Tiere waren darum den Alten Griechen und den Europäern des Mittelalters schlichtweg unbekannt. Wenn nun südlich des Äquators oder in der Neuen Welt ein Paar neugieriger Augen aus dem Wasser lugte, suchte das Gehirn der Seefahrer wohl verzweifelt nach einem bekannten Muster – und fand in seinem Speicher als ähnlichste Gestalt eine füllige Dame.

Diese Verwechslung könnte sogar für einige Sichtungen von Meerjungfrauen in polaren Gewässern verantwortlich sein. Heute leben in den kalten Meeren um den Nordpol zwar keine Seekühe mehr, doch bis in das 18. Jahrhundert hinein war dort die Steller'sche Seekuh heimisch. Auf der Flucht vor dem Menschen hatte sich das bis zu 8 m lange und 10 t schwere Tier in den unwirtlichen Norden zurückgezogen. Anders als seine tropischen Verwandten besaß es eine dicke Haut- und Speckschicht zum Schutz vor der Kälte. Im eisigen Wasser fraß es in aller Heimlichkeit weichen Seetang, den es statt mit Zähnen mit Hornplatten am Gaumen zerquetschte. Erst 1741 wurden Europäer auf die Art aufmerksam. Damals musste eine Forschergruppe unter der Leitung des dänischen Entdeckers Vitus Bering im Auftrag des russischen Zaren auf dem Rückweg von Alaska nach Sibirien auf einer zwischengelagerten Insel überwintern. Der deutsche Naturforscher Georg Wilhelm Steller nutzte die Zwangspause, um die Tier- und Pflanzenwelt zu er-

Ein Blick auf die Erdkugel

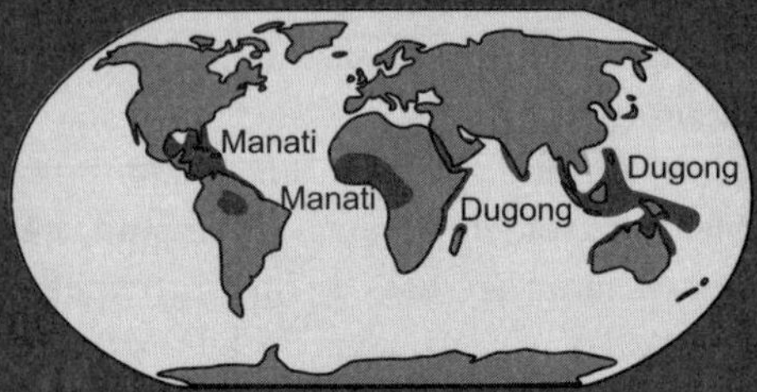

Manatis besiedeln die Karibik und den nördlichen Teil Südamerikas sowie Äquatorialwestafrika. Sie kommen in Salz- wie Süßwasser vor. Dugongs sind im Pazifik, im Indischen Ozean und im Roten Meer beheimatet und leben ausschließlich in Küstennähe im Meer. Im Mittelmeer kommt keine der beiden Arten vor.

kunden. Unter anderem beschrieb er als Erster die später nach ihm benannte Seekuh. Für die Art war es eine verhängnisvolle Begegnung, denn schon 1768 hatten Pelzjäger die letzten Exemplare der trägen Meeressäuger erschlagen und verzehrt. Damit waren die nördlichen Meerjungfrauen bereits ein gutes Vierteljahrhundert nach ihrer Entdeckung ausgerottet.

Wirklich überzeugend erscheint die Idee von der Seekuh als wahrer Meerjungfrau aber nicht gerade. In manchen Fällen mag sie trotzdem zutreffen. In anderen haben vielleicht Seehunde oder andere Robben mit ihren großen runden Augen die Seemänner irregeführt.

Oder es ist einfach alles wahr, und es treiben sich tatsächlich Meermenschen in den Ozeanen herum?

EINE VERSCHWÖRUNG DER WISSENSCHAFT

Im Jahr 2012 kam die Wahrheit ans Licht. Die US-amerikanischen Fernsehsender «Animal Planet» und «Discovery Channel» strahlten eine Dokumentation aus, die skrupellose Wissenschaftler und Behörden am liebsten verhindert hätten. In der Sendung «Mermaids: The Body Found» deckte ein Team unerschrockener Forscher auf, dass hinter einem mysteriösen Gesang, den Unterwassermikrophone immer wieder aufzeichneten, in Wahrheit eine ganz besondere Art von Lebewesen steckte: Meermenschen.

In Spielfilmlänge zeigte der Beitrag, wie die Navy und Vertreter von US-Behörden in schwarzen Anzügen mit all ihrer geballten Macht die Existenz der Meermenschen verschleierten und Beweise wie etwa angespülte Kadaver beseitigten. Bis der Biologe Dr. Paul Robertson dem Druck seines Gewissens nicht mehr standhalten konnte und vor die Kamera trat. Akribisch und alle Gefahren missachtend rollten die Fernsehleute die Verschwörung auf. Und bescherten den beiden Sendern traumhafte Einschaltquoten, sodass sie gleich ein Jahr später mit «Mermaids: The New Evidence» eine zweite Sendung nachschoben. Fast zwei Millionen Zuschauer sahen den ersten Teil auf ihren Fernsehgeräten. Und viele von ihnen wollten sich anschließend im Internet genauer informieren. Doch das ging nicht! Mehrere Websites mit wichtigen Dokumenten waren nicht mehr zu erreichen – gesperrt von der Homeland Security. In einschlägigen Foren und auf Twitter tauschten die Nutzer ihr Wissen aus. Das Netz – und erstaunlicherweise die beiden Fernsehsender – konnte der Staat nicht zum Schweigen bringen. Nach und nach kam das ganze Ausmaß der Verschwörung heraus.

Nur schade, dass niemand die kleingedruckten Sätze im Abspann gelesen hat. Die Sendung war zwar wie eine seriöse Dokumentation aufgezogen und lief auf normalerweise ehrenwerten Kanälen, die für gut recherchierte und spannende Wissenschaftsunterhaltung bekannt waren. Dennoch handelte es sich bei den Folgen über die Meerjungfrauen um einen Fake, eine sogenannte Dokufiktion oder Mockumentary, wie ganz am Ende des Abspanns kurz zu lesen war. «Jegliche Ähnlichkeiten von Personen im Film mit wirklich lebenden oder toten Personen ist rein zufällig», stand dort. Und tatsächlich arbeitet der Kronzeuge «Dr. Paul Robertson» im echten Leben als Schauspieler und heißt Andre Weideman. Außerdem sind laut Abspann «einige Vorkommnisse in diesem Film ausgedacht». Besser gesagt: Fast alles ist erfunden. In Wahrheit hat niemals jemand eine angespülte Meerjungfrau entdeckt, die Menschheit hat sich nicht in einer frühen Phase ihrer Entwicklung in eine landlebende und eine wasserlebende Form entwickelt, die Meerwesen im Film waren computergeneriert, und die «gesperrten» Websites hatte man von Beginn an so entworfen. Kurz: Die Mermaids enthielten nicht mehr Wahrheit als das Märchen «Die kleine Meerjungfrau» von Hans Christian Andersen.

Aber sie waren doch im Fernsehen, diverse Internetseiten präsentieren weiterhin Ausschnitte aus den Filmen, und überhaupt muss es ja stimmen, gerade weil die zuständige amerikanische Nationale Ozean- und Atmosphärenbehörde (*National Oceanic and Atmospheric Administration*, NOAA) genervt von den vielen hundert Anfragen behauptet, es gebe keine Anzeichen für die Existenz von Meerjungfrauen! Auf diese unschlagbare Argumentation wusste auch der Meeresökologe Andrew David

Thaler nichts zu erwidern, als er von einem Fachkongress in Glasgow zurück nach Virginia flog, wo er am Institut für Meereswissenschaften arbeitete. «Wenn die NOAA uns über die Existenz der Meermenschen belügt», machte ihm sein Sitznachbar, ein bekennender Lehrer, unmissverständlich deutlich, «dann belügt sie uns definitiv auch beim Klimawandel.» Oder anders formuliert: Die Meermenschen leben umso entschiedener weiter, je weniger auf ihre Existenz hindeutet.

Und sie können Sie sogar ganz real reich machen!

EINE MILLION DOLLAR BELOHNUNG

Das Geld ist noch zu holen! Sie brauchen nur nach Israel zu fahren und dort ein brauchbares Foto von einer Meerjungfrau zu schießen – schon gehört eine Million US-Dollar Ihnen.

Diesen Preis hat die Verwaltung des kleinen Küstenstädtchens Kiyat Yam, einem Vorort von Haifa, im August 2009 ausgelobt, nachdem Bewohner immer häufiger berichtet haben, sie hätten eine Meerjungfrau im Meer beobachtet. Allerdings brauchen Sie eine wirklich gute Kamera und ein lichtstarkes Objektiv, denn die Dame zeigt sich nur bei Sonnenuntergang, wenn sie die letzten wärmenden Strahlen genießt. Erkennbar ist sie an ihrem klassischen Fischschwanz. So hat es jedenfalls Shlomo Cohen erzählt, der zusammen mit Freunden als Erster die moderne Sirene gesehen haben will.

Natti Zilberman als Vertreter der Stadt mag sich nicht festlegen, ob es die Kreatur wirklich gibt. Für ihn ist wichtiger, dass sich die versprochene Belohnung schon jetzt als glänzende Investition herausgestellt hat. Denn seit die Meldung von der mutmaßlichen Meerjungfrau durch die Medien gegangen ist, erlebt der Ort einen phänomenalen Besucherandrang, der längst mehr als die versprochene Million in die Kasse gespült hat. Und sollte sich am Ende alles als Irrtum herausstellen, bräuchte die Summe nicht einmal ausgezahlt zu werden.

Womit zumindest bewiesen wäre, dass Meerjungfrauen und Wassermänner es gut mit uns Menschen meinen.

BEI DER EHRE DES KLABAUTERMANNS

Bei den Meermenschen zeigt sich stärker noch als bei anderen Meeresungeheuern und -fabelwesen, wie bereitwillig unser Auge dem Bewusstsein vorspiegelt, was es gerne sehen möchte. Ob die Seeleute nun in Wahrheit Robben oder Seekühe oder andere wirkliche Tiere vor sich hatten, als sie eine Meerjungfrau zu erblicken glaubten, lässt sich im Nachhinein nicht mehr für jeden einzelnen Fall nachvollziehen. Wir wissen aber, dass Scharlatane und Betrüger gerne ihre Mitbürger mit Lug und Trug hinter das Licht führten – und mit frei erfundenen «Dokumentationen» auch heute noch leichtgläubige Seelen hereinlegen. Der Mythos wird eben noch immer fleißig gehegt und gepflegt.

Fazit: Meerjungfrauen und Wassermänner gibt es nicht, aber sie zählen unstrittig zu den schönsten Mythen.

WO GIBT ES MEHR?

Ozeane dieser Welt – Seekühe und Dugongs

https://www.youtube.com/watch?v=ci73KleTpv8

Eine Dokumentation zu Manatis in Florida und wie Tierschützer um den Erhalt der Art kämpfen.

Richard Ellis: Seeungeheuer – Mythen, Fabeln und Fakten, Birkhäuser-Verlag, 1997

Leider nur noch antiquarisch zu bekommen, ist dieses Buch weiterhin eines der Standardwerke zu allen Arten mythischer Meerwesen.

Globster – Das mysteriöse Etwas am Strand

Das weitverbreitete Interesse an dem bemerkenswerten Exemplar eines gigantischen Tintenfischs, der gerade ein paar Meilen südlich der Stadt am Strand liegt, rührt vor allem von dessen enormer Größe. Es wird vermutet, dass es sich um das größte jemals gefundene Exemplar handelt. Seine enorme Größe und sein immenses Gewicht haben bisher verhindert, dass es einer genaueren Untersuchung zugeführt werden konnte. Ein Dutzend Männer mit Rollen und Flaschenzügen waren nicht in der Lage, es umzudrehen. Es wird ein weiterer Anlauf mit besserer Ausrüstung gestartet, in dessen Verlauf es hoffentlich aus der Grube, in welcher es derzeit liegt, gezogen und höher am Strand platziert werden kann, sodass im Interesse der Wissenschaft eine sorgfältige und gründliche Untersuchung durchgeführt und die genaue Art bestimmt werden kann.

«Tatler», 16. Januar 1897

Mit den Globstern ist das so eine Sache. Während der Mythos zu Riesenkalmaren, Seeschlangen und Meerjungfrauen recht genaue Vorstellungen von ihrem Aussehen hat und die entscheidende Frage lautet, ob es diese Wesen überhaupt gibt, steht die Existenz der Globster außer Zweifel. In unregelmäßigen Abständen werden sie bis in unsere Zeit an die Strände der Ozeane gespült. Riesige Massen ohne erkennbare Köpfe oder Gliedmaße, die keinem Lebewesen gleichen, das jemals ein Mensch gesehen hat. Real sind Globster also. – Aber was um alles in der Welt ist das für ein Zeug?

DAS MONSTER VON ST. AUGUSTINE

Es war der 30. November 1896. In Florida war es zu dieser Jahreszeit angenehm frisch, als zwei Jungen am Abend auf ihren Rädern über die langgezogene, schmale Insel *Anastasia Island* Richtung Norden fuhren. Links von ihnen mögen sich die Palmen leicht im Wind gebogen haben, der an der Atlantikküste fast immer weht. Rechts von ihnen lag der Strand. Nichts als feiner weißer Sand, so weit das Auge reicht. Doch am *Crescent Beach* störte etwas die eintönige Idylle. Dicht am Wasser erhob sich ein kleiner Hügel. Es war nichts Großartiges, eher eine Art Delle im ansonsten durchgehend flachen Uferbereich. Aber es reichte aus, um Herbert Coles und Durham Coretter neugierig zu machen. Sie hielten an, stiegen von ihren Rädern und sahen sich den Hügel genauer an. Er stellte sich als totes Tier heraus. Im Unterschied zu den anderen Kadavern, die gelegentlich angespült werden, verströmte es jedoch keinerlei Verwesungsgeruch. Vor allem aber war es groß. Sehr groß. Vielleicht ein gestrandeter Wal, überlegten die Jungen, obwohl sie weder einen Kopf noch eine Schwanzflosse erkennen konnten. Eigentlich gab es überhaupt keine Anzeichen für definierbare Körperteile.

Es war einfach eine gewaltige Masse. Ein Rätsel, das vielleicht ein Wissenschaftler lösen könnte.

Der richtige Mann für diese Aufgabe lebte rund zehn Kilometer weiter im kleinen Örtchen St. Augustine. Dr. DeWitt Webb war von Beruf Arzt und aus Passion Naturforscher. Als Gründer der naturwissenschaftlichen Gesellschaft von St. Augustine war er auch den jungen Entdeckern bekannt, und so berichteten sie ihm noch am selben Abend von ihrem Fund. Da es in der Dunkelheit aber wenig Zweck hatte, einen unbekannten Kadaver zu untersuchen, brach der Doktor erst am folgenden Tag auf, um das Objekt zu begutachten. Er staunte nicht schlecht, als er einen Klumpen mit 6 m Länge, 2,5 m Breite und 1,2 m Höhe vorfand, der insgesamt sogar noch größer sein musste, da er tief in den Sand eingesunken war. Die herausragenden Teile waren hellrosafarben und hatten eine feste, zähe Konsistenz wie Gummi. Besonders interessant fand Webb vier grobe Strukturen, die wie Stümpfe von abgetrennten Armen aussahen. In Anbetracht der Größe und der Arme vermutete er, dass es sich bei dem Kadaver um die Überreste eines riesigen Oktopus handeln könnte. Eines Tintenfischs, der gewaltiger wäre als alle Arten, die er aus seinen zoologischen Fachbüchern kannte. Die Entdeckung war eindeutig im doppelten Wortsinn zu groß für einen Hobbyforscher wie ihn.

Um die wahren Profis in sein verschlafenes Dörfchen zu locken, engagierte Webb zwei Fotografen, die Bilder von dem Kadaver machten. Leider handelte es sich um Amateure, die im Umgang mit ihren Kameras nicht sonderlich geübt waren, und so waren die Aufnahmen stark überbelichtet, sodass sie beispielsweise in Zeitungen nicht abgedruckt werden konnten. Webb schickte sie dennoch zusammen mit einem Brief an den berühmten Zoologen Joel Asaph Allen vom Museum für Vergleichende Zoologie in Harvard.

Während Webb ungeduldig auf eine Antwort wartete, von

der er noch nicht wusste, dass sie niemals kommen würde, erhielt er stattdessen eine Nachricht von einem Mr. Wilson, der angab, im Sand um den Kadaver vier Arme ausgegraben zu haben, von denen der längste fast 8 m gemessen haben soll. Weil er müde war, habe er die Buddelei schließlich bleibenlassen. Wie glaubwürdig dieser Bericht ist, konnte Webb leider nicht mehr feststellen, denn vom 9. bis 15. Januar fegte ein Sturm über St. Augustine, der den Kadaver zurück ins Meer riss. Glücklicherweise wurde er zwei Meilen südlich erneut angespült, allerdings ohne jeglichen Arm.

BIOLOGISCHE FELDFORSCHUNG VOM SESSEL AUS

Webbs Brief wehte unterdessen ebenfalls auf verworrenen Wegen von seinem eigentlichen Adressaten Joel Asaph Allen zu einem anderen Experten, dem wir bereits im Kapitel über die Riesenkalmare begegnet sind. Addison Emery Verrill hatte seit seinen bahnbrechenden Arbeiten über die gigantischen Tintenfische offenbar eine Schwäche für unbekannte Riesen und begutachtete bereitwillig die Fotos des rätselhaften Kadavers. Zusammen mit der schriftlichen Beschreibung überzeugten sie ihn, dass es sich bei dem Objekt tatsächlich um einen toten Kopffüßer handeln musste. Allerdings konnte er sich wohl nicht so recht entscheiden, wie viele Arme er dem Tier zugestehen wollte. In der Zeitung «New York Herald» bezeichnete er es als Oktopus, womit es acht Arme wären, in der Januarausgabe der Zeitschrift «American Journal of Science», deren Herausgeber er war, sprach er sich hingegen für einen Kalmar mit zehn Armen aus, eventuell eine Art des Riesenkalmars *Architeuthis.* Einen Monat später favorisierte er im gleichen Magazin wieder den Achtarmer und war sich dieses Mal so sicher, dass er ihm gleich einen wissenschaftlichen Namen verlieh: *Octopus giganteus.* Im

«New York Herald» spekulierte Verrill nun gar, der Tintenfisch müsse 30 m lange Arme mit der Stärke von Schiffsmasten haben und in einem mörderischen Zweikampf mit einem Pottwal getötet worden sein. Dort, wo das Tier zu Hause war, müsse es noch Tausende dieser Kreaturen geben. Eine Reihe gewagter Aussagen, die wissenschaftlich alles andere als abgesichert waren. Aber man wird wohl auch als Professor einmal träumen dürfen.

Derweil musste Webb vor Ort ganz real und handfest zupacken, um den Kadaver für die Wissenschaft zu sichern. Neben Hoteliers, die das immer berühmter werdende Ungeheuer vermarkten wollten, drohte auch das Meer weiterhin sich sein Geschöpf endgültig zurückzuholen. Zum Schutz vor beidem ließ der Doktor den Leichnam mit Hilfe von Flaschenzügen, kräftigen Männern und noch viel kräftigeren Pferden weiter ins Landesinnere ziehen und auf Holzplanken lagern. Ein Zaun rundum regulierte den Besucherandrang. Nebenbei schnitt er einige Proben aus dem Kadaver heraus und schickte sie an Verrill an der Yale Universität sowie an William Healy Dall von der Smithsonian Institution in Washington und bat die Forscher, sofort zu kommen und sich selbst ein Bild von dem Leichnam zu machen. Die ehrenwerten Leiter des Smithsonian Instituts sahen es jedoch nicht ein, ihren Angestellten wegen eines toten Tintenfischs in das sonnige Florida fahren zu lassen, und so wanderten die Proben dort in die Tiefen des Archivs.

Verrill versetzte ihre Ankunft hingegen in hektische Betriebsamkeit. Zwar machte er sich auch nicht auf den Weg nach St. Augustine, aber noch am gleichen Tag, an dem die Proben bei ihm eingegangen waren, schickte er das Ergebnis seiner Untersuchungen an das «American Journal of Science». Schon in der Ausgabe vom 5. März ist dort von seiner völligen Kehrtwende zu lesen. Vergessen war die Frage nach acht oder zehn Armen. Auf keinen Fall könne die Kreatur überhaupt ein Kopffüßer sein, behauptete Verrill nun. Vielmehr handle es sich bei der Masse um Teile eines Wals, womöglich eines Pottwals oder genauer gesagt dessen missgestaltete Nase.

Von der neuen Analyse völlig überrascht, stand Webb in seinem Provinznest kopfschüttelnd vor dem langsam austrocknenden Kadaver. «Es ist einfach ein großer, dicker Sack, und ich sehe nicht, wie es irgendein Teil eines Wales sein könnte», schrieb er an Dall vom Smithsonian. Und die Zeitschrift «Natural Science» riet Verrill angesichts seiner Wankelmütigkeit sarkastisch, besser nicht zu versuchen, Tierreste zu bestimmen, die in Florida angespült wurden, ohne das Arbeitszimmer in Connecticut zu verlassen.

Seiner unbekannten Identität beraubt, fristete der Kadaver noch einige Zeit als Touristenattraktion und verschwand dann spurlos in der Vergessenheit.

Bis 75 Jahre nach seiner Entdeckung Wissenschaftler erneut ansetzten, das Rätsel um das Monster von St. Augustine zu lösen.

TINTENFISCH GEGEN WAL – DAS FINALE

Wie untersucht man einen Leichnam, der höchstwahrscheinlich vor Jahrzehnten restlos verwest ist? Vor diesem Problem stand im Jahr 1957 der Kryptozoologe Forrest Glenn Wood. Beim Stöbern in alten Zeitungsausschnitten war er auf einen Artikel über das St.-Augustine-Monster gestoßen und hatte beschlossen, mit den neuen wissenschaftlichen Methoden seiner Zeit das Geheimnis um die Natur des Kadavers zu lüften. Er ahnte damals nicht, dass es bis in die 1970er Jahre dauern sollte, bis die erste Untersuchung stattfinden konnte. Erst nach einer mühseligen Detektivarbeit erfuhr Wood von den Proben, die Webb an Verrill und Dall geschickt hatte. Die Yale-Probe war dummerweise bei einem Umzug verloren gegangen, doch am Smithsonian hatte man besser achtgegeben und war bereit, einen Teil der

Masse für neue Analysen zur Verfügung zu stellen. Es kostete eine Menge Schweiß und stumpfte vier scharfe Skalpellklingen ab, bis die in Formaldehyd konservierte Probe ein fingerdickes Stück freigab. Es sollte der letzte Rest des Monsters sein, an dem alle nachfolgenden Untersuchungen durchgeführt wurden, denn kurz darauf ging auch die übrige Smithsonian-Probe verloren – ebenfalls bei einem Umzug. Kisten zu packen ist eben eine Wissenschaft für sich.

Als Erster durfte der Zellbiologe Joseph Gennaro 1971 einige Scheibchen des Monstergewebes unter sein Mikroskop legen. Er verglich die Stärke und die Anordnung der Fasern im Gewebe von Oktopussen, Kalmaren und der Probe. Demnach konnte das Monster kein Wal gewesen sein, wohl aber ein Oktopus. Und was für einer! Mit Armen von 25 m bis 30 m Länge wäre er das größte wirbellose Tier auf Erden. Obwohl selbst Gennaro solch ein Wesen schwer vorstellbar fand, stand es damit 1:0 für den Tintenfisch.

Kollagen

Bezogen auf das Gewicht ist Kollagen das häufigste Protein im Körper von Säugetieren. Es besteht aus langen, zugfesten Fasern, die sich wiederum aus miteinander verdrillten Aminosäureketten zusammensetzen. In diesen Ketten kommen ungewöhnlich häufig die Aminosäuren Glycin, Prolin und Hydroxyprolin vor, Glycin stellt sogar jede dritte Aminosäure.

Es gibt 28 verschiedene Typen von Kollagen, von denen vor allem Typ I, aber auch Typ III in Haut und Faszien zu finden sind – den Geweben, aus deren Überresten Globster hervorgehen. Sie verleihen Leder seine Zähigkeit und machen es widerstandsfähig gegen Zugkräfte. Handwerker nutzen Kollagen als Knochenleim, in der Küche ist es der Hauptbestandteil von Gelatine.

Den zweiten Treffer landete 15 Jahre später der Biochemiker Roy Mackal. Er identifizierte das Probenmaterial als nahezu reines Kollagen – ein Protein, das dem Bindegewebe von Tieren Halt verleiht und je nach Art unterschiedlich zusammengesetzt ist. Mackal bestimmte für Fleckendelfine, Belugawale und Riesenkalmare sowie die St.-Augustine-Kreatur die Anteile der verschiedenen Aminosäurebausteine und zusätzlich den Gehalt an Kupfer und Eisen. In seinen Daten lag das Monster fast durchgehend weitaus höher oder niedriger als alle Vergleichsarten. Vielleicht war dies eine Folge der langen Lagerung, für eine wissenschaftlich fundierte Aussage waren die Werte jedenfalls nicht geeignet. Trotzdem folgerte Mackal aus ihnen, dass es sich um eine unbekannte Art von Oktopus gehandelt habe. Eine gewagte Behauptung, aber dennoch das 2:0 für die Kopffüßer.

Nach der Halbzeit wendete sich das Blatt. Die Zoologin und Haiexpertin Eugenie Clark arbeitete am liebsten mit voller Taucherausrüstung im natürlichen Lebensraum ihrer Studienobjekte, was ihr den Spitznamen *Shark Lady* eingebracht hatte. Für das St.-Augustine-Monster leitete sie jedoch 1995 ein ganzes Team von Wissenschaftlern, das mit Elektronenmikroskop und Chemikalien erneut das Kollagen unter die Lupe nahm. Obwohl die Aminosäurekomposition abermals nicht überzeugte, sprachen die Ergebnisse insgesamt für Reste eines warmblütigen Tiers, wahrscheinlich die Haut eines Wales mitsamt der Blubber genannten Fettschicht. Der Anschlusstreffer zum 2:1 war damit erzielt.

Und die *Shark Lady* legte neun Jahre später nach. Der rasante Fortschritt bei der Sequenzierung von Genen erlaubte es nun, die Reste der DNA in der Probe zu analysieren. In einer großen Rundumuntersuchung mehrerer Globster aus verschiedenen Gegenden der Welt kam ihr Team zu dem Schluss, dass in den meisten Fällen Klumpen von Pottwalblubber die ganze

Aufregung verursacht hatten, das St.-Augustine-Monster eingeschlossen. 2:2 Endstand!

Wegen der moderneren Methoden der *Shark Lady* wurde das Spiel aber trotz des Gleichstands zugunsten der Wal-Freunde entschieden. Obwohl ein Elfmeterschießen dem Spiel sicherlich irgendwie gutgetan hätte.

GLOBSTER UND BLOBS IM DUTZEND

Das St.-Augustine-Monster war beileibe nicht der einzige Globster oder Blob, wie man nicht identifizierte organische Massen nennt, die an Küsten angespült werden. Die englischsprachige Wikipedia listet 24 Funde auf, aber die wahre Zahl dürfte weit höher liegen. Den Namen «Globster» prägte der schottisch-amerikanische Biologe und Buchautor Ivan Terence Sanderson in Anlehnung an das englische Wort «glob», das «Klumpen» bedeutet. Eine recht passende Bezeichnung, da die meisten Globster keine erkennbaren Strukturen aufweisen.

Der früheste Bericht über solch einen Klumpen stammt aus dem Jahr 1648, als in Mexiko ein undefinierbarer Kadaver entdeckt wurde. Interessant ist auch ein Globster aus dem Jahr 1808 von der Orkney-Insel Stronsay, den die Edinburgher Gesellschaft für Naturkunde kurzerhand zum Leichnam einer Seeschlange ernannte und mit dem Namen *Halsydrus pontoppidani* versah – zu Ehren des Bischofs Erik Pontoppidan, der im 18. Jahrhundert völlig unkritisch alle Berichte über Seeungeheuer wortgetreu glaubte und weitergab. Einige weniger euphorisierte Wissenschaftler vermuteten dagegen, dass es sich bei dem Fund um einen halb verwesten Riesenhai handelte, wie sie auch heute noch gerne als Seeschlange vermarktet werden.

Dass es nicht nur eine Freude ist, einen Globster zu finden, musste vor allem der tasmanische Viehzüchter Ben Fenton feststellen, der als einziger Mensch zweimal das zweifelhafte Glück hatte. Das erste Mal im Sommer 1960, als er zusammen mit zwei Angestellten beim Zusammentreiben von Vieh auf eine 6 m lange, über 5 m breite und fast mannshohe, scheinbar pelzbedeckte, schmierige Masse ohne erkennbare Knochen, dafür aber mit kiemenartigen Schlitzen an den Seiten stieß. Monatelang suchte Fenton vergeblich nach einem Wissenschaftler, der sich für die Sache interessierte. Erst im März 1962 ließ sich endlich das Tasmanische Museum herab, eine Expedition von vier Forschern auszusenden, die den Kadaver tatsächlich wiederfanden.

Ein Blick auf die Erdkugel

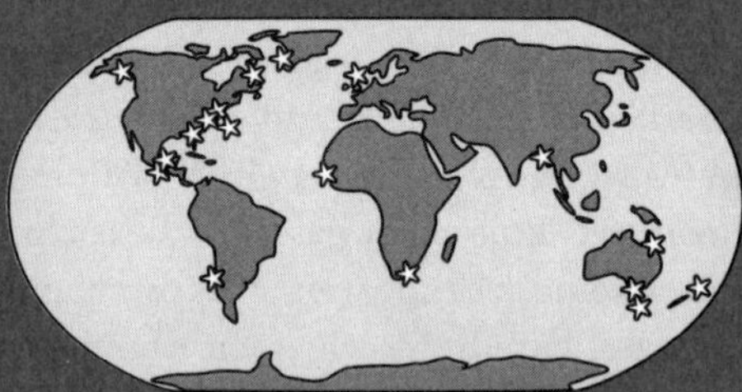

Globster oder Blobs können überall angespült werden, wo große Wale zu Hause sind.

Damit nahm die Geschichte des Tasmanischen Globsters an Fahrt auf. Die Masse war zwar inzwischen tiefer in den Sand eingesackt und von Möwen angehackt worden, aber kaum weiter verwest als bei ihrer Entdeckung. Vermutlich war das Material schlicht zu zäh, um irgendwelche Angriffsflächen zu bieten. Die Wissenschaftler brauchten jedenfalls eine Stunde, um mit einer Machete ein kleines Stück herauszuschlagen. Auf einer Pressekonferenz am 8. März gaben sie zu, keine Ahnung zu haben, von welchem Tier die Masse stammen könnte. Am folgenden Tag verkündete die Zeitung «The Mercury» prophetisch, das Meeresmonster könnte zum Gesprächsthema für die ganze Welt werden. Sie landete damit einen Volltreffer, denn von nun an rätselten Menschen rund um den Globus, worum es sich bei der geheimnisvollen Materie handeln könnte.

Damit man ihr nicht noch weitere Untätigkeit vorwerfen konnte, sandte die australische Regierung eine zweite Expedition aus, die ebenfalls keine Ergebnisse lieferte. Dafür verbreiteten zwei Tageszeitungen gefälschte Luftbilder vom Globster, und ein Kamerateam bemühte sich schwitzend, mit einer Axt kleine Stückchen abzulösen. Weil die Wissenschaft keine Antwort auf die Herkunft des Wesens wusste, war das Feld freigegeben für Spekulationen aller Art. Manche vermuteten, dass es sich um ein urzeitliches Tier handelte, das für eine halbe Ewigkeit im antarktischen Eis tiefgefroren und nun aufgetaut war. Andere sahen in ihm eher einen Riesenkraken, der bei den damals üblichen Atombombentests im Pazifik getötet worden war. Ivan Sanderson, der Globster-«Erfinder», favorisierte gar Aliens aus dem All, deren Landung auf der Erde wohl irgendwie schiefgelaufen war. Auch ein Riesenomelett, das im Zweiten Weltkrieg an Bord eines Schiffes aus Instant-Eipulver zubereitet und als ungenießbar ins Meer verklappt worden war, stand ebenso zur Diskussion wie schottischer Haggis, der ins Wasser gefallen und auf seinem Weg um die halbe Welt gigantisch aufgequollen war. Bei derart phantasievollen Erklärungen ist es schon beinahe schade, dass die *Shark Lady* Eugenie Clark den Tasmanischen Globster aufgrund ihrer DNA-Analyse schließlich doch als einen schnöden Walrest entmystifizierte.

Dem Entdecker Bob Fenton wurde der Trubel aber zu heftig, und er war froh, als sich die Aufregung wieder legte. Deshalb dürfte sich seine Begeisterung sehr in Grenzen gehalten haben, als er 1970 einige Meilen vom ersten Fundort entfernt auf einen

Walblubber

Als warmblütige Tiere, die im kalten Wasser leben, müssen Wale verhindern, dass sie zu viel Wärmeenergie an die Umgebung verlieren. Sie erreichen dies durch eine isolierende Fettschicht, die Blubber genannt wird und Teil der Unterhaut ist. Die Haut eines Wals besteht damit aus mehreren Schichten:

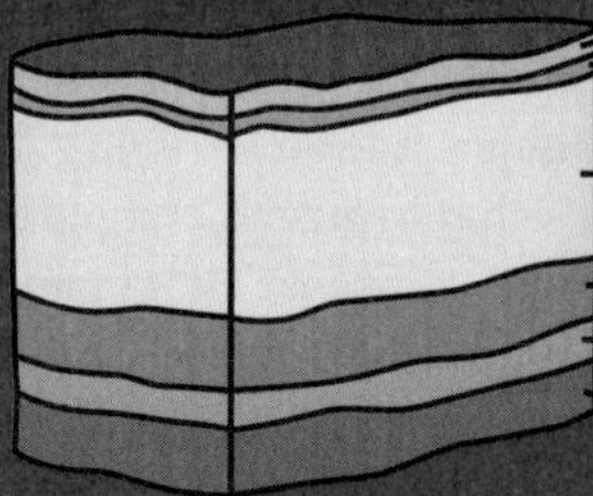

Die Epidermis oder Oberhaut schützt als lückenlose Hülle alle darunterliegenden Schichten vor Verletzungen und Eindringlingen.
Die Dermis oder Lederhaut versorgt mit ihren Blutgefäßen die Epidermis und trägt zur mechanischen Stabilität bei. Sie enthält reichlich festes Kollagen und elastische Fasern. Wie ihr deutscher Name verrät, kann man die Dermis durch Gerben in Leder umwandeln.
Der eigentliche Blubber umfasst neben den Fettzellen auch massenweise Kollagenfasern. Bei Grönlandwalen erreicht diese Schicht bis zu 50 cm Stärke und kann die Hälfte der gesamten Masse eines Tieres ausmachen. Er bietet folglich jede Menge geeignetes Material für einen zähen Globster. Für die Thermoregulation ist aber nicht die Dicke des Blubbers entscheidend, sondern das Verhältnis von gut wärmeleitendem Wasser zu gut isolierendem Fett im Gewebe.
Das Bindegewebe sorgt für einen beweglichen Übergang von

der Haut zu den inneren Strukturen wie Muskeln und Knochen. Sein weicher Teil wird als Faszien bezeichnet, die den gesamten Körper umgeben und zum Zusammenhalt beitragen. Dafür enthalten die Faszien ebenfalls Kollagenfasern.

weiteren Globster stieß. Er war kleiner und schon tief in den Sand eingesunken. Einigen Berichten zufolge soll eine Walfangharpune in dem Kadaver gesteckt haben. Allerdings gibt es weder Fotos, noch fand eine wissenschaftliche Untersuchung statt. Fenton hatte einfach die Nase voll und diese neue Entdeckung nicht an die große Glocke gehängt.

WAL! WAL! WAL!

Je ausgefeilter die Techniken wurden, mit denen Wissenschaftler den Globstern zu Leibe rückten, desto eintöniger fiel das Ergebnis der Untersuchung aus: Walreste!

Neben dem St.-Augustine-Monster und den beiden Tasmanischen Globstern identifizierten Forscher auch den Nantucket-Blob von 1996, den Bermuda-Blob-2 von 1997, den Neufundland-Blob von 2001 und den Chile-Blob von 2003 als Überbleibsel von Walen.

Eine Ausnahme von der eintönigen Wal-Bloberei schien zunächst der sogenannte Bermuda-Blob-1 zu machen, auf den der Fischer und Schatzsucher Teddy Tucker im Mai 1988 gestoßen ist. Die weiße Masse war nur 2,5 m lang, 1,25 m breit und 30 cm hoch, aber zäh wie ein Autoreifen. Mit Mühe konnte Tucker ein Stück absäbeln, bevor sich das Meer den Kadaver wiederholte. Bei seiner ersten Untersuchung im Jahr 1995 kam Clarks Team zu dem Schluss, dass es sich dieses Mal nicht um die Reste eines Wals handelte, sondern um Teile eines wechselwarmen Tiers, beispielsweise eines Haies. Neun Jahre später musste der Ausreißer sich dann aber zurück in die Reihe begeben. Die DNA-Analyse hatte ihn schließlich doch als Wal entlarvt.

Der letzte Rebell war damit gezähmt. Keiner der bislang wissenschaftlich untersuchten Globster oder Blobs stammte von einer anderen Tierart als einem Wal. Aber wie kann aus einem Herrscher der Meere ein unförmiger Monsterklumpen werden?

Die Antwort ist eindeutig: Wir haben keine Ahnung! Clark und ihre Mitarbeiter haben die Vermutung geäußert, dass es sich bei den Globstern um die Überreste der Walhaut handelt. Unter einer reich mit Kollagen durchsetzten Außenschicht liegt die Blubber genannte Fettschicht, die bei Arten aus kalten Gewässern durchaus bis zu 50 cm dick werden kann und verhindert, dass die Tiere im Wasser auskühlen. Auch den Blubber durchziehen Kollagenfasern. Wenn ein Wal stirbt, könnten sich kleine und große Aasfresser an den gut verdaulichen Geweben wie Muskeln und Nerven gütlich tun, und Bakterien würden sich über die Reste hermachen. Das zähe Kollagen würde bis zum Schluss übrig bleiben. Als eine Art riesiger leerer Sack könnte es durch die Meere treiben, von Sand und Wellen an der Oberfläche zerrissen und von Seetang und Algen besetzt werden, bis es von einer Art «Pelz» bedeckt ist. Ab und zu spielen dann Wind und Strömungen solch eine abgewrackte Haut an den Strand, wo sie mit ein wenig Glück entdeckt wird und uns Tage voller medialer Aufregung beschert.

BEI DER EHRE DES KLABAUTERMANNS

Bei dem, was das Meer an unsere Strände spült, ist auch mit modernen wissenschaftlichen Methoden nicht immer leicht zu sagen, welche arme Kreatur dort liegt. Für einen ordentlichen

Globster muss sie ungeheuer groß sein, doch hungrige Fische und Krabben sowie Salz, Sand und Wellen zerstören in der Regel alle Merkmale, an denen man die Art normalerweise erkennen könnte. Was bleibt, sind mikroskopische, biochemische und genetische Analysen im Labor. Darum sollten Sie unbedingt eine Probe nehmen, falls Sie einmal einen Globster finden! Und nicht enttäuscht sein, wenn es sich dann «nur» um die Überreste eines Wales oder eventuell eines Riesenhaies oder großen Kalmars handelt – und nicht um ein Wesen aus dem All.

Fazit: Globster regen die Phantasie an, sind aber ziemlich sicher nur vom Salzwasser ausgewaschene Häute bekannter Tierarten, in der Regel von Walen.

WO GIBT ES MEHR?

Tasmanian Sea Monster

https://www.youtube.com/watch?v=a6O9j2Nb4KE

Ein kurzer Bericht aus dem Jahr 1962, wie das Filmteam mit Äxten eine Probe des Tasmanischen Globsters nimmt.

TEIL 3

Mörderisches Wasser

Wind und Wellen – sie machen das Meer aus. Erst wenn einem der Wind durch die Haare weht und die Wellen das Schiff schaukeln, fängt die Seefahrt an. Früher konnte man Seeleute an ihrem breiten Gang erkennen. Die Beine immer ein Stückchen auseinander, die Füße seitlich gesetzt, so hielten sie an Bord das Gleichgewicht, selbst wenn es stürmisch wurde. Und Sturm war über dem offenen Meer nie eine Seltenheit. Er weht von dort, wo die Sonne das Wasser und die Luft erwärmt hat, zu den kühleren Gefilden. Ohne Berge, Wälder, Häuser, die ihn zügeln, kann er ungehemmt über weite Strecken seine Kraft ausspielen. Nur am Wasser reibt er sich. Wie mit Krallen fasst er in jede kleinste Unebenheit und schiebt sie vor sich her. Der einstmals glatte Meeresspiegel wird dadurch rauer, bekommt leichte Dellen und schließlich Wellen, die immer höher wachsen, bis die Energie nicht mehr ausreicht, der Schwerkraft noch stärker zu trotzen. Für den unerfahrenen Magen ist das meist schon zu hoch. Bei Dünungen von sechs oder zehn Metern fühlen sich nur noch echte Seebären wohl.

Aber auch sie haben ihre Grenzen. Wenn das Meer höher wird als ihr Schiff, wenn die Wellen bis zum Mastkorb schlagen oder wenn sich eine Wand aus Wasser erhebt, die den Himmel verdunkelt. Monsterwellen, die hoch sind wie mehrstöckige Häuser und aus dem Nichts erwachsen, um stolze Schiffe mit einem Schlag zu versenken, gehören zum Seemannsgarn wie die

Meerjungfrauen und der Klabautermann. Doch immer wieder schworen Seeleute, dass ihre Geschichten wahr seien, und immer wieder verschwanden auf den Meeren seetüchtige Schiffe mit sturmerprobten Mannschaften und erfahrenen Kapitänen, ohne eine Spur zu hinterlassen. Trotzdem brauchte es einige überdeutliche Zeichen, bis die Wissenschaft erkannte, dass es mehr zwischen Himmel und Wasserfläche gibt, als ihre Theorien sie träumen ließen.

Es muss aber nicht immer nach oben gehen, das Wasser kann auch nach unten ziehen. Gewaltige Strudel, allen voran der sagenhafte Malström, sollen Schiffe mühelos in die Tiefe reißen. Im Gegensatz zu den Monsterwellen sind sie immer da, und schon alte Karten warnen vor dem Unheil. Aber Tradition und Überlieferung sind keine Beweise, und im Zeitalter satellitengestützter Kommunikation sollte es ein Leichtes sein, die todbringenden Spiralströmungen aufzuspüren – wenn es sie denn überhaupt geben sollte.

Seien Sie offen für das Ungeheuere …

Monsterwellen – Wände aus Wasser

Am elften Tag (5. Mai 1916) kam ein starker Sturm aus Nordwest auf und drehte im Laufe des späten Nachmittags auf Südwest. Der Himmel war bewölkt, und gelegentlich trugen Schneeböen zum Ungemach bei, das von einer furchtbaren Kreuzsee hervorgerufen wurde – die schlimmste, so dachte ich, die wir erlebt hatten. Um Mitternacht stand ich an der Ruderpinne und bemerkte auf einmal einen Streifen klaren Himmels zwischen Süd und Südwest. Ich rief den anderen Männern zu, dass der Himmel aufklaren würde, aber einen Moment später erkannte ich, dass, was ich gesehen hatte, kein Riss in den Wolken war, sondern der weiße Kamm einer ungeheuren Welle. Während meiner sechsundzwanzigjährigen Erfahrung mit der See mitsamt all ihren Launen war mir keine so gewaltige Welle untergekommen. Es war ein machtvolles Aufbegehren des Ozeans, ganz anders als die hohe weiß bekronte See, die seit vielen Tagen unser unermüdlicher Feind gewesen war. Ich rief: «Festhalten, um Gottes willen! Wir sind verloren!» Dann folgte ein Moment der Spannung, der sich über Stunden zu dehnen schien. Der Schaum der brechenden Welle stieg weiß um uns herum an. Wir spürten, wie unser Boot angehoben und wie ein Korken in der Brandung nach vorne geschleudert wurde. Wir befanden uns inmitten eines schäumenden Chaos von entfesseltem Wasser; aber irgendwie überstand unser Boot dies alles, halb vollgelaufen mit Wasser, sich unter dem Gewicht biegend und vom Schlag zitternd. Wir schöpften mit der Kraft von Männern, die um ihr Leben kämpfen, und beförderten das Wasser mit allem, was dazu geeignet schien, über Bord, und nach zehn Minuten der Ungewissheit spürten wir, wie das Boot unter unseren Füßen wieder zum Leben erwachte. Obwohl es mitgenommen war von der Attacke des Meeres, schwamm es wieder und hörte auf, wie betrunken zu schlingern. Aus tiefstem Herzen hofften wir, niemals wieder solch einer Welle zu begegnen.

Ernest Shackleton, South – The Endurance Expedition, 1919 (Übersetzung O. F.)

Sie sind eines der Paradebeispiele für besonders schaurige Meeres-Mythen: Monsterwellen, die plötzlich aus dem Nichts auftauchen und selbst die stolzesten Schiffe mit Mann und Maus in die Tiefe reißen. Wenige Geschichten erzählen Seemänner lieber, und wenige rufen bei den Zuhörern ein ehrfurchtsvolleres Gruseln hervor. Schon Christoph Kolumbus wollte auf seiner dritten Amerikareise von einer schaumbedeckten Welle, so hoch wie das Schiff, erfasst worden sein. Doch niemand glaubte ihm. Und wenn Schiffe auf unerklärliche Weise verschwanden, schob man die Schuld stets auf schlechtes Material, undisziplinierte Mannschaften oder unfähige Kapitäne. Schließlich wusste die Wissenschaft ganz genau, dass derartige Wellengiganten nur alle 10 000 Jahre auftreten können und dann mit Sicherheit nicht auf ein Schiff treffen. Jahrzehntelang haben Schiffskonstrukteure auf der ganzen Welt auf diese Garantie vertraut.

Bis der Mythos sich mit so großer Macht zu Wort meldete, dass er neben Schiffen auch die liebgewonnenen Theorien der Ozeanographen ins Verderben stürzte.

EIN PECH KOMMT SELTEN ALLEIN

Wenn es schon schiefläuft, dann aber richtig! Dieser Gedanke mag dem britisch-irischen Polarforscher Ernest Henry Shackleton mehrmals gekommen sein während seiner Expeditionen zum Südpol 1914–1916. Kaum war er in antarktischen Gewässern angekommen, wurde sein Schiff von Eis eingeschlossen. Obwohl die Besatzung immer wieder versuchte, mit Hacken und Sägen mühselig eine Fahrrinne zu schlagen, steckte die *Endurance* über ein Jahr lang fest, ohne auch nur ein einziges Mal den offenen Ozean zu erreichen. Stattdessen driftete sie mit dem Eis, das immer kräftiger gegen die Bordwände drückte. Am 24. Oktober 1915 wurde es schließlich brenzlig. Unter der ständig zunehmenden Belastung gaben die Planken nach. Wasser drang ein, und drei Tage später mussten die Männer das Schiff evakuieren. Statt auf der *Endurance* campierten sie fortan auf einer riesigen Eisscholle. Und statt sich auf die ursprünglich geplante Durchquerung der Antarktis vorzubereiten, stand nun die Frage im Raum, wie sie ohne Schiff überleben sollten, wenn das Eis eines Tages doch taute.

Mit drei Rettungsbooten – darunter eines mit dem Namen *James Caird* – und allem brauchbaren Material, das sie von der zerdrückten *Endurance* hatten retten können, warteten die Männer über Monate mal in Lagern ab, mal quälten sie sich zu Fuß über die zerklüftete Eislandschaft. Ihre einzige Chance bestand darin, offenes Wasser zu finden und mit den Booten eine der kleinen Inseln zu erreichen, die manchmal von Walfängern angelaufen wurden. Anfang April 1916 war es endlich so weit. Ihre

Eisscholle zerbrach, und über mehrere Tage kämpften sich die Besatzungen der drei Boote durch das Treibeis bis zur nächstgelegenen Insel Elephant Island. Die bot zwar festen Boden unter den Füßen, war aber dennoch eine Sackgasse, denn sie lag so weit abseits der üblichen Schiffsrouten, dass nicht einmal Walfänger hier vorbeikamen.

Shackleton war schnell klar, dass es noch immer um das nackte Überleben ging und beschloss daher, sich erneut mit einem der Rettungsboote auf das Meer zu wagen und Hilfe zu holen. Am Ostermontag, dem 24. April 1916, stachen er und fünf weitere Expeditionsteilnehmer mit der notdürftig verstärkten *James Caird* in See, während sich die restliche Mannschaft auf eine ungewisse Wartezeit einrichtete.

Tatsächlich hätten die Männer auf Elephant Island beinahe umsonst auf ihre Rettung gehofft, denn das Meer holte am elften Tag der Reise zum ganz großen Schlag gegen das kleine Boot aus. In einem Sturm, bei dem die Wellen aus verschiedenen Richtungen kamen und sich kreuzten, rollte eine riesige Welle über die nur 6,85 m lange *James Caird* hinweg. Sie war größer als alle Wellen, die Shackleton jemals gesehen hatte, seit er 1890 als 16-jähriger Junge seine Laufbahn in der Handelsmarine begonnen hatte. Größer selbst als die Brecher, die er in den Stürmen am Kap Hoorn erlebt hatte. Es war das ultimative Monster in einem brutalen Spiel um Leben und Tod, und Shackletons Rettungskommando überstand die Prüfung mit allerletzter Kraft. Nach all den anderen Gefahren und Strapazen war er sich sicher: Nie wieder wollte er solch einer Welle begegnen.

Dennoch geriet Shackletons Monsterwelle später in Vergessenheit. Zu viele weitere Entbehrungen hatten er und sein Rettungskommando noch durchzustehen, bevor endlich die gesamte Besatzung der *James Caird* und alle Mann auf Elephant Island in Sicherheit waren. Und zu schnell forderte der Erste Weltkrieg die gerade dem Tod entronnenen Männer.

Es war einfach keine Zeit für Seemannsgarn aus weit entfernten Ozeanen.

IGNORIERTE MONSTER UND TÖDLICHES SEEMANNSGARN

Shackletons Welle blieb nicht die einzige, die keine Beachtung fand. Auch um Kolumbus' Erlebnis an der Südspitze von Trinidad wurde nicht viel Aufhebens gemacht – sieht man einmal davon ab, dass die Region seitdem den Namen «Bocas del Dragón» («das Maul des Drachen») trägt.

So mancher Seemann, der einer Monsterwelle begegnet war, wäre dagegen froh gewesen, wenn man seinen Bericht einfach ignoriert hätte. Einige wurden öffentlich lächerlich gemacht und als Aufschneider hingestellt. Der französische Entdeckungsreisende Jules Dumont d'Urville, dem es beispielsweise im Jahr 1820 gelungen war, die frisch ausgegrabene Venus von Milo für Frankreich zu erwerben, hatte das Pech, 1826 mit seinem Schiff *Astrolabe* im Indischen Ozean auf eine 33-m-Welle zu stoßen. Zwar ging ein Mann der Besatzung verloren, und es gab drei weitere Zeugen, doch als d'Urville zurück in der Heimat von dem Abenteuer erzählte, erklärte man ihn rundheraus zum Spinner. Vor allem Premierminister François Arago, der selbst Forscher, Astronom und Mitglied der Akademie der Wissenschaften war, unterstellte d'Urville, mit ihm sei die Phantasie durchgegangen. Es gebe nun einmal keine derart «erstaunlichen Wellen, mit denen die lebhafte Vorstellungskraft einiger bestimmter Navigatoren die Meere zu bevölkern beliebt».

Knapp 200 Jahre später war die US-amerikanische *National Oceanic and Atmospheric Administration* weniger skeptisch. Einer ihrer Ozeanographen gab 2007 eine Liste heraus, die gleich 50 glaubwürdige Berichte von Monsterwellen seit dem Jahr 1498 umfasste. Darunter finden sich wahre Tragödien wie der Un-

Monsterwellen in Seen

Auch auf großen Binnengewässern können sich Monsterwellen auftürmen und Schiffen gefährlich werden. Auf dem Oberen See zwischen Kanada und den USA wurde das Binnenfrachtschiff SS *Edmund Fitzgerald* am 10. November 1975 das Opfer von aufeinanderfolgenden Wellen – sogenannten Drei Schwestern. Es sank so schnell, dass nicht einmal die Zeit für ein Notsignal blieb.

tergang des Auswandererschiffs *Anne Jane* 1853, den nur 102 von über 500 Menschen überlebten. Schlimmer noch erwischte es den Dampfer SS *Waratah,* der 1909 mitsamt allen 211 Passagieren und Besatzungsmitgliedern spurlos verschwand. Womöglich ist er ebenso schnell gesunken wie die Dreimastbrigg *Marques,* die 1984 nach dem Auftreffen einer Riesenwelle in nur 45 Sekunden von der See verschluckt wurde.

In einigen der Fälle hatten Überlebende die Unglückswelle, die ihr Schiff zerstört hat, mit eigenen Augen gesehen. So gab der Kapitän des Dampfschiffes *Daniel Steinmann,* das 1884 auf dem Weg von Amsterdam ins kanadische Halifax untergegangen war, zu Protokoll, dass «eine gewaltige Welle über [das Schiff] hereinbrach, die jede lebende Seele mit sich riss». Genauer waren die Angaben zu der Welle, die 1933 im Nordpazifik den US-amerikanischen Tanker USS *Ramapo* traf. Sie erreichte das Krähennest des Schiffes in 34 m Höhe. Damit übertrumpfte sie jene Welle, die neun Jahre später das Fenster der Brücke des Luxusliners *Queen Mary* zerschlug, um ganze 6 m. Das Schiff hatte dabei noch großes Glück gehabt, denn fast wäre es mitsamt den 16 082 amerikanischen Soldaten auf ihrem Weg in den Zweiten Weltkrieg gekentert. Nur langsam richtete es sich aus einer Schräglage von 52 Grad wieder auf.

MONSTERWELLEN KENNEN KEIN «UNSINKBAR»

Dass selbst Größe kein sicherer Schutz vor der Gewalt der Wellen ist, musste 1978 auch die MS *München* erfahren. Der hochmoderne Frachter war mit 260 m so lang wie zweieinhalb Fußballfelder und mit mehr als 60 Atlantiküberquerungen bei jedem Wetter erprobt. Vielfach wurde sogar gemunkelt, die *München* sei praktisch unsinkbar. Als das Schiff nördlich der Azoren in einen Sturm mit 16 m hohen Wellen geriet, machte man sich bei der Reederei darum zunächst keine Sorgen, als der Funker einem Kollegen in der ruhigen Karibik erzählte, das Wetter hätte sie bereits einige Bullaugen gekostet. Drei Stunden später fing jedoch ein griechischer Frachter einen schwachen Notruf der *München* auf. Es war das letzte Lebenszeichen von dem Frachter.

Dem SOS folgte eine der größten Rettungsaktionen der Nachkriegszeit. Doch obwohl sich über 100 Schiffe und mehrere Flugzeuge beteiligten und ein Gebiet absuchten, das fünfmal so groß wie die damalige BRD war, entdeckten sie keine Spur von der *München* oder ihrer Besatzung. Alles, was sie fanden, waren ein leeres, beschädigtes Rettungsboot, eine Notfunkbarke und mehrere unbenutzte Rettungsinseln. Das Meer hatte auf schreckliche Weise eindrucksvoll seine Macht demonstriert.

Wie es dabei wahrscheinlich zugegangen war, fand das Sachverständigenteam des Seeamts Bremerhaven heraus, als es das Rettungsboot näher in Augenschein nahm. Es war in 20 m Höhe an der *München* befestigt gewesen, von dort aber mit brachialer Gewalt abge-

Ähnlich wie auf dieser Aufnahme von einem unbekannten Schiff könnte eine Monsterwelle auf die *München* zugerollt sein.

Riesenwellen gegen Leuchttürme 3:0 (mindestens)

An Land kommen Monsterwellen des Meeres nicht weit. Manchmal können sie aber trotzdem zeigen, was in ihnen steckt, wenn zufällig ein Leuchtturm in ihrem Weg steht. So läutete 1861 eine Welle die Glocke des Leuchtturms der englischen Isle of Scilly in 33 m Höhe. Im gleichen Jahr soll eine andere Monsterwelle mehrere Fenster des Leuchtturms von Eagle Island vor der irischen Westküste zerschlagen haben. Und im Dezember 1900 verschwanden alle drei Wärter des Leuchtturms von Flannan Isles vor Schottland in einem Sturm. Vermutlich wurden sie von einer riesigen Welle davongetragen. Dick O'Driscoll, der 14 Jahre auf Fastnet, dem südlichsten Leuchtturm Irlands, verbracht hat, erinnert sich an eine Monsterwelle aus dem Jahr 1985, die das Glas in 48 m Höhe durchschlagen hat. Gab es keinen Sturm, vertrieb O'Driscoll sich die Zeit, indem er über Morsezeichen mit einem Partner an Land Schach spielte.

rissen worden, sodass die metallenen Haltebolzen völlig verbogen waren. Als Ursache kamen nur eine oder mehrere Wellen von 25 m bis 35 m Höhe in Frage, die mit voller Wucht auf die *München* geprallt waren. Eine logische und nachvollziehbare Erklärung.

Nur war sich die Wissenschaft immer noch sicher, dass es so große Wellen nicht geben konnte.

WIE WELLEN ENTSTEHEN

Der Grund für die Das-kann-gar-nicht-sein-Haltung der Ozeanographen lag in der Theorie begründet, mit der sie sich vom Bürostuhl aus die Entstehung von Wellen erklärten. Im Wesentlichen gehen Meereswellen danach auf den gleichen Effekt zurück wie die winzigen Wellen in Ihrer Kaffeetasse, wenn Sie zwecks Abkühlung kräftig über das Getränk pusten. In beiden Fällen schiebt der Wind ein bisschen Flüssigkeit an der Oberfläche vor sich her. Je mehr Kraft in dem Windstoß liegt, desto höher schwappen die Wellen. Ein wunderbar simples und har-

Tsunami – die Monsterwelle der Küste

Monsterwellen der hohen See entstehen durch die Energie des Winds und sind darum letztlich nur bewegtes Oberflächenwasser. Stoßen sie auf Land, brechen sie schnell in sich zusammen.

Um einen Tsunami zu verursachen, muss dagegen sehr viel tiefes Wasser in kurzer Zeit bewegt werden. Meist geschieht dies durch ein Seebeben, bei dem sich Erdplatten gegeneinander verschieben oder wenn bei einem Vulkanausbruch oder Erdrutsch plötzlich große Mengen Material ins Meer stürzen. Die dabei verdrängten Wassermassen bilden eine Welle, die bis zum Grund reicht und sich über eine Länge von mehreren hundert Kilometern erstreckt. Auf offener See hebt sie die Oberfläche aber meist weniger als einen Meter an, sodass ein Schiff häufig gar nicht bemerkt, wenn ein Tsunami unter ihm durchläuft. Wird das Meer später in Ufernähe flacher, folgt das Wasser dem Profil, und es baut sich die gefürchtete Riesenwelle auf. Die ungeheuren Wassermassen schieben sich in mehreren Wellen weit in das Landesinnere hinein und drücken mit ihrer Energie alle Hindernisse aus dem Weg.

monisches Modell, das sich obendrein mathematisch recht einfach handhaben lässt.

Interessanterweise kommen die einzelnen Wassermoleküle dabei trotz der Wellen kaum vom Fleck – sonst würde sich Ihr Kaffee beim Pusten auf der gegenüberliegenden Seite sammeln, und Sie hätten einen merkwürdigen Schrägstand in Ihrer Tasse. Statt sich persönlich auf die Wanderschaft zu begeben, folgen die Moleküle dem Wind nur ein kleines Stück nach vorne, wobei sie ihre Vorderleute anschubsen. Weil es dabei ordentlich eng wird, weicht ein Teil des Wassers vorübergehend nach oben aus, sodass wir einen Wellenberg erhalten. Hinter dem Berg fehlt dementsprechend etwas Wasser, was ein entsprechendes Wellental ergibt. Allerdings nur für kurze Zeit, denn die Moleküle rutschen im nächsten Moment zurück vom Berg ins Tal. Insgesamt legen sie somit einen ovalen Weg zurück und kommen am Ende jeder Welle wieder an ihrem Ausgangspunkt an. Ein harmonisches Auf und Ab, das den gleichen mathematischen Gesetzen gehorcht wie das Pendel einer Uhr. Was wandert, ist also nicht das Wasser, sondern nur die Energie des Windes, die das Meer aufgenommen hat.

Aller Harmonie zum Trotz ist Welle aber nicht gleich Welle. Die einzelnen Exemplare unterscheiden sich zum Teil beträchtlich in ihrer Länge und Höhe. Als Wellenlänge bezeichnen Wissenschaftler den Abstand zwischen zwei gleichen Punkten aufeinanderfolgender Wellen, wie etwa die Strecke zwischen den Tälern. In Ihrer Kaffeetasse mögen dies nur wenige Millimeter sein, doch im Meer kann sich eine Welle über einige hundert Meter erstrecken. Die Höhe einer einzelnen Welle ergibt sich aus dem Un-

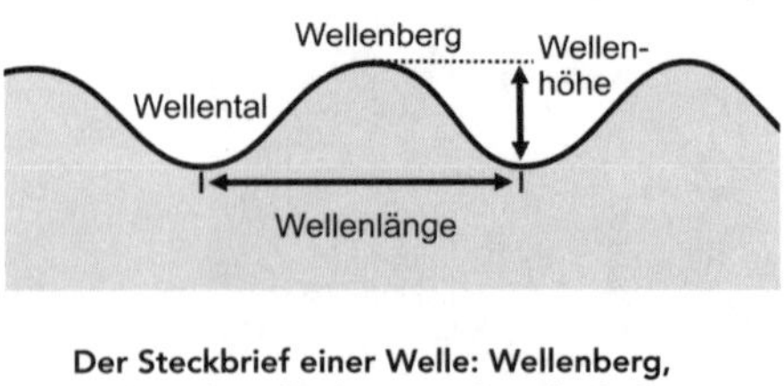

Der Steckbrief einer Welle: Wellenberg, Wellental, Wellenlänge und Wellenhöhe.

terschied von ihrem höchsten zum tiefsten Punkt. Für ein Kuddelmuddel unterschiedlicher Wellen, wie es in der Realität üblich ist, arbeiten Ozeanographen dagegen mit einer künstlichen Größe, die sie als signifikante Wellenhöhe bezeichnen. Mathematisch wird sie ermittelt, indem man über einen bestimmten Zeitraum alle Wellen vermisst und anschließend vom größten Drittel den Mittelwert bestimmt. An Bord eines Schiffs im Sturm hat natürlich niemand die Zeit für eine derart komplizierte Prozedur, doch zum Glück entspricht die signifikante Wellenhöhe auch ziemlich genau der Schätzung, die ein erfahrener Wellenkenner vor Ort abgeben würde.

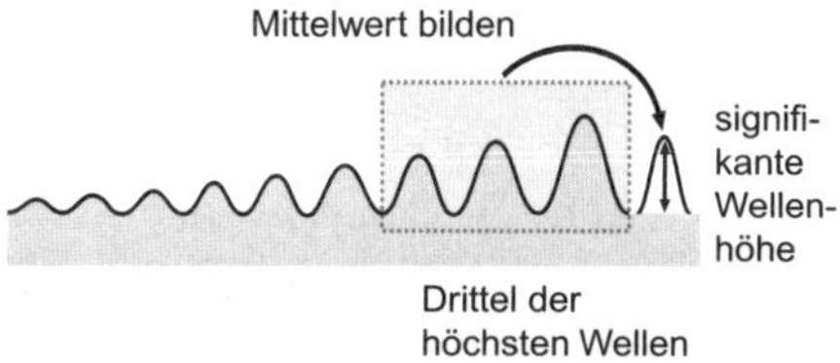

Ordnet man die Wellen der Größe nach, ergibt sich die signifikante Wellenhöhe als der Mittelwert des größten Drittels.

Mit der signifikanten Wellenhöhe und ein wenig Statistik lässt sich nun recht genau berechnen, wie hoch die größten Wellenberge in einem Sturm theoretisch werden dürfen. Als erstes Ergebnis bekommen wir heraus, dass nur jede siebte oder achte Welle (genau sind es 13,5 Prozent aller Wellen) über die signifikante Höhe hinauswächst. In der Regel schwappt sie jedoch nur wenig über die Marke hinweg. Echte Riesen sind ausgesprochen selten. Kämpft sich beispielsweise ein Schiff im Sturm durch eine See mit einer signifikanten Wellenhöhe von 12 m, trifft es nur auf einzelne Wellen mit 15 m Höhe. Eine Welle von 36 m, also der dreifachen Höhe, kommt statistisch sogar nur alle 10 000 Jahre vor – seit dem Ende der letzten Eiszeit hätte es demnach lediglich ein oder zwei solcher Riesen gegeben. Angesichts dieser Zahlen fühlten sich die Schiffskonstrukteure sicher, wenn sie Schiffe für Wellen auslegten, die allenfalls 16,5 m Höhe erreichen.

Dumm nur, dass manche Wellen nicht allzu viel auf theoretische Modelle geben.

Einer der ersten Wissenschaftler, der die Berichte über verboten hohe Wellen ernst nahm, war der britische Physiker und Ozeanograph Laurence Draper. Eigentlich hatte Draper nach seiner ersten Begegnung mit echten Wellen das Fachgebiet wechseln wollen, denn zu seinem eigenen Entsetzen musste er feststellen, dass er hochgradig seekrank wurde, sobald sich seine Studienobjekte ein wenig ins Zeug legten. Sein Chef am *National Institute of Oceanography* weigerte sich jedoch, ihn ziehen zu lassen, da es für einen Wissenschaftler seines Kalibers auch an Land genügend mit Wellen zu tun gebe. Und so wurde Draper zu einem der führenden Experten für die Analyse von Wellen, die andere Leute vermessen hatten.

Recht schnell fiel ihm auf, dass es Wellen gibt, die sich mit ihrer Größe nicht an die wissenschaftlich begründete Obergrenze halten. Beispielsweise prallte am 12. September 1961 die Nadel des Wellenrekorders an Bord eines Wetterschiffs im Nordatlantik für eine Welle bis an den Anschlag, sodass Draper ihre Höhe schätzen musste. Er kam auf 20,4 m – ein Wert, der nur ein Mal in Jahrzehnten auftreten dürfte. Weil das Gerät aber nicht jede Welle vermaß, sondern ganz stur nur alle drei Stunden für 15 Minuten aktiv war, dürfte es sich noch nicht einmal um die höchste Welle in diesem Sturm gehandelt haben. Offensichtlich war die Wellentheorie noch weniger praxisfest als Draper.

In seinem Artikel «‹Freak› Ocean Waves» von 1964 erklärte er die ungewöhnlich hohen Wellen damit, dass sich ab und zu mehrere Exemplare übereinandertürmen. Im Meer sind langgezogene Wellen schneller als ihre kurzen Kollegen und heben sie beim Überholen an. Aus einer 6 m hohen Welle und einem Exemplar mit 3 m wird so für kurze Zeit eine 9-m-Welle. Kommt noch eine dritte Welle mit 5 m hinzu, türmt sich das Trio schon zu 14 m auf. Einige Sekunden später trennen sich die Einzel-

Die Familie der Monsterwellen

Auch wenn der Name etwas anderes suggeriert: Um eine wissenschaftlich anerkannte Monsterwelle zu sein, braucht man nicht besonders groß zu werden. Es reicht schon, wenn man mindestens doppelt so groß ist wie die signifikante Höhe der Wellen ringsum. Man muss also nur seine Nachbarschaft deutlich überragen. Bei Laborversuchen genügen dafür häufig bereits wenige Zentimeter.

Bei Monsterwellen auf dem Meer unterscheiden Seeleute und Ozeanographen drei Typen:

- Der Kaventsmann ist eine einzelne Riesenwelle, die sehr schnell ist und häufig in einer anderen Richtung läuft als die übrige See.
- Die Drei Schwestern sind eine Reihe von drei, eventuell aber auch zwei, vier oder fünf eng aufeinanderfolgenden Wellen. Jede einzelne von ihnen überschüttet ein Schiff mit weiterem Wasser, bevor die Flut ihrer Vorgängerin ablaufen konnte.
- Die Weiße Wand ist extrem steil und trägt Gischt auf ihrem Kamm. Vor oder hinter ihr sind die Wellentäler besonders tief.

Alle Arten von Monsterwellen sind ziemlich kurzlebig und verlaufen sich bald wieder zu normaler Höhe.

wellen wieder, und jede zieht für sich weiter ihre Bahn, als sei nichts geschehen. Doch nach Drapers Berechnungen reicht dieser Mechanismus aus, damit jede 23. Welle die doppelte signifikante Wellenhöhe erreicht, jede 1175. Welle den dreifachen Wert und eine von etwas über 300 000 steigt sogar auf das Vierfache. Monsterwellen oder Freak Waves, wie Draper in seinem Artikel die Riesenwellen zum ersten Mal nannte, sind also keineswegs Jahrtausendereignisse, sondern ganz normale Begleiterscheinungen von Stürmen.

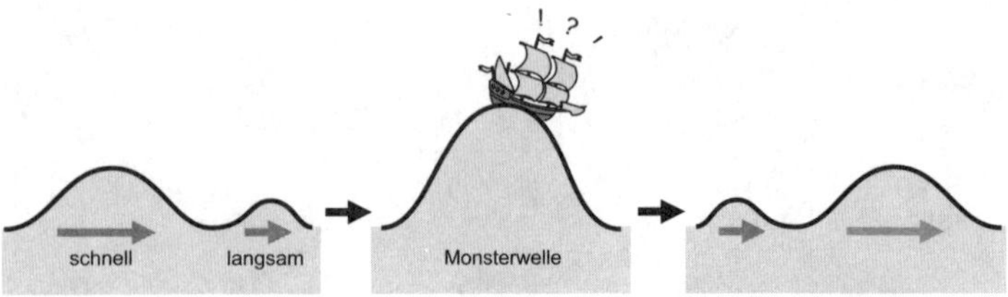

Wellen können sich aufeinanderstapeln wie die Bremer Stadtmusikanten.

Aber schon bald zeigte sich, dass auch Drapers Wellenstapel nicht ausreichten, um alle Monsterwellen zu erklären.

ZEIT DES ERWACHENS

Der entscheidende Schock für die Wissenschaft kam im Jahr 1995 als Doppelschlag. Zuerst traf es die Ölplattform Draupner E, die 160 km vor der Südspitze Norwegens als Verteilerzentrale für die Erdgaspipelines in den Süden dient. Über einen Laufsteg ist sie mit der Wohnplattform Draupner S verbunden. Beide sind über Fundamente fest im Meeresboden verankert – eine Konstruktionsweise, die in den 1990er Jahren neu war und deren Verhalten in der See daher bis heute mit einer Vielzahl von Sensoren überwacht wird. Unter anderem registriert ein nach unten gerichteter Laser ständig die Höhe der Wellen.

Am 1. Januar 1995 tobte ein Orkan in der Nordsee, der das Meer um die Plattformen mit 12 m hohen Wellen aufwühlte. Bei einem derartigen Seegang war es für die Besatzung zu gefährlich, sich an Deck aufzuhalten, weshalb sich alle Mann im Inneren der Wohnplattform befanden, als um 15.20 Uhr plötzlich ein Monster auf Draupner E zurollte. Gesehen hat sie niemand, doch der Lasersensor verzeichnete eine einzelne Welle mit 25,6 m Höhe von Wellental zu Wellenberg und 18,5 m über dem normalen

Meeresspiegel bei Windstille. Das war mehr als doppelt so hoch wie die übrigen Wellen in diesem Sturm und deutlich mehr, als nach der Theorie zu erwarten war. Die Messung alleine hätte man sicherlich noch als Instrumentenfehler abtun können, wenn es nicht gleichzeitig ein paar kleinere Schäden oben auf der Plattform gegeben hätte, die von keiner normalen Sturmwelle zu erreichen war. So aber war die Draupner-Welle, wie sie bald in der Fachwelt genannt wurde, der erste unwiderlegbare Beweis, dass es eben doch Monsterwellen gab, die es eigentlich nicht geben durfte.

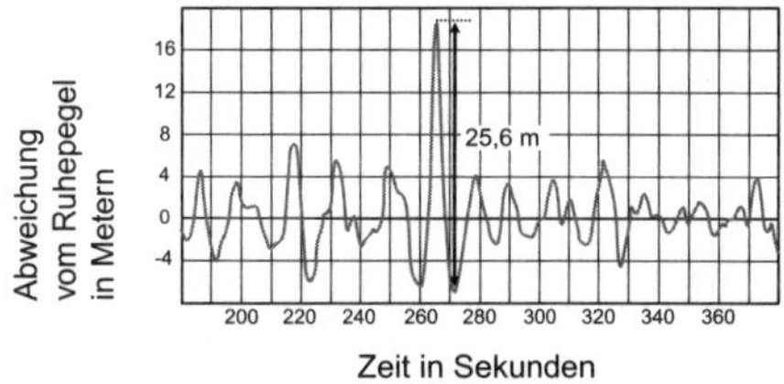

Die Draupner-Welle sticht in der Aufzeichnung des Lasersensors deutlich aus ihresgleichen hervor.

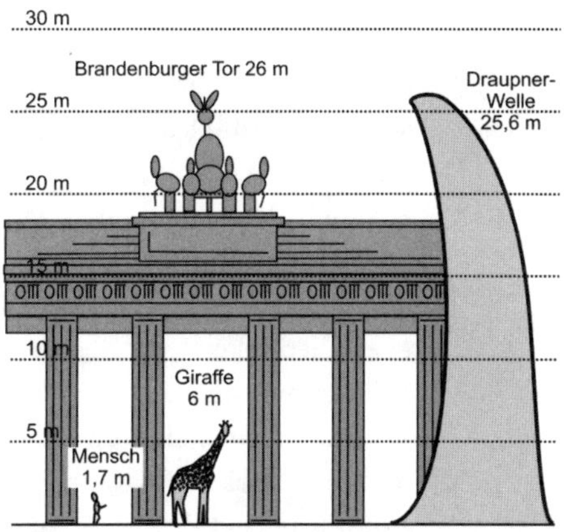

Man müsste vier Giraffen aufeinanderstapeln, um die Höhe der Draupner-Welle zu erreichen.

Wer nun weiter zweifelte, gab seinen Widerstand noch im gleichen Jahr auf, als der Luxusdampfer *Queen Elizabeth 2* am 11. September auf der Fahrt vom französischen Cherbourg nach New York in der Nähe der Neufundlandbank einer dreifachen Monsterwelle – sogenannten Drei Schwestern – in die Quere geriet. Um die 29 m hoch waren die Wellen, die Kapitän Ronald Warwick als «eine riesige Wand aus Wasser» beschrieb und das Erlebnis, sie zu durchfahren, damit verglich, «in die Weißen Klippen von Dover zu steuern».

Dabei hatte die *Queen Elizabeth 2* noch Glück im Unglück, denn sie konnte trotz einiger Schäden ihre Fahrt unmittelbar fortsetzen. Der MS *Bremen* wurde eine ähnliche Begegnung hingegen fast zum Verhängnis. Das Expeditionskreuzfahrtschiff befand sich am 22. Februar 2001 bereits auf der Rückfahrt von der Antarktis und hatte gerade die Insel Südgeorgien hinter sich gelassen, die Ernest Shackleton zu Beginn des 20. Jahrhunderts in seinem Rettungsboot angesteuert hatte, als das Wetter umschlug. Das Barometer fiel zusehends, die See türmte sich auf, laut Windmesser herrschte Windstärke 14 – auf einer Skala, die eigentlich nur bis 12 reicht. Die Sicht war praktisch gleich null, so sehr war die Luft mit Schaum und Gischt gesättigt. Trotzdem machte sich Kapitän Aye, der mit dem Ausklang dieser Fahrt zugleich das Ende seiner langen Karriere feiern wollte, keine Sorgen. Er hatte auf seinen zahllosen Reisen in die Regionen des Süd- und Nordpols schon jedes Wetter erlebt und machte sich eher Gedanken, ob der Sturm den Reiseplan durcheinanderbringen würde.

Dann klärte sich um 6.20 Uhr für einen Moment die Sicht, und die Brückenbesatzung sah eine dunkelgrüne Wand auf sich zukommen. «Oh, die ist aber ...», entfuhr es Aye, bevor eine 35 m hohe Monsterwelle die Panzerglasscheibe des großen mittleren Fensters mitsamt Rahmen aus der Halterung drückte. Ein gewaltiger Schwall von Wasser drang ein, riss die Männer von den Beinen, zerfetzte Abdeckungen und verursachte massenhaft Kurzschlüsse. Im Nu stand die Brücke hüfthoch unter Wasser, aus den Geräten stieg Rauch auf, und dank einer äußerst dumm verschalteten Elektrik versagten obendrein die Pumpen für die Versorgung der Schiffsmotoren. Innerhalb von Sekunden war das Schiff manövrierunfähig. Ohne Antrieb richtete sich die *Bremen* parallel zu den Wellen aus. Eine gefährliche Lage, denn nun

Nicht nur Schiffeversenken

Monsterwellen können nicht nur für Schiffe zur tödlichen Gefahr werden, sondern auch für Ölplattformen und Bohrinseln. Die *Ocean Ranger* war Anfang der 1980er Jahre die größte Bohrinsel der Welt: 121,5 m lang, 90,7 m breit und mit einer Arbeitsplattform in 46 m Höhe. Der Kontrollraum für die Ballasttanks der schwimmenden Anlage befand sich jedoch nur 9 m über dem Meeresspiegel. Bei einem Sturm am 14. Februar 1982 wurde er von bis zu 20 m hohen Wellen getroffen und geflutet. Es gab einen Kurzschluss, der die Pumpen lahmlegte, und der Versuch, sie von Hand zu steuern, misslang. Die Bohrinsel geriet in Schieflage und sank schließlich in der folgenden Nacht. Wegen des heftigen Seegangs konnte kein Mitglied der Besatzung gerettet werden.

rollte das Schiff mit dem Seegang und drohte zu kentern. Nach dem ersten Schrecken befahl der Kapitän die erforderlichen Notmaßnahmen. Er ließ die Passagiere in Schwimmwesten in den Speisesaal schaffen. Vor seinem inneren Auge sah er bereits 200 Leichen im Wasser treiben, berichtete er später der Zeitschrift «Spiegel». Gleichzeitig mühten sich die Techniker im Maschinenraum damit ab, die Diesel wieder in Gang zu bringen. Eine gute halbe Stunde Todesangst mussten die Menschen an Bord durchstehen, dann sprangen die Maschinen endlich wieder an, und über Funk konnte Aye vom Heck aus das Schiff erneut mit dem Bug in die Wellen drehen.

Die *Bremen* lief schließlich vier Tage später in den Hafen von Buenos Aires ein, begleitet von einem britischen Forschungsschiff mit dem passenden Namen *Shackleton*, das nach dem Notruf der *Bremen* zu Hilfe geeilt war. Wie durch ein Wunder war niemand verletzt worden. Zumindest körperlich. Denn im Geiste durchlebte Aye die bangen Minuten der Katastrophe noch über viele Jahre. «Ich habe den Atem Gottes gespürt», fasste er im Gespräch mit dem «Spiegel» das Erlebte zusammen.

Die Monsterwellen aber schickten sich endlich an, die Wissenschaft zu erobern.

WOHER DIE MONSTERWELLEN KOMMEN

Auf den Zweifel folgte die Begeisterung. Innerhalb weniger Jahre stellten Wissenschaftsinstitute zahlreiche Forschungsprojekte auf, die sich mit Monsterwellen beschäftigten. Sie beobachteten, analysierten, berechneten und simulierten in jeder erdenklichen Form, wie die Riesenwellen entstehen, wo sie auftreten und ob sie sich auf irgendeine Weise vorhersagen lassen.

So verzeichneten die Sensoren auf der Draupner-Plattform innerhalb von zwölf Jahren ganze 466 Monsterwellen, und im Rahmen des MaxWave-Projekts entdeckten die Umweltsatelliten ERS-1 und ERS-2 in nur drei Wochen im Südatlantik zehn Wellen von mehr als 25 m Höhe. Offensichtlich sind regelmäßig Riesenwellen auf den Ozeanen unterwegs. Zu jedem Zeitpunkt etwa zehn, schätzen Ozeanographen heute.

Grundsätzlich können sie überall auftreten, doch in manchen Regionen kommen sie gehäuft vor. Schuld sind die besonderen Bedingungen, die in solchen Risikogebieten auf die Wellen einwirken und sie regelrecht wie ein Brennglas fokussieren. Etwa drehende Winde, die eine Kreuzsee hervorrufen, wie sie Shackleton erlebt hat. Auch Küstenlinien in einiger Entfernung oder flachere Stellen des Meeresgrunds können wandernde langgestreckte Wellen reflektieren, die sich dann mit den lokalen Wellen überlagern. Andernorts stauchen Meeresströmungen, die gegen die Windrichtung verlaufen, die Wellen zusammen und türmen sie dadurch auf. Diesem Mechanismus hat beispielsweise Südafrika seine Häufung an Monsterwellen zu verdanken.

Monsterwellen sind überall

Nicht nur Wasser kann Wellen schlagen, Physiker finden Monsterwellen gerne an besonders exotischen Orten. Beispielsweise in flüssigem Helium bei extrem niedrigen Temperaturen, als Lichtwellen in Glasfaserleitungen und photonischen Kristallen oder bei Mikrowellen in reflektierenden Hohlräumen. Experimente mit solchen Systemen sind schneller und einfacher durchzuführen als Versuche mit Wellenkanälen. Häufig lassen sich die Ergebnisse anschließend auf Meereswellen übertragen, gerade bei den rebellischen nichtlinearen Wellen.

Südöstlich der Küste trifft die Agulhas-Strömung auf ihrem Weg von Nordost nach Südwest auf entgegengesetzte Winde, die Wellen vor sich hertreiben.

Auch Drapers Modell von unterschiedlichen Wellen, die einander überholen, wurde bestätigt. Es beschreibt besonders gut die Vorgänge in der Nordsee, wenn eine arktische Kaltfront herüberzieht. Die kalte Luft fällt dann in sogenannten offenen Zellen wie durch ein kilometerbreites Rohr nach unten, wo sie die vorhandene wärmere Luft verdrängt und dadurch starke seitliche Windböen mitsamt den dazugehörigen Wellen erzeugt. In einem ringförmigen Streifen am Rand der Zelle stapeln sich die unterschiedlich schnellen Wellen dann zu extremen Höhen auf.

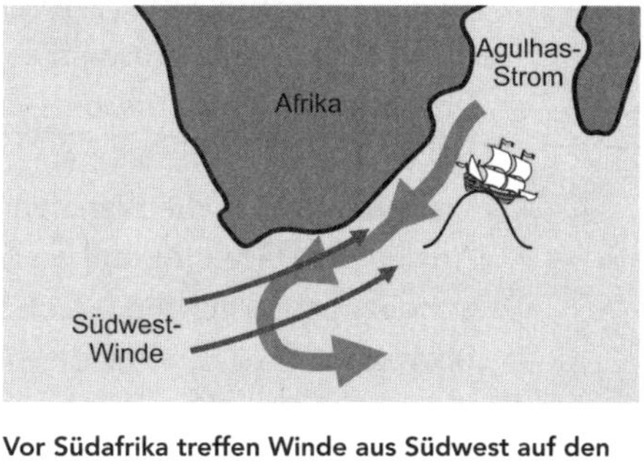

Vor Südafrika treffen Winde aus Südwest auf den entgegengesetzten Agulhas-Strom und türmen gemeinsam Riesenwellen auf.

Am stärksten leuchten die Augen der Forscher jedoch, wenn sie von den exotischen nichtlinearen Wellen sprechen, die sie zuvor nur aus der Quantenmechanik kannten. Die Physik des Kleinsten behandelt Teilchen wie etwa Atome und Elektronen gerne als Wellen, die sich gegenseitig beeinflussen, indem sie beispielsweise Energie untereinander austauschen. Als Alfred Osborne von der Universität Turin als Erster die quantenphysikalische Schrödinger-Gleichung auf das Verhalten von Wasserwellen anwandte, erhielt er zu seiner eigenen Verwunderung ein Muster, das plötzlich auftretenden Monsterwellen, die geradezu aus dem Nichts erscheinen, erstaunlich ähnelte.

An der Technischen Universität Hamburg-Harburg simulierte ein Team um Norbert Hoffmann daraufhin den Prozess im Wellenkanal und verurteilte einen todesmutigen Lego-Piraten zu einer Testfahrt in einem kleinen Boot. Anfangs produzierte der Kanal ein sehr gleichmäßiges Wellenmuster, in dem der Pirat gemütlich auf und ab schaukelte. Als die Wissenschaftler den Rhythmus aber ein klein wenig störten, schlich sich eine Instabilität ein. Eine der Wellen zog mit einem Mal Energie von ihren Nachbarn ab, die daraufhin zusammenschrumpften. Die kannibalische Welle wuchs hingegen mit der Energie eines ganzen Wellenzugs immer mehr an. Dieser nichtlineare Effekt produzierte schließlich ein extrem niedriges Wellental, dem ein superhoher Wellenberg folgte – was dem Piraten im Wellenkanal zum Verhängnis wurde. Mit einem kleinen Platsch ging er unter. Ein Verhängnis, dass die Forscher auf Video gebannt und ins Internet gestellt haben.

Außer in Wellenkanälen treten nichtlineare Wellen nach Ansicht der Ozeanographen auch auf den Meeren auf, wo sie besonders gefährlich sind. Denn im Gegensatz zu den gestapelten normalen Wellen sind die nichtlinearen Monster unabhängig von speziellen Randbedingungen wie Wind, reflektierenden Küsten, Untiefen oder verschieden schnellen Wellen. Kannibalische Riesen werden durch winzige, zufällige Schwankungen im Seegang ausgelöst und können deshalb jederzeit und überall auftreten.

Und wenn sie zuschlagen, wirken wahrhaft titanische Kräfte.

NIEMAND IST SICHER

Von einer Monsterwelle getroffen zu werden ist ein echter Hammer. Schon eine gewöhnliche 12-m-Welle schlägt mit einer Kraft von 60 000 Newton (N) auf jeden Quadratmeter (m^2) ein, was einem Druck von 6 Tonnen (t) pro Quadratmeter entspricht oder 39 aufeinandergestapelten Golf VII (ein einzelner Golf wiegt rund 1,2 t und nimmt etwa 8 m^2 Fläche ein). Zur Sicherheit sind Schiffe deshalb für bis zu 98 Golf pro Parkplatz ausgelegt (oder physikalischer ausgedrückt: 150 000 N/m^2). Viel zu wenig für eine Monsterwelle. Mit einem Fuhrpark von über 650 Golf (oder 1 000 000 N/m^2) zertrümmert das Wasser alles, was ihm in den Weg kommt. Selbst stählerne Bordwände halten dieser Gewalt nicht Stand, wie das Beispiel des italienischen Kreuzfahrtschiffes *Michelangelo* zeigt, dem eine Monsterwelle die Brücke eindrückte.

Monsterwellen haben keinen Respekt vor Stahl. Die Brücke der Michelangelo befand sich mehr als 70 m hinter dem Bug und in 25 m Höhe.

Hinzu kommt, dass die Wellen sehr plötzlich auftreten und sich manchmal quer zu der übrigen See bewegen. Gerade große Schiffe sind ungeheuer träge und brauchen praktisch ewig, bis sie sich gedreht haben. Sie werden deshalb in der Regel von den Wellen überrollt. Fährt ein Schiff dabei in die Wellen hinein, taucht sein Bug bereits auf der anderen Seite wieder auf und hängt frei über dem tiefen Wellental, während das Heck noch mitten in der Wasserwand steckt. Das Schiff zerbricht dann unter seinem eigenen Gewicht in der Mitte. Trifft die Welle hingegen seitlich auf, kippt sie das Schiff um, als wäre es nicht mehr als ein Spielzeug mit Lego-Piraten. Das einzig sinnvolle Gegenmanöver soll deshalb sein, die Welle schräg anzuschneiden und zu hoffen, dass das Schicksal sich nicht rechtzeitig für Durchbrechen oder Umkippen entscheiden kann und einen ungeschoren davonkommen lässt.

Viel zu oft hilft das aber auch nichts. Jede Woche gehen auf den Weltmeeren ein bis zwei Schiffe verloren, und Ozeanographen schätzen, dass die meisten der rund 200 Großschiffe, die in den letzten 20 Jahren aus unerfindlichen Gründen gesunken sind, in Wahrheit Riesenwellen zum Opfer gefallen sind. Jeden Monat versenken Monsterwellen also rund sechs kleinere Boote und einen Ozeanriesen – und keinen interessiert's! Die Frage, warum es jeder Absturz eines Kleinflugzeugs in die Schlagzeilen

Ein Blick auf die Erdkugel

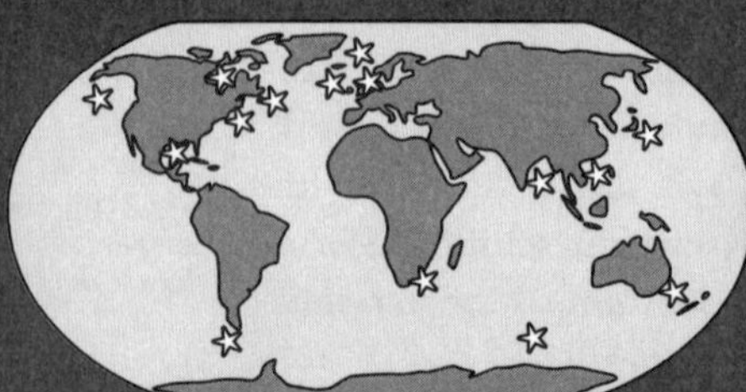

Monsterwellen können überall auftreten, doch in manchen Regionen der Weltmeere sorgen Strömungen, Winde und reflektierende Hindernisse für ein erhöhtes Risiko.

schafft, aber der ständige Verlust ganzer Flotten von Schiffen aller Größenordnungen in den Medien überhaupt nicht erwähnt wird, ist sicherlich einen eigenen Mythos wert.

Immerhin ist die Wissenschaft mit der Draupner-Welle aufgewacht und sucht intensiv nach Möglichkeiten, aufkommende Monsterwellen vorherzusagen und Warnsysteme für die Schiffe zu entwickeln. Bislang leider mit bescheidenem Erfolg. Derzeit können Forscher mit Computersimulationen und Modellen im Wellenkanal viele reale Situationen recht gut nachstellen. Beispielsweise ist es an der Technischen Universität Berlin gelungen, die Draupner-Welle mitsamt der vorhergehenden und nachfolgenden See *en miniature* zu reproduzieren. Mit solchen Experimenten haben Forscher festgestellt, dass gerade den überraschend auftretenden nichtlinearen Wellen eine kurze Phase mit fast ruhigem Wellengang vorausgeht. Die dadurch gewonnene Zeit reicht allerdings an Bord eines Schiffes allenfalls aus, um ein entsetztes «Ach, du dicker Kaventsmann!» auszustoßen. Eine brauchbare Vorwarneinrichtung scheint dagegen momentan noch in weiter Ferne zu liegen.

BEI DER EHRE DES KLABAUTERMANNS

Im Nachhinein erscheint es unglaublich, dass ausgerechnet Meeresforscher über viele Jahrhunderte hinweg alle Berichte von riesigen Monsterwellen als abergläubisches Seemannsgarn abgetan haben. Fixiert auf ihre unzureichenden theoretischen Modelle, wollten sie nicht zuhören, wenn erfahrene und seriöse Seefahrer wie Ernest Shackleton, Jules Dumont d'Urville und zahllose andere Kapitäne von ihren Erlebnissen erzählt haben. Doch zum Glück haben auch bockige Theoretiker manchmal ein Einsehen, wenn ihnen die Praxis mit Macht auf die Finger klopft. Und machtvoll sind die Monsterwellen der Meere allemal!

Fazit: Monsterwellen, die doppelt so hoch werden wie die umgebende See, sind nicht nur eine Realität, sondern auch eine Gefahr für Schiffe aller Größenordnungen.

WO GIBT ES MEHR?

A Chronology of Freaque Wave Encounters

http://geofizika-journal.gfz.hr/vol_24/No1/liu.pdf

Die Liste des Ozeanographen Paul Liu mit Berichten über Monsterwellen der letzten 550 Jahre. (englisch)

«Ich spürte den Atem Gottes»

http://magazin.spiegel.de/EpubDelivery/spiegel/pdf/21011472

Der Spiegel-Artikel über die Begegnung der MS *Bremen* mit einer Monsterwelle.

Lego pirate proves how freak waves can sink ships

https://www.youtube.com/watch?v=qvjJFUTliEM

Todesmutig stellt sich ein Spielzeugpirat im Wellenkanal einer Monsterwelle.

Monsterwellen im Labor

http://www.weltderphysik.de/gebiet/fluide/monsterwellen/

Video zu den Wellen mit Interview mit Norbert Hoffmann von der TU Hamburg-Harburg.

Monsterstrudel – Tödliche Tornados der Meere

Das Boot lag vollkommen auf der Seite, schien wie durch Zaubermacht an der inneren Oberfläche eines ungeheuer weiten Trichters von unerkennbarer Tiefe festzukleben, eines Trichters, dessen vollkommen glatte Wände man für Ebenholz hätte halten können, hätten sie sich nicht mit verwirrender Schnelligkeit im Kreise gedreht und ein seltsam gespenstisches Licht ausgestrahlt, als der Glanz des Vollmonds aus der kreisförmigen Wolkenöffnung in goldener Flut die schwarzen Wälle herabströmte und tief in das Innere des Abgrunds hinableuchtete. […] Als ich auf der ungeheuren Fläche flüssigen Ebenholzes, auf der wir so entlanggetragen wurden, Umschau hielt, gewahrte ich, daß unser Boot nicht der einzige Gegenstand im Schlunde des Abgrunds war. Sowohl über als unter uns waren einzelne Schiffstrümmer erkennbar, mächtige Haufen Bauholz und Baumstämme nebst allerlei kleineren Gegenständen wie Hausrat, Kisten, Fässer und Dauben.

Edgar Allan Poe: «Hinab in den Maelström»

Die See verschlingt Schiffe. Ihr Schlund ist ein gewaltiger Strudel, dessen Sog sich niemand entziehen kann, ist er erst einmal hineingeraten. Unbarmherzig reißt der Strom in einer tödlichen Spirale das Schiff in die Tiefe und zerschmettert es an den Felsen, die sich ihm vom Grund des Meeres entgegenstrecken. Am bekanntesten und gefährlichsten ist der Mahlstrom oder auch Malstrom. Größer als die längsten Schiffe, machtvoller als die stärksten Maschinen, gewaltiger als jegliches Werk von Menschenhand, soll er so manchen Segler und Dampfer ins nasse Grab gezogen haben.

Wenn da nur der Mythos die Realität mal nicht zu sehr strapaziert …

SAGENHAFTE GIER MIT TODESFOLGE

Seinen Anfang hat der Mythos vom Malstrom der Sage nach im hohen Norden. Die Verse des Gróttasöngr («Grottis Gesang» oder «Grottenlied») aus den nordischen Edda-Dichtungen berichten von einem Leben voller Harmonie und Frieden im Reich des Dänenkönigs Fróđi. Es gab weder Mord noch Raub oder Diebstahl. Alles hätte so schön sein können – sofern man zu den freien Männern gehörte, denn Sklaverei gab es schon, schließlich musste jemand die schwere Arbeit verrichten. Und so hatte König Fróđi keinerlei Skrupel, sich bei seinem schwedischen Königskollegen zwei Riesinnen zu besorgen, die Fenja und Menja hießen und stärker waren als alle seine Mannen zusammen. So viel Kraft war auch unbedingt nötig, denn daheim in Dänemark lagen zwei Mühlsteine herum, die zwar wundersame Zauberkräfte besaßen, aber so schwer waren, dass kein Mensch sie drehen konnte. Fenja und Menja brachten diese Mühle mit Namen Grótti hingegen ohne weiteres zum Laufen, und der gierige Fróđi verlangte von seinen Mägden, wie sie in der Edda bezeichnet werden, ohne Unterlass für ihn Gold, Frieden und Wohlstand zu mahlen, denn die Mühle konnte alles hervorbringen, was man sich wünschte.

Verständlicherweise hatten Fenja und Menja an ihrem Dasein als Sklavinnen einiges zu bemängeln, weshalb sie nachts heimlich für sich selbst ein furchtloses Heer mitsamt grimmigem Anführer namens Mysing mahlten. Diese Streitmacht beendete im Handstreich Fróđis Frieden mit einem epischen Gemetzel und setzte sich danach mit den beiden Riesinnen per Schiff über das Meer ab, das damals noch mit Süßwasser gefüllt war. Unterwegs ergriff die Gier jedoch Besitz von Mysing, der nun seinerseits Fenja und Menja zwang, ihm Unmengen von Salz zu mahlen. Die beiden mussten erneut gehorchen und drehten die Mühlsteine wie befohlen. Selbst als die Boote bereits bis zum Rand gefüllt waren, hatte Mysing nicht genug. Doch schließlich vermochten die Schiffe das viele Salz nicht mehr zu tragen. Zwischen den Inseln der Lofoten im Norden Norwegens versanken sie unter der Last im Meer und ergossen ihr Salz ins Wasser, das seitdem salzig ist. Die Mühlsteine aber mahlen auch am Grund immer weiter und reißen das Meer durch ihr Loch spiralig in die Tiefe. So ist der Malstrom entstanden.

ABGESCHRIEBEN UND ÜBERTRIEBEN

Die im 13. Jahrhundert verfasste Edda war nur der Startpunkt für die populistische Karriere des Malstroms. Immer wieder griffen Autoren die Geschichte um den unheimlichen Strudel auf. Darunter der schwedische Bischof Olaus Magnus, der in seiner Abhandlung über die nordischen Völker so ziemlich jeden damals bekannten Meeres-Mythos aufgenommen hat. Seiner Überzeugung nach war der Malstrom weitaus stärker als der sizilianische Charybdis-Strudel, vom dem er wohl während

Bischof Olaus Magnus hat den Malstrom zwar vermutlich niemals zu Gesicht bekommen, ihm aber dennoch einen Platz auf seiner berühmten Karte zugedacht.

seines Exils in Rom öfter gehört hat. Hinter dem nordischen Meeresschlund vermutete er gar göttliche Kräfte und ließ ihn auf seiner *Carta Marina* («Karte des Meeres») von 1539 entsprechend groß darstellen.

Wer den Strudel vor Ort studieren konnte, war zwar ebenfalls beeindruckt, verfiel aber weniger leicht in Übertreibungen. Der norwegische Dichter und Pfarrer Petter Dass beschrieb in seinem Werk «Nordlands Trompet» («Die Trompete des Nordlandes»), an dem er in den Jahren von 1678 bis 1700 arbeitete, neben den Menschen, der Tierwelt, der Fischerei, dem Handel, dem Wetter und jedem einzelnen Lehngut in seiner Heimat auch den Malstrom ausführlich und bemerkenswert genau. Er erkannte, dass der Strudel bei Vollmond und Neumond am stärksten und bei Halbmond am schwächsten war, und vermutete den ständigen Gezeitenstrom von Wasser in die Fjorde hinein und aus ihnen heraus als Ursache des Phänomens. Sein Buch erschien jedoch erst 1739, über 30 Jahre nach seinem Tod, und wurde lange Zeit nicht in eine der geläufigeren europäischen

Odysseus war wieder Erster

Es gibt wohl kaum ein Unglück auf Meeren, das Odysseus nicht widerfahren wäre. Auch mit einem Meeresstrudel in Gestalt des Ungeheuers Charybdis musste Homers Held sich herumschlagen. Dreimal täglich sog es das Wasser des Meeres ein und spie es wieder aus und versenkte dabei alle Schiffe, die in den Sog gerieten. Odysseus überlebte die Tortur dennoch, weil er sich rechtzeitig an einem Feigenbaum festhielt, der auf der Insel des Ungeheuers wuchs. Mit den Händen paddelnd machte er sich auf den Trümmern seines Schiffes davon.

Sprachen übersetzt, sodass die Nachwelt weiterhin ungestört von der Realität spekulieren und übertreiben durfte.

Sie nutzte die Gelegenheit mit freudigem Grusel. Friedrich Schiller verführte in seiner Ballade «Der Taucher» die kühnen Recken mit einem goldenen Becher, den der König in den Malstrom wirft. Und Edgar Allan Poe verwendet für seine Erzählung «A Descent into the Maelstrom» («Hinab in den Maelström») Berichte verschiedener Autoren und den Eintrag aus der damaligen Auflage der «Encyclopaedia Britannica» – ganz so, wie es Jules Verne für seinen Roman «20000 Meilen unter den Meeren» und Herman Melville in «Moby Dick» machen, auch wenn sie den Malstrom nur nebenbei kurz erwähnen.

Das reichte aus, um ihn zu einem Superstar unter den Meeresstrudeln zu machen, der es bis in die Popkultur geschafft hat und den es in verschiedenen Computerspielen zu bezwingen gilt.

Auch wenn die Wirklichkeit nicht ganz so dramatisch aussieht.

Wer den Malstrom einmal mit eigenen Augen sehen will, kann sich heutzutage bequem per Pauschalreise nach Nordnorwegen begeben. Allerdings wird er sich Flugzeug und Bus höchstwahrscheinlich mit einer Gruppe begeisterter Angler teilen müssen. Seit dem 12. Jahrhundert kommen Fischer von weit her an den Vestfjord, an dessen Eingangspforte der Malstrom – oder Moskenstraumen, wie er in seinem Heimatland heißt – liegt. Sie werden vom Kabeljau angelockt, der im Februar und März seinen Laich im Fjord ablegt. Wie viele andere Fischarten nutzt er das nährstoffreiche Wasser des Golfstroms, das mit dem Strom in den rund 200 km langen und 500 m tiefen Meeresarm fließt. Zweimal täglich tauschen die Gezeiten so viel Wasser aus, dass sich die Oberfläche im Fjord um 4 m hebt und senkt. Und genau dadurch entsteht der Malstrom wirklich.

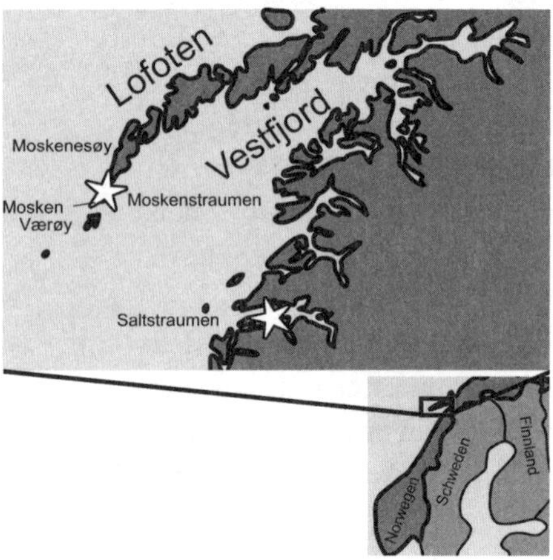

Der Malstrom wirbelt zwischen den Lofoten-Inseln Moskenesøy und Værøy im Bereich der Insel Mosken, der er seinen norwegischen Namen Moskenstraumen verdankt.

All das viele Wasser muss nämlich durch einen Flaschenhals, in dem der Grund lediglich 20 bis 60 m tief ist. Obwohl der Malstrom mehrere Kilometer breit ist, muss sich das Wasser extrem beeilen, um mit Ebbe und Flut mitzuhalten. Mit einer Geschwindigkeit von bis zu 20 km/h saust es durch das Nadelöhr. Bei diesem Tempo ist es vorbei mit der Ruhe. Die Ufer am Rand halten den Strom zurück, und Unebenheiten am Grund versetzen dem Fluss Dellen. Hinzu kommen Winde, die in starken Böen Wellen bilden. Es entwickeln sich Turbulenzen, die ein ganzes System größerer und kleinerer Wirbel bilden. Rund 50 m Durchmesser erreicht der mächtigste Strudel während dieser Zeit. Er ist gemeint, wenn Sagen und Dichtungen vom Malstrom sprechen.

Kurz darauf ist wieder alles still. Ist der Fjord erst einmal gefüllt oder geleert, beruhigt sich das Wasser für einige Minuten. Während dieser Phase ist der Malstrom gefahrlos schiffbar. Bis sich der Strom umkehrt und die Wirbel erneut zum Leben erwachen.

Aber fressen sie dann tatsächlich Schiffe?

KEIN KILLER, ABER NICHT GANZ HARMLOS

Es war im Sommer 1947, als sich der britische Autor George Orwell an die Westküste Schottlands zurückzog. Hier, auf der abgeschiedenen Hebrideninsel Jura, wollte er ganz in Ruhe seinen Roman «1984» schreiben. Und hier wäre er beinahe das berühmteste Opfer eines Meeresstrudels geworden.

Auf Deutsch müsste man den Namen der Straße von Corryvreckan etwa mit «Kessel des gefleckten Meeres» übersetzen, doch die Mühe macht sich niemand, denn eigentlich ist die Meerenge zwischen Jura und der Nachbarinsel Scarba nicht sonderlich bemerkenswert. Oder besser gesagt, sie wäre nur eine von vielen kleinen Meeresstraßen, wenn es nicht den Corryvreckan-Strudel gäbe. Er entsteht, wenn das frische Atlantikwasser mit der Flut aus Süden auf die Meerenge zwischen den Inseln trifft und dort eine unterseeische Zinne umfließen muss. Obwohl sie nur bis auf 29 m an die Oberfläche heranreicht, verursacht sie den drittgrößten Strudel der Welt, mit Wellen, die über 5 m hoch werden können, und ein Getöse veranstalten, das man noch in 16 km Entfernung hören kann. Glaubt man der schottischen

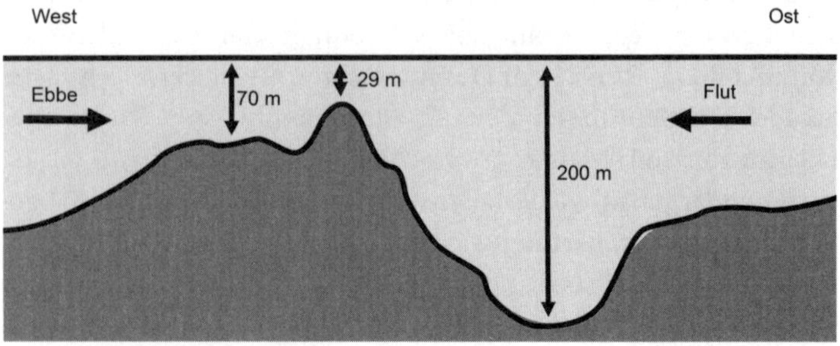

Das Profil verrät alles: Ein tiefes Loch und eine Zinne – kein Wunder, dass die einlaufende Flut in der Straße von Corryvreckan verwirrt ist.

Mythologie, dann wäscht die Wintergöttin Cailleach Bheur hier ihre Wäsche, die sich dann als weißer Schnee auf das Land senkt.

Wer auf seinem Schiff von der Strömung gepackt wird, hat aber meistens wenig Sinn für romantische Sagen, denn der Corryvreckan-Strudel brüllt nicht nur, er beißt auch. Beispielsweise erlitt 1820 der Schaufelraddampfer PS *Comet* Schiffbruch, als er

Strudel oder Wirbel?

Als Wirbel wird die annähernd kreisförmige oder spiralige Bewegung von Teilchen einer Flüssigkeit oder eines Gases bezeichnet. Obwohl sie in der Natur häufig vorkommen, beispielsweise als rotierende Tiefdruckgebiete oder Windhosen, sind sie physikalisch nicht einfach zu beschreiben.

Der Strudel ist eine spezielle Art von Wirbel in einer Flüssigkeit. Durch die Zentrifugalkraft wird hier das Material nach außen gedrückt, und es entsteht eine trichterförmige Vertiefung. Meeresstrudel tragen ihren Namen damit zu Recht, gehören aber ebenso zu den Wirbeln.

in den Strom geriet. Einen Teil des Gebiets stuft die Marine deshalb als unbefahrbar ein.

Auch George Orwell wusste um die Gefahr. Dennoch unternahm er mit seinem dreijährigen Sohn und zwei Begleitern einen Bootsausflug in eine Bucht im Norden von Jura. Auf ihrem Rückweg mussten sie zwar an dem Strudel vorbei, doch wenn nicht gerade die Flut auflief, hielt sich das Risiko in Grenzen. Vorausgesetzt, man weiß den Gezeitenkalender zu lesen und das Schicksal hat keine schlechte Laune. Orwells Fähigkeiten als Seemann waren aber wohl nicht so ausgeprägt wie sein schriftstellerisches Talent, und so geriet sein Boot auf dem Rückweg zu nah an den Strudel, der bereits dabei war, sich abzuschwächen. Im Bemühen, noch schnell seine unverhofften Opfer ins Verderben zu reißen, raffte sich das wilde Wasser ein letztes Mal kräftig auf und rüttelte am Motor des Bootes, der sich daraufhin aus seiner Verankerung löste, ins Meer fiel und versank. Nun wurde die Lage der kleinen Gruppe erst richtig dramatisch. Eine angemessene Portion Panik im Nacken, legten sich die Unglücklichen mit aller Kraft in die Ruder. Mit Müh und Not – und weil der Strudel endlich ganz zur Ruhe kam – retteten sie sich auf eine kleine Felsinsel in einer Meile Entfernung von Jura. Gefrustet von der unerwarteten Rettung und in einem letzten Anflug von Gemeinheit kippte das Schicksal beim Aussteigen das Boot um, sodass die vier Ausflügler wenigstens durchnässt und frierend auf dem einsamen Felsen gestrandet waren.

Ihr Abenteuer nahm aber schließlich ein versöhnliches Ende. Um ihre Kleidung zu trocknen und sich aufzuwärmen, entfachten die Schiffbrüchigen ein Feuer, das einige Hummerfischer bemerkten. Sie sammelten die Gruppe ein und brachten sie wohlbehalten zurück nach Jura.

Orwells Beispiel zeigt nicht nur, dass man sich vor Ausflügen in tückischen Gewässer stets gut mit den Zeiten für Ebbe und Flut vertraut machen sowie den Motor des Bootes wirklich sicher befestigen sollte, es verrät obendrein, dass besonders kleine Boote und Schiffe sich vor Strudeln in Acht nehmen müssen! Ein sportliches Segelboot oder eine kleine Yacht können durchaus von einem großen Wasserwirbel ins Verderben gezogen werden, wohingegen ein Ozeanriese oder ein Superfrachter mit über 100 m Länge selbst den Malstrom allenfalls am gelinden Ruckeln während der Fahrt wahrnehmen würden. Allerdings hätten solche Giganten bei der Fahrt durch wirbelbelastete Gewässer ganz andere Probleme, denn die Strudel entstehen eben vor allem dort, wo es eng wird für das Wasser.

WELTWEITE STRUDELEI

Was Elefant, Nashorn, Büffel, Löwe und Leopard für Afrika, sind Malstrom, Saltstraumen, Corryvreckan, Naruto und Old Sow für die Meeresstrudel – die «großen Fünf». Jeder einzelne von ihnen hat seine ganz speziellen Eigenheiten.

Der Malstrom ist als größter Meeresstrudel so bekannt, dass manchmal auch andere Wasserwirbel als «Malstrom» bezeichnet werden.

Wenn es um Geschwindigkeit geht, zeigt ihm aber der Saltstraumen, was richtiges Tempo ist. Mit 40 km/h wird er gut doppelt so schnell wie die meisten anderen großen Ströme. Kein Wunder, denn der direkte Nachbar des Malstroms muss bei jedem Gezeitenwechsel 400 Millionen Kubikmeter Wasser austauschen, die nur über einen 150 m breiten Engpass vom Yttre Saltfjord (Äußerer Saltfjord) in den Skjerstadfjord (Innerer Saltfjord) können. Weil das trotz aller Anstrengung nicht ganz klappt, liegen die Wasserspiegel auf den beiden Seiten häufig um einen vollen Meter auseinander, und es treten zahlreiche Strudel mit 10 m Durchmesser und 5 m tiefem Trichter auf.

Ein Blick auf die Erdkugel

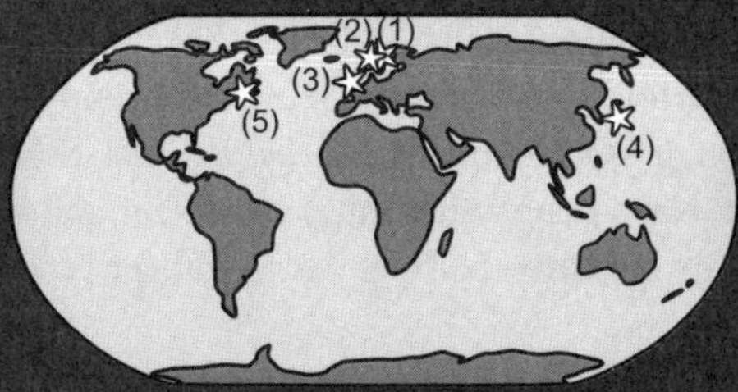

Meeresstrudel treten an engen Seestraßen auf, wie beispielsweise die «großen Fünf»: (1) Malstrom, (2) Saltstraumen, (3) Corryvreckan-Strudel, (4) Naruto-Strudel, (5) Old Sow.

Diese Differenz kann die Naruto-Straße im Süden Japans locker überbieten. Bis 1,5 m unterscheiden sich die Wasserstände des Pazifiks und des Seto-Binnenmeeres, die von der Meerenge verbunden werden. Die 20 m messenden Naruto-Strudel, die viermal am Tag anwachsen, lassen sich gut vom Boot aus beobachten – oder von den Glasfenstern in der Promenade unter der Fahrbahn der Naruto-Brücke.

Der kanadische Old Sow («Alte Sau») verdankt seinen eigentümlichen Namen womöglich der Schwierigkeit, aus der Schreibweise eines englischen Wortes auf dessen Aussprache zu schließen. So artikuliert man das Wort «sough» («heulen», «pfeifen»), mit dem die Laute des Strudels beschrieben wurden, etwa wie «szaff». Weil manche Wörter mit ähnlicher Schreibweise wie beispielsweise «plough» («Pflug») aus dem «–ough» aber ein gesprochenes «–au» machen, sprachen einige der frühen Siedler den Wirbel irrtümlich «old szau» aus, was dann korrekt als «Old Sow» niedergeschrieben wurde.

Neben der großen alten Sau, die auf einer Luftaufnahme angeblich volle 76 m Durchmesser haben soll, tummeln sich südwestlich von Deer Island in der Provinz New Brunswick auch einige kleine Ferkelchen-Strudel. Für kräftige Motorboote stellen sie allesamt keine Gefahr dar, doch Segelschiffe mit einem Kiel und Ruderboote sollten das Gebiet während der Gezeiten besser meiden. Zusammen mit den beiden Geisterschiffen, die ebenfalls vor New Brunswick unterwegs sein sollen, ist jedenfalls bestens für die Unterhaltung der Seefahrer gesorgt.

BEI DER EHRE DES KLABAUTERMANNS

Wo starke Strömungen auf beengende Verhältnisse treffen und die Topographie des Meeresgrunds ein wenig Hilfestellung leistet, geht es im wörtlichen Sinne rund. Vor allem das Wechselspiel von Ebbe und Flut treibt Wirbel an, die als Strudel kleine und gelegentlich auch mittlere Schiffe in die Tiefe reißen können. Zum Glück sind die entsprechenden Stellen mittlerweile bekannt, und einschlägige Nachschlagewerke für die Schiffsführung warnen vor den Gefahren. Ihrem Ruf als Schiffe verschlingende Monster können die Strudel daher nur noch im Mythos gerecht werden.

Fazit: Der Mythos vom Wirbelstrudel kann vor einer kritischen Prüfung bestehen, muss sich aber angesichts der Realität bescheidener geben.

WO GIBT ES MEHR?

«Hinab in den Maelström»

http://gutenberg.spiegel.de/buch/hinab-in-den-maelstrom-2272/1

Edgar Allan Poes Erzählung vom norwegischen Malstrom.

«Close Encounters with the Old Sow»

http://www.smithsonianmag.com/travel/close-encounters-with-the-old-sow-48091759/

Ein Artikel über knappe und tragische Ereignisse vom Präsidenten des Old-Sow-Überleber-Clubs. (englisch)

Naruto-Wirbel

https://www.youtube.com/watch?v=N7huLmvgsNY

Die Naruto-Strudel vom Hubschrauber aus gesehen.

TEIL 4

Trügerisches Land

Land in Sicht!»

Der Ruf ist für Seefahrer nicht immer eine Freudenbotschaft. Land kann auch tückisch sein und mitunter gar ganze Schiffe und Besatzungen ins Verderben reißen. Damit sind nicht einmal verborgene Riffe, unsichtbare Sandbänke und unterseeische Berge gemeint, die einem Schiff aus heiterem Himmel zum Verhängnis werden können. Diese Gefahren sind alle real und lauern auch heutigen Schiffen noch auf – Dank moderner Seekarten, satellitengestützter Navigation und dem Sonarblick unter die Wasseroberfläche mit weitaus geringerem Erfolg als früher.

In diesem Kapitel geht es stattdessen um Land, an das die Seefahrer vergangener Zeiten fest geglaubt haben. So fest, dass sie es in Karten eintrugen und detailreiche Geschichten von ihm erzählten, obwohl sie es niemals mit eigenen Augen gesehen hatten. Oder sie hatten es gesehen, aber nur ein einziges Mal und danach nie wieder finden können. Aber sie wussten von Kameraden, die dort gewesen waren, in seinem Windschatten geankert und das Land sogar betreten hatten. Das hatten sie ihnen zumindest berichtet. Und es waren die Erzählungen ehrbarer Männer: Kapitäne, Entdecker und sogar Geistliche. Ihr Wort galt mitunter mehr als die eigene Erkenntnis, das dort nichts als Wasser war, wo angeblich das Paradies liegen sollte.

Oder die Hölle. Denn manches Land riss Schiffe auseinander und stürzte Seeleute in den nassen Tod. Oder es zog sie an sich und ließ sie jämmerlich zugrunde gehen, unfähig, sich von ihm zu lösen und ihm zu entkommen. Von Glück konnte sagen, wer lediglich in die Irre geleitet wurde. Überall konnte dieses Verhängnis lauern, ganz bestimmt aber war es am Nordpol zu Hause. Sicher war nur, wer daheim auf dem festen Land blieb.

Doch wenn der Mensch nicht zur See kommt, kommt die See zu ihm. Sie überrollt das Land, reißt es mit sich und bedeckt es mit ihren Fluten. Wo gestern noch blühende Landschaften und stolze Zivilisationen herrschten, erstreckt sich heute endloses Meer. Geblieben sind lediglich verklärende Legenden und rätselhafte Funde auf dem Meeresgrund.

Phantominseln, die mal da sind und dann wieder nicht; Magnetberge, vor denen selbst hartgesottene Seebären zitterten; und prächtige Reiche, die in Sintfluten biblischen Ausmaßes versunken sind – auch das Land trägt seinen Teil bei zu den Mythen der Meere.

Behalten Sie beim Lesen besser das Meer im Auge …

Phantominseln – Geheimnisumwobene Sehnsuchtsorte

Die klare Sicht erleichterte mir die Aufgabe, mich im weiten Kreis umzusehen, und mit dem Fernglas konnte ich oberhalb des Eishorizonts ein wenig genauer die schneebedeckten Gipfel des entfernten Lands im Nordwesten ausmachen.

Mein Herz übersprang die dazwischenliegenden Meilen von Eis, während ich mich verzehrend auf dieses Land sah, und in Gedanken schlenderte ich an seinen Ufern entlang und erklomm seine Gipfel, obwohl ich wusste, dass dieses Vergnügen in der Zukunft auf jemand anderen wartete.

Robert E. Peary: «Nearest the Pole»

Es gibt sie noch – die tropischen Südseeinseln, deren weiße Sandstrände kein Tourist jemals betreten hat. Die seit ihrer Entdeckung unbehelligt geblieben sind von Unrast und Unrat der Zivilisation. Nicht einmal ursprüngliche Naturvölker haben sich auf ihnen angesiedelt. Ganz und gar jungfräulich liegen sie da und werden für alle Zeiten menschenleer bleiben.

Was die Menschen von diesen Paradiesen fernhält, sind nicht etwa feuerspeiende Vulkane, zerstörerische Taifune oder giftiges Krabbelgetier. Das alles ließe sich wunderbar als naturnahes Erlebnis vermarkten und riefe zahllose abenteuerhungrige Outdoor-Hipster und Großraumbüro-Überlebensspezialisten aus den Dschungelmetropolen Europas und den USA herbei. Nein, das Manko dieser Inseln ist im wörtlichen Sinne mehr existenzieller Natur: Sie sind nicht real. Obwohl sie auf Karten verzeichnet sind und in historischen Dokumenten erwähnt werden (einige sollen sogar gelegentlich als Notlandeplätze in den Routenplänen von Fluggesellschaften aufgeführt sein), schweift das suchende Auge an den entsprechenden Positionen über endlose Wasserflächen. Phantominseln sind eben nur in einem ehrlich: Sie sind wahre Phantome.

EINMAL UM DIE WELT AUF DER SUCHE NACH EINER INSEL

Wenn Sie wissen möchten, wie Europäer in der zweiten Hälfte des 19. Jahrhunderts die Welt gesehen haben, dann seien Ihnen wärmstens die Romane von Jules Verne empfohlen. Beispielsweise die Abenteuergeschichte «Die Kinder des Kapitän Grant». Die Handlung ist natürlich frei erfunden, doch wie bei Verne üblich, basiert sie auf den damals neuesten Erkenntnissen der Wissenschaft – in diesem Fall hauptsächlich der Geographie – und hat damit in gewissem Maße zugleich den Charakter eines Sachbuchs.

Seinen Anfang nimmt das Drama mit einer Flaschenpost, die im Magen eines Hammerhaies zum Vorschein kommt, als dieser gefangen und ausgeweidet wird. Gleich in drei Sprachen ruft darin der verschollene Kapitän Grant um Hilfe und bittet, ihn von einer Insel zu retten, auf die er sich nach einem Schiffbruch mit zwei seiner Matrosen retten konnte und deren Koordinaten er brav angegeben hat. Dummerweise ist die Nachricht vom Salzwasser angegriffen, weshalb nur noch der Breitengrad zu entziffern ist, nicht aber der Längengrad. Ein unverhofftes Glück für den Leser, denn dadurch sind die edlen Helden der Erzählung, die natürlich umgehend zu einer Bergungsmission aufbrechen, gezwungen, den gesamten Erdball abzusuchen, immer strikt entlang der unsichtbaren Linie des 37. Breitengrades. Wie es sich für einen echten Thriller gehört, fangen sie ihre Suche am falschen Ende an und arbeiten sich an verheerenden Erdbeben, räuberischen Kondoren, heftigen Überschwemmungen, mörderischen Stürmen, verbrecherischen Seemännern, verhinderten Piraten und kannibalischen Maori ab, bis sie zum guten Schluss letztlich doch erfolgreich sind und den geduldig ausharrenden Kapitän auf dem Maria-Theresia-Riff finden und einsammeln.

Dieses Riff hat zwei spezielle Eigenschaften, die der ganzen Geschichte das Verne-typische Maß an Authentizität verleihen und ihr einen Platz am Anfang dieses Kapitels sichern. Da ist zunächst sein Name, der zwar auf Deutsch (Maria-Theresia-Riff) und Englisch (Maria Theresa Reef) fast gleich lautet, auf Französisch jedoch seinem Entdecker entlehnt ist: Île Tabor. An diese Doppelbenennung erinnert sich der mitreisende Geograph seltsamerweise erst am Ende des Buches, denn ansonsten hätte er wohl schneller auf das Riff als Insel der Schiffbrüchigen getippt, und die Erzählung wäre recht kurz geworden. Von der zweiten Besonderheit konnte Verne jedoch trotz seiner akribischen Recherche nichts ahnen, weil damals niemand auf der Welt diesem Rätsel des Riffs auf die Spur gekommen war. Einhellig gaben die Karten und Nachschlagewerke über fast 150 Jahre hinweg die Maße der Insel mit 8 km Länge und 3 km Breite an und schrieben ihr eine Höhe von rund 100 m über dem Meeresspiegel zu – doch in Wahrheit existierte die Insel nicht. Und es hat sie auch nie gegeben. Das Maria-Theresia-Riff ist und war schon immer eine Phantominsel!

EINE ZEITUNGSENTE WIRD ZUR INSEL

Wie es dazu kam, dass es ein virtuelles Eiland nicht nur in einen Abenteuerroman, sondern auch in die hochseriösen Karten beispielsweise des britischen hydrographischen Dienstes schaffte, hat der deutsche Kapitän und Verne-Fan Bernhard Krauth in den 1980er Jahren recherchiert, zu einer Zeit, als man Anfragen noch zu Papier und anschließend zum Briefkasten brachte und öffentliche Institutionen selbst Schülern, wie Krauth damals einer war, ausführliche Antworten schickten. Was er herausfand, war ebenso dubios wie aufschlussreich.

Demnach verdankte die Insel ihre gesamte Scheinexistenz allein wenigen Zeitungsartikeln. Am 25. Oktober 1844 meldete der «New Bredford Mercury», ein Kapitän Tabor vom Walfangschiff *Maria Theresa* hätte laut «Sidney Herald» am 16. November 1843 bei 37 Grad Süd und 151 Grad 13 Minuten West ein gefährliches Riff entdeckt. Das war schon alles. Mit dieser kurzen Notiz nahm die Karriere des Maria-Theresia-Riffs seinen Anfang. Eine Zeitung hatte bei einer anderen abgeschrieben, und anscheinend hatte wenigstens eine von beiden nicht aufgepasst, denn es steckten gleich zwei Fehler und eine Ungenauigkeit in dem knappen Beitrag. So hieß der Kapitän der *Maria Theresa* in Wahrheit nicht Tabor, sondern Asaph P. Taber. Und laut Logbuch war das Schiff während seiner gesamten Fahrt nicht einmal in der Nähe der angegebenen Position gewesen. An dem bestimmten Tag hatte es sich sogar mehrere hundert Seemeilen weiter nordöstlich befunden. Dort hatte die Mannschaft etwas gesichtet, das im Logbuch mal als «Brecher» oder «Brandung» (im englischen Original «breakers») und dann wieder als «Walblas» («breaches») bezeichnet wurde. Eine Brandung hätte durchaus auf ein Riff hindeuten können. Als Walfänger hat der Kapitän der *Maria Theresa* aber vermutlich eher eine Notiz im Logbuch vermerkt, an welcher Stelle Wale anzutreffen sind und wo sich deshalb später eine erneute Jagd lohnen könnte.

Das Maria-Theresia-Riff war demnach wohl nicht mehr als eine Zeitungsente infolge fehlerhafter Mundpropaganda zwischen Journalisten. Trotzdem nahmen die verantwortlichen Institutionen und Verlage es vorsichtshalber in ihre Karten auf und zögerten bis in unsere Zeit damit, es wieder zu streichen. Stattdessen verschoben sie den Eintrag lediglich von der alten, wirklich total falschen Stelle an jenen Ort, wo der Kapitän der *Maria Theresa* am 16. November seinen unklaren Logbucheintrag vorgenommen hatte. Sicher ist sicher! Denn solange niemand in jene entlegene Ecke des Pazifiks fährt und nachmisst, wie tief das Wasser an der betreffenden Stelle wirklich ist, schadet es weniger, eine Insel zu viel auf der Karte zu haben, als mitten im Ozean von einem vergessenen Riff überrascht zu werden. Schließlich reichen bereits wenige Handbreit Wasser über einem scharfkantigen unterseeischen Riff, um es vor den sonst unbestechlichen Augen der Erdbeobachtungssatelliten zu verbergen und es zu einem potenziellen Schiffeversenker zu machen. Manche Phantominseln bevölkern deshalb noch heute die Seekarten aus Vorsicht, weil dort vielleicht ja doch etwas sein könnte.

Andere verdanken ihre Scheinexistenz fehlgeleiteten Theorien oder wanderten wie Mietnomaden über die Leere der Meere.

Der menschliche Geist mag es nicht, wenn er sich die Welt um sich herum nicht erklären kann. Und so stellt er Überlegungen an, die mal mehr, mal weniger zutreffend das Geschehen zwischen Himmel und Erde und darüber hinaus begreiflich machen. Beispielsweise, dass kurz vor dem Weihnachtsneumond geschlagenes Holz besonders widerstandsfähig sei (das ist Unsinn) oder dass große Massen die Raumzeit krümmen und Lichtstrahlen verbiegen (das trifft tatsächlich zu).

Unter den Geographen aus der Epoche der großen Entdeckungen war die Annahme verbreitet, es müsse auf der anderen Seite der Erdkugel einen großen Kontinent geben, den sie Terra Australis nannten und der als Gegengewicht zu Europa dafür sorgte, dass der Globus nicht aus dem Gleichgewicht geriet. Der Gedanke klang so überzeugend, dass seit dem Ende des Mittelalters die großen Seefahrernationen immer wieder Entdecker aussandten, um dieses sagenhafte Land in Besitz zu nehmen. Doch alles, was sie fanden, waren das enttäuschend kleine Australien und die viel zu kalte Antarktis.

Und eine gewaltige Menge Inseln jeder Größe. Japan, Neuseeland, Neuguinea, Hawaii, die Fidschis, Cook-Inseln, Osterinseln, Gesellschaftsinseln ... Ob tropisch oder polar, gedrängt oder einsam – der Pazifische Ozean hielt für jeden Geschmack eine Insel parat. Und weil nichts Besseres zu kriegen war, nahmen die Kapitäne ebenjene Inseln für König, Vaterland und zum eigenen Ruhm in Besitz und trugen die Position in ihre Karten ein. Oder das, was sie für die Position hielten. Denn die Navigation auf hoher See war mit Quadrant, Sextant, Chronometer und Log eine Kunst für sich, in der längst nicht jeder Navigator ein Meister war. Dementsprechend landete manche echte Insel auf den Karten an Stellen, wo sich in der Realität nichts als tiefstes Wasser befand. Segelte nun ein anderer Kapitän mit ebensolch einer Karte in die gleiche Gegend, traf er vielleicht ebenfalls auf die Insel, hielt sie aber für eine andere, weil seine eigenen Positionsbestimmung ein ganz anderes Ergebnis erbrachte. Damit war die Insel schon zweimal entdeckt und wanderte dementsprechend doppelt in die Karten. Oder dreifach. Oder noch häufiger. Je nachdem, wie gut die Positionsbestimmungen waren und wie oft die Inseln angelaufen wurden. Wohl in keiner anderen Erdepoche sind so viele Inseln neu entstanden wie in diesen zweieinhalb Jahrhunderten.

Mitunter waren die vermeintlichen Inseln aber gar keine. Beispielsweise stellte man erst spät fest, dass Korea und Kalifornien Verbindungen zum jeweiligen Festland besaßen und es sich damit lediglich um Halbinseln handelte. Auch die Südspitze Grönlands wurde irrtümlich zur Insel erklärt. In diesem Fall waren Meeresströmungen schuld an dem Irrtum. Obwohl sie von Bord eines Segelschiffes kaum zu bemerken sind, führen sie das Schiff mit großer Geschwindigkeit mit sich und bringen es erheblich vom Kurs ab. Der englische Seefahrer Martin Frobisher fiel wohl als einer der Ersten auf diese Drift herein und fand im September 1578 eine vermeintliche Insel, die nach dem Schiffstyp seiner *Emmanuel,* einer sogenannten Büse, «Insel Buss» getauft wurde. Fortan tauchte die Insel fast 300 Jahre in den Karten auf, und ihre Existenz wurde mehrfach von anderen Seefahrern bestätigt. Da machte es auch nichts, dass die Expedition der Hudson's Bay Company, welcher der englische König Karl II. 1675

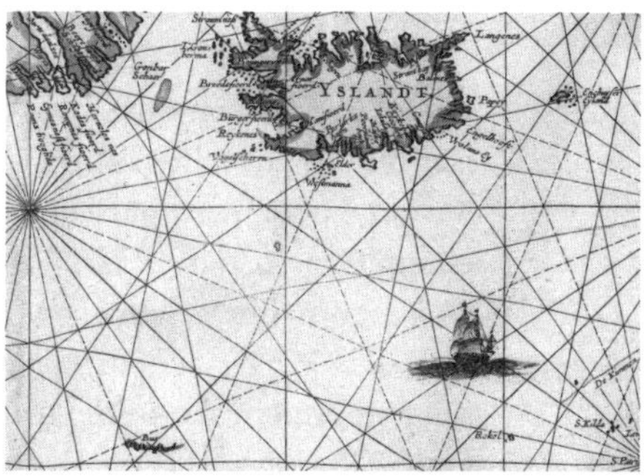

Weil man im 17. Jahrhundert die Südspitze Grönlands viel zu weit im Norden vermutete, hielt man sie häufig für eine Insel mit Namen «Buss» (hier links unten als «Bus» eingetragen).

großzügig die Insel Buss geschenkt hatte, erfolglos im Nordmeer nach ihrem Eigentum suchte. Später nahm man an, es hätte die Insel wenigstens in früherer Zeit gegeben, doch sie wäre versunken. Erst in der zweiten Hälfte des 19. Jahrhunderts, als sich die Gegend eines regen Schiffsverkehrs erfreute, verschwand die Insel Buss schließlich gänzlich von den Seekarten.

NICHTS GEFUNDEN, ABER TROTZDEM REICH BELOHNT

Die gewaltigen Probleme in der Navigation sprenkelten bis zum Ende des 18. Jahrhunderts manche Seekarten mit falschen Inseln wie der Bäcker das Brötchen mit Mohn. Eine nicht existente Insel «entdeckt» zu haben, war damals keineswegs peinlich, sondern konnte dem scharfsichtigen Kapitän sogar Ruhm und Ehre einbringen. Und manchmal einen einträglichen Posten. So auch einem der möglichen frühen Entdecker Amerikas.

João Vaz Corte-Real fand in seiner Wiege alles vor, was man im 15. Jahrhundert brauchte, um ein großer Seefahrer zu werden. Er war Portugiese, Spross eines Adelsgeschlechts und sog bereits mit dem ersten Atemzug die salzige Luft ein, die in seinem Geburtsort direkt an der Atlantikküste wehte. Was er mit diesen Gaben anfing, lässt sich anhand der Quellen leider nur mit einer recht großen Unsicherheit rekonstruieren, da das Material nicht nur spärlich ist, sondern obendrein teilweise von einem Chronisten stammt, der es mit der Wahrheit nicht immer so genau nahm. Glauben wir den Unterlagen, dann hat Corte-Real als Vertreter Portugals an einer dänischen Expedition teilgenommen, die unter dem Kommando der Norddeutschen Didrik Pining und Hans Pothorst stand. Ziel des internationalen Unternehmens war es, den Kontakt zu Grönland zu erneuern und dem aufstrebenden Spanien zu beweisen, wer das Herumkreuzen auf dem Atlantik am besten beherrschte.

Der Auftrag war 1473 eigentlich erledigt, doch über dem, was danach geschah, liegt ein dichter Nebel der Ungewissheit. Vermutlich ist Corte-Real von Grönland aus noch ein bisschen weiter nach Westen gesegelt, vielleicht auf eigene Faust, vielleicht zusammen mit der gesamten Reisegruppe. Im Westen entdeckten sie ein neues Land, das sie für eine Insel hielten. Dann musste die Expedition aber plötzlich irgendwie in Zeitnot geraten sein, denn statt ihre Entdeckung in Ruhe zu untersuchen und zu kartieren, eilte Corte-Real zurück in seine Heimat. Dort ließ er sich feiern und zum Lohn für das neue Stück Portugal im nördlichen Atlantik von König Alfons V. zum Gouverneur der Azoreninsel Terceira ernennen. Der neu entdeckten Insel verlieh man jedoch den Namen Bacalão, was auf Portugiesisch zwar schön klingt, aber wenig romantisch «Land des Stockfischs» bedeutet.

Vielleicht hätte man sich bei der Benennung des neuen Landes mehr Mühe gegeben, wenn man damals geahnt hätte, was Wissenschaftler heute vermuten – nämlich dass Bacalão in Wirklichkeit keine gewöhnliche Insel war, sondern das heutige Neufundland und damit ein Teil Amerikas. Sollte dies zutreffen, hätte der Portugiese rund 20 Jahre vor Kolumbus die Neue Welt entdeckt. Nicht als Erster, denn zumindest die Wikinger sind um das Jahr 1000 herum bereits in der Gegend gewesen und haben sogar zeitweilig dort gesiedelt. Aber vielleicht wäre Corte-Reals Entdeckung nachhaltiger gewesen, denn zwei seiner Söhne sind in die nassen Fußstapfen ihres Vaters getreten und ebenfalls zur Insel Bacalão aufgebrochen. Im Unterschied zu ihrem Vater sind sie jedoch niemals von ihrer Reise zurückgekehrt. Ansonsten würde man womöglich heute João Vaz Corte-Real anstelle von Kolumbus als Entdecker Amerikas feiern.

Müssen wir uns bei João Vaz Corte-Real und seiner Stockfisch-Insel mit Vermutungen und Spekulationen zufriedengeben, so geraten wir bei einigen Inseln, die angeblich von Bischöfen und Heiligen entdeckt wurden, vollends in das Reich des Glaubens – und ihr Glaube war für die Seeleute des Mittelalters häufig realer als die Wirklichkeit.

Eines der Paradebeispiele für diese Klasse von Phantominseln sind die Sankt-Brendan-Inseln, die westlich von Nordafrika liegen sollten, etwa im Bereich der Kanaren. Ihr angeblicher Entdecker war der irische Mönch und Nationalheilige Sankt Brendan von Clonfert, der im 6. Jahrhundert eine spektakuläre Seereise unternommen haben soll, deren älteste Berichte unter dem Titel «Navigatio Sancti Brendani Abbatis» allerdings frühestens zwei Jahrhunderte nach Abschluss der Fahrt niedergeschrieben wurden.

Brendan war ein unruhiger Geist. Gleich nach seiner Erhebung in den Priesterstand um das Jahr 512 zog er zunächst auf dem Gebiet des heutigen Großbritanniens und Nordfrankreichs herum, wobei er gelegentlich hier ein Kloster besuchte und dort eines gründete. Doch schon bald stand ihm der Sinn nach Höherem: Nicht weniger, als das verlorene Paradies wiederzufinden, setzte er sich selbst auf die Agenda. Als geeignetes Fahrzeug für diese Aufgabe erschien ihm ein selbstgebautes Boot aus Leder, das mit Spanten aus Holz in Form gebracht und mit Tierfett abgedichtet wurde. Diesen Curragh genannten Bootstyp benutzen irische Fischer und Angler bis heute noch gerne, wenn sie ein wendiges und leichtes Boot bevorzugen. Die Idee, damit bis zum Garten Eden zu segeln, kommt ihnen inzwischen allerdings nur noch höchst selten.

Anfang des 6. Jahrhunderts stieß das Vorhaben bei Brendans Glaubensbrüdern aber offensichtlich auf großes Interesse, sodass sich je nach Version des Reiseberichts 12 bis 16 Mitstreiter in dem kleinen Boot drängten. Auf mittelalterlichen Darstellungen musste die gesamte Besatzung sogar stehen, was aber wohl eher auf die damals aktuelle künstlerische Mode zurückzuführen ist, wonach es beim Malen weniger auf die korrekten Proportionen als vielmehr auf einen umfassenden Überblick ankam. Hart im Nehmen werden die Mönche jedoch gewesen sein, denn nach 40 Tagen Fastenzeit erlebten sie innerhalb der folgenden sieben Jahre so ziemlich alle unglaublichen Abenteuer, die man sich damals ausmalen konnte. Unter anderem begegneten sie Meeresungeheuern verschiedener Art, mussten sich des Vogels Greif erwehren, landeten auf Schafs- und Vogelinseln, bestaunten Kristallpfeiler, die in einem silbrigen Netz auf dem Meer trieben, und entzündeten ein Feuer auf einer vermeintlichen Insel, die sich dann als Wal entpuppte, der beleidigt unter ihnen wegtauchte. Sie wurden bewirtet und mehrmals fast selbst gefressen, besuchten den Einsiedler Paul, der seit 60 Jahren nackt auf einer Insel hockte und von einem Seeotter versorgt wurde, sowie den Sünder Judas, der an Sonn- und Feiertagen auf einem kahlen Felsbrocken Urlaub von den Qualen der Hölle machen durfte, und sie fanden immer Zeit, christliche Feste wie Weihnachten und Ostern zu zelebrieren.

Endlich, nach sieben Jahren und 28 Kapiteln, erreichten die Mönche das Paradies oder die «Insel der Seligen». Dummerweise lag es unter einem dunklen Nebel, der wie ein riesiger Tarnmantel das Land für weniger fromme Augen vorerst unsichtbar machte. Für die Öffentlichkeit sollte das Paradies erst zugänglich gemacht werden, wenn alle Menschen Christen sind. Dem heiligen Brendan und seinen Begleitern wurde jedoch in Anerkennung ihrer Beharrlichkeit eine Art Vorschau gewährt, und sie durften das Land betreten, um sich auszuruhen, bevor sie nach Irland zurückkehren mussten.

Die Tür zum Paradies war demnach für Normalsterbliche auf unabsehbare Zeit verschlossen. Doch das hielt eine ganze Reihe von Seefahrern, Abenteurern und Glücksrittern nicht davon ab, die Sankt-Brendan-Inseln zu suchen. Und viele behaupteten, sie wahrhaftig gefunden zu haben, darunter auch der portugiesische Prinz Heinrich der Seefahrer, der ansonsten als Entdecker eine echte Kapazität war und dem Portugal seine Vormachtstellung auf See verdankte. Uneinigkeit herrschte lediglich bezüglich des klitzekleinen Details, wo die Insel denn nun liegen sollte. Manche Karten verzeichneten sie gleich einen Katzensprung südlich von Irland, andere versetzten sie zu den Kanarischen Inseln, den Faröern oder Azoren.

Das alles interessierte aber niemanden mehr, als schließlich die Idee aufkam, der heilige Brendan könnte womöglich mit seinem Lederboot nach Amerika gelangt sein. Den Anhängern dieser Hypothese zufolge erinnern einige Beschreibungen in der Legende von seiner Reise verblüffend an tatsächliche Orte und Phänomene. Beispielsweise bedeutet der Name der Faröer-Inseln auf Deutsch nichts anderes als «Schafsinseln». Berge, die nach Schwefel stinken und mit Steinen werfen, hat die Insel Island mit ihren Vulkanen reichlich zu bieten. Und hinter den

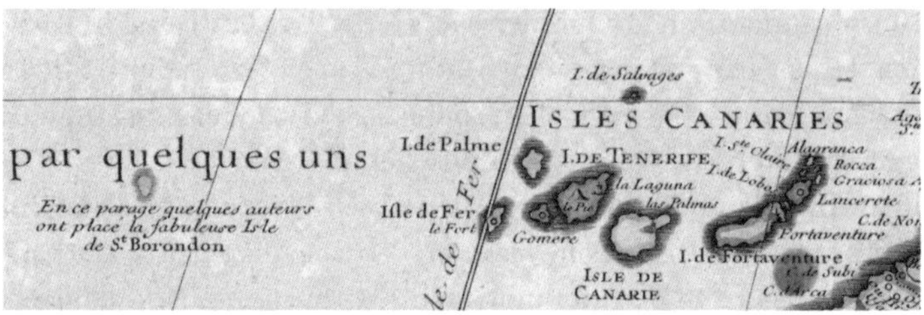

Auf dieser französischen Karte von 1707 heißt die Sankt-Brendan-Insel «Isle de St. Borondon» und ist bereits als «fabuleuse» («mythisch») gekennzeichnet.

«treibenden Kristallpfeilern» in ihrem «silbrigen Netz» könnten sich Eisberge inmitten von Eisschollen verbergen. Zusammengenommen lässt sich die Erzählung damit als eine zeittypisch blumige Routenbeschreibung zum amerikanischen Neufundland lesen. Wenn man denn in einem fettigen Lederboot so weit fahren könnte.

Man könnte. Der Aussicht, einen seiner Landsleute zum Entdecker der Neuen Welt zu machen, mochte der irische Historiker und Abenteurer Timothy Severin nicht lange widerstehen, und so stürzte er sich im Jahr 1976 ins Abenteuer und auf See. Mit einem Curragh in altertümlicher Bauweise segelte er mit einer kleinen Mannschaft tatsächlich von Irland bis nach Amerika. Eine Tour, die auch nicht schwieriger war, als wäre man mit moderner Ausrüstung unterwegs, fand Severin. Man musste sich lediglich daran gewöhnen, dass die Naturmaterialien schwerer zu bewegen waren, doch die Strapazen einer Atlantiküberfahrt steckten sie mühelos weg.

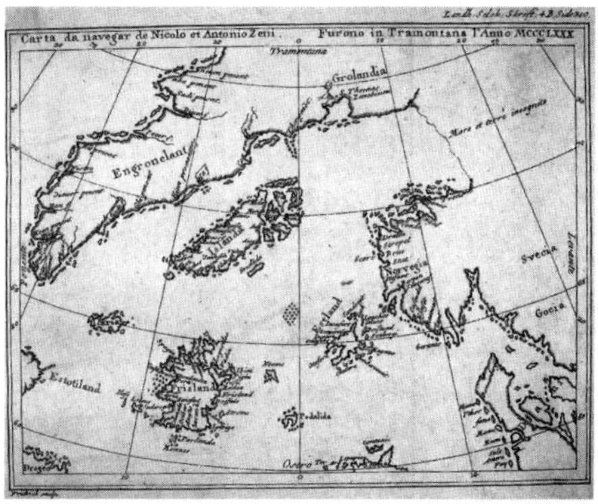

Auch Venedig beanspruchte die Entdeckung Amerikas zeitweilig für sich. Die sogenannte Zeno-Karte aus dem Jahr 1558 war angeblich das Resultat von Reisen der Zeno-Brüder über den Nordatlantik. Dummerweise zeigt sie mehrere Phantominseln, darunter Frisland, das für weitere 100 Jahre über fast alle Karten der damaligen Zeit geisterte.

Ein Beweis dafür, dass die Mönche tatsächlich Kolumbus um fast 1000 Jahre zuvorgekommen sind, war das Unternehmen natürlich nicht. Doch es könnte erklären, warum keine der vielen Karten, auf denen Brendans Inseln verzeichnet sind, die Eilande an der richtigen Stelle zeigt: Die Kartographen hatten sich einfach nicht getraut, das Land so weit in den Westen zu legen.

Der heilige Brendan war nicht der einzige Mönch, den es aufs Meer zog, und das Ziel muss nicht gleich das Paradies sein, um eine mythische Insel in die Atlanten zu befördern. Es genügt, wenn angeblich eine Gruppe von Bischöfen auf der Flucht vor den Mauren eiligst mit Schiffen in den Westen segelt. So soll es im Jahr 714 – die Jahreszahl «734», die Martin Behaim auf seinem Globus vermerkt hat, ist vermutlich ein Druckfehler – geschehen sein, als der Erzbischof von Porto mit sechs seiner Amtskollegen und zahlreichen ihrer Schäflein von der besetzten iberischen Halbinsel auszog und sich auf eine neue Insel rettete, die Antilia genannt wird. Es ist nicht bekannt, ob der Name ein Hinweis auf Platons Atlantis sein soll oder vom lateinischen Wort «anterior» (auf Deutsch: «vor») stammt und für eine Insel steht, die in westlicher Richtung «vor» China liegt. Dafür waren sich die Europäer des 15. Jahrhunderts sicher, dass jeder der sieben Bischöfe im meeresumwogten Exil eine Stadt gegründet hat und die Menschen in diesen Gemeinden in perfekter Harmonie gelebt haben.

Wen wundert es da, wenn die geplagten Sünder vom Festland sich auf die «Insel der sieben Städte» sehnten und nach ihr Ausschau hielten? Entsprechend häufig taucht sie auf Seekarten auf. Zum vielleicht ersten Mal auf der Karte eines anonymen Geographen von 1424, mit Sicherheit auf den Werken des Genuesers Beccario von 1435 und des Venezianers Andrea Bianco im darauffolgenden Jahr. Auch Martin Behaim hat 1492 auf seinem «Erdapfel» einen Platz für Antilia gefunden. Selbst die islamische Welt, die mit ihrer Eroberung Spaniens ja letztlich der Anlass für die Entdeckung der Insel war, wusste von ihr, wie ein arabischer Schriftzug auf der Karte des türkischen Admirals Piri Reis von 1513 nahelegt.

Nur schade, dass niemand jemals Antilia wirklich dingfest

Fehlende Zwischenstationen

Fehlende Inseln können Seefahrer in ernste Schwierigkeiten bringen, wenn sie sich allzu fest darauf verlassen, auf den Eilanden ihre Vorräte an Wasser und Lebensmitteln auffüllen zu können. Angeblich hatte Christoph Kolumbus bei seiner ersten Fahrt nach Amerika damit gerechnet, in Antilia Zwischenstation zu machen. Da es die Phantominsel nur auf den Karten gab, hatte er Glück, dass der Weg in die Neue Welt nicht allzu weit war.

machen konnte. Aber zugeben, dass man es nicht gefunden hatte, wollte auch niemand. Wer beständig an einer Insel, die aller Welt bekannt war, vorbeisegelte, lief Gefahr, seinen Ruf als guter Seemann zu verlieren. Und selbst wenn sich mal ein Kapitän traute zu beschwören, es gebe einfach kein Land, wo es auf den Karten eingetragen war, dann schob man die Insel eben einfach ein Stückchen weiter nach Westen. Ein Paradies verleugnete man nun einmal nicht.

Ganz ähnlich ging man vor, wenn eine reale Insel nicht der Beschreibung ihres Entdeckers entsprach. Lag anstelle des wildreichen Landes mit bewaldeten Hängen und sandigen Stränden nur ein schroffer Felsen vor dem Kiel, vermuteten Seeleute damals häufig, sie wären auf ein weiteres Eiland gestoßen und das eigentlich anvisierte Ziel müsste sich woanders befinden. Im Westen war schließlich reichlich Platz. Auch auf diese Weise wurde manche Insel doppelt und dreifach entdeckt.

Besonders, wenn ihr Mythos zu schön war, um nicht wahr zu sein.

So kommt es, dass die großen Meere voller Phantominseln aller Größe und Beschaffenheit waren – und wohl noch immer sind. Im Laufe der Jahrhunderte dürften es mehrere zehntausend gewesen sein. Hinter vielen von ihnen stehen Geschichten, die zu schade sind, um sich ebenfalls in Luft aufzulösen.

Der Name der Insel Hy Brasil oder Brasilinsel hat beispielsweise nichts mit Brasilien zu tun, sondern kommt vom Irischen «Uí Breasail», was «Nachkomme des Bresal» bedeutet. Auf Hy Brasil herrschten ebenfalls paradiesische Zustände, wie anscheinend auf allen Entdeckungen, die auf das Konto von Mönchen gehen. Wie bei Brendans Inseln liegt aber ein dicker Nebel über allem, der sich lediglich alle sieben Jahre für einen Tag lichtet. Zu selten, um sich auf den Karten zu halten, und so wurde Hy Brasil 1865 gestrichen.

Sandy Island schaffte es dagegen bis in unsere Zeit hinein und war sogar bei Google Earth und Google Maps verzeichnet. Rund 1000 km östlich von Australien sollte das 120 km^2 große Eiland liegen, das trotz seiner stattlichen Ausmaße erst 1972 von einem Franzosen entdeckt worden war. Als Maria Seton von der Universität von Sidney 30 Jahre später vor Ort nachsah, fehlte jedoch jede Spur einer Insel. Stattdessen maß die Geowissenschaftlerin eine Wassertiefe von über 1300 m. Zu viel, um irgendwo in der Nähe eine Insel zu erlauben.

Dass die Insel Bermeja nicht existiert, war für Mexiko ein herber wirtschaftlicher Rückschlag. Hätte sie 200 km vor Yucatán gelegen, wie es Karten aus dem 16. bis 19. Jahrhundert zeigen, hätte das mexikanische Hoheitsgebiet ein bedeutendes Ölfeld im Golf eingeschlossen. Nachdem sie aber weder 1997 noch 2009 aufzufinden gewesen war, unterstellten Verschwörungstheoretiker der CIA, sie hätte die Insel gesprengt, damit die USA statt Mexiko das Ölvorkommen ausbeuten können.

Die beiden Inseln Phélipeaux und Pontchartrain im Oberen See wurden fein säuberlich zwischen dem britischen Kanada und den USA aufgeteilt, als 1783 mit dem Frieden von Paris der amerikanische Unabhängigkeitskrieg endete. Als die Amerikaner nachsehen wollten, welche Rohstoffe es auf ihrem Anteil gab, suchten sie vergebens – nicht nur nach den Bodenschätzen und Wäldern, sondern gleich nach den ganzen Inseln. Vermutlich hatte der französische Geograph Jacques-Nicolas Bellin, der die Gegend kartographiert hatte, seinem Finanzier Louis Phélipeaux Graf von Pontchartrain einen Gefallen tun wollen, indem er zwei erfundene Insel nach ihm benannte. Eitelkeit soll sich ja nicht immer an der Realität orientieren.

Und außerdem haben Lügen einst sogar beinahe einen ganzen Kontinent ins Leben gerufen.

SCHNEEBEDECKTE GIPFEL IM NORDWESTEN

Robert Peary war ein Held. Vor allem nach seiner Rückkehr vom Nordpol, den er im Jahre 1909 als erster Mensch erreicht hatte, lagen ihm seine amerikanischen Landsleute zu Füßen. Oder zumindest fast alle. Denn ausgerechnet ein anderer US-Bürger zweifelte an, dass Peary überhaupt nur in der Nähe des Pols gewesen sei. Diesen Ruhm beanspruchte Frederick Cook, seines Zeichens Arzt und Polarforscher, für sich selbst. Dummerweise konnte keiner der beiden potenziellen Entdecker seine Behauptung beweisen, und so lag man sich öffentlich in den Haaren und warf sich gegenseitig Betrug und Scharlatanerie vor.

Als ein möglicherweise entscheidendes Detail erwies sich alsbald die Frage, ob es eine Landmasse namens Crocker Land nördlich von Kanada gab und wie diese gestaltet war. Peary behauptete nämlich in seinem Buch «Nearest the Pole», dessen «schneebedeckte Gipfel» aus der Ferne gesehen zu haben, wo-

Eskimo oder Inuit?

Auch Wörter haben ihre Mythen. So hält sich hartnäckig die Annahme, das Wort «Eskimo» würde «Esser von rohem Fleisch» bedeuten und wäre deshalb eine abwertende Bezeichnung für die indigenen Völker des nördlichen Polargebiets. Diese Deutung ist allerdings schon länger widerlegt. Die Herkunft des Namens ist nicht vollständig geklärt. Einige Linguisten vermuten als Ursprung ein Wort der Cree-Indianer für «Schneeschuhflechter», andere ein Innu-Indianer-Wort für «Menschen mit einer anderen Sprache». Heutzutage wird «Eskimo» wieder als Oberbegriff verwendet für die verschiedenen Volksgruppen der Inuit in Nordkanada und auf Grönland, die Iñupiat in Nordalaska und die Yupik im Bereich der Beringstraße.

hingegen Cook angab, durch die betreffende Region gereist zu sein und sie als flaches Gelände vorgefunden zu haben. Beides zugleich konnte nicht stimmen, und so entwickelte sich Crocker Land zur Nagelprobe, welcher der beiden Forscher nun der Lügner war. Ein Team von Wissenschaftlern sollte die Frage ein für alle Mal klären.

Damit nahm eine beispiellose Folge von Pleiten, Pech und Pannen ihren Lauf. Es fing damit an, dass der designierte Leiter der Crocker-Land-Expedition noch vor dem eigentlichen Beginn des Abenteuers beim Kajakfahren ertrank. An seine Stelle trat der Peary-Bewunderer Donald Baxter MacMillan, der Crocker Land als «die letzte große geographische Frage des Nordens» betrachtete. Leider war ihm das Glück auch nicht hold. Zwar gelang es ihm, vorläufig am Leben zu bleiben, doch nur wenige Tage nach der Abfahrt am 2. Juli 1913 rammte der angetrunkene Kapitän des Schiffes, dass die Expedition nach Grönland bringen sollte, beim Versuch, einem Eisberg auszuweichen, einen weitaus härteren Felsen. Erst als ein Ersatzschiff eintraf, konnte man die Fahrt fortsetzen. Im Basislager angekommen, erwies sich die mitgebrachte Funkantenne als zu klein, um die geplanten Radiosendungen bis in die USA zu schicken. So erfuhr die Öffentlichkeit mit wochenlanger Verzögerung, dass der Aufbruch in Richtung Crocker Land verschoben werden musste, weil ein großer Teil der Männer mit Mumps und Grippe im Bett lag, statt mit Hundeschlitten über das Eis zu sausen.

Als es im März 1914 endlich doch so weit war, reduzierte sich MacMillans Mannschaft binnen kurzer Frist erneut. Einigen war die Tour zu anstrengend, andere wollten lieber weiter den Eskimofrauen nachstellen, sodass sich deren Ehegatten ebenfalls zur Umkehr gezwungen sahen, um ebendieses zu verhindern. Gerade einmal vier Forscher, zwei US-Amerikaner und zwei Eskimos, waren schließlich noch unterwegs, als sich am 21. April der gleiche Anblick vor ihnen auftat, den Peary in seinem Buch beschrieben hatte. «Völlig ohne Zweifel. Großer Gott! Was für ein Land!», bemerkte MacMillan in seinem Bericht. «Hügel, Täler und schneebedeckte Gipfel erstreckten sich am Horizont über wenigstens 120 Grad.»

Die Freude währte nicht lang. Zu seinem Erstaunen und Entsetzen entpuppte sich das vermeintliche Crocker Land als optische Täuschung. Mehr noch: Selbst Peary hatte in der Nachricht, die er an seinem Aussichtspunkt unter einem Steinhaufen zurückgelassen hatte, kein einziges Wort von einem neuen Kontinent oder wenigstens einer Hügelkette geschrieben. Der Held hatte später in seinem Buch offensichtlich gelogen.

Enttäuscht machte sich MacMillans Gruppe auf den Rückweg. Als die Männer in einem Schneesturm getrennt wurden, erschoss der zweite verbliebene US-Amerikaner einen der Eskimoführer aus zwielichtigen Gründen, wofür er niemals vor Gericht gestellt wurde. Da sowohl das planmäßige Schiff, das die verhinderten Entdecker zurück nach Hause bringen sollte, ebenso im Eis stecken blieb wie das deshalb ausgesandte Ret-

Niemand hat daran gedacht, die optische Täuschung zu fotografieren, die den Polfahrern die Anwesenheit des Kontinents Crocker Land vorgegaukelt hat. Vermutlich wird sie ähnlich ausgesehen haben wie diese Fata Morgana an der norwegischen Küste. Während der schwach erkennbare Bergrücken links real ist, handelt es sich bei der deutlichen Küste rechts um eine Luftspiegelung.

tungsschiff, dauerte es noch drei Jahre, bis MacMillan seine Heimat wiedersah. Crocker Land aber hat weder er noch eine der nachfolgenden Expeditionen jemals zu Gesicht bekommen. Der angebliche Kontinent war nicht mehr als ein Mythos.

ODER EINFACH GLATT GELOGEN

Der größte aller Lügner war Peary aber nicht. Der Ruhm des fleißigsten Insel-Erfinders der Neuzeit gebührt vermutlich dem US-amerikanischen Seemann und Forscher Benjamin Morrell – oder vielleicht doch eher seinem Ghostwriter Samuel Woodworth? Denn seine Fahrten über die großen Weltmeere in den 1820er und 1830er Jahren hatten den Kapitän nicht reich gemacht, sodass eine Bühnenshow mit angeblichen Südseekannibalen und ein Buch über die Abenteuer des tollkühnen Entdeckers mit dem Titel «A Narrative of Four Voyages» («Ein Bericht über vier Reisen») Geld in die Kasse bringen sollten. Statt auf das womöglich nüchterne Seemannsgarn Morrells zu setzen, engagierte der Verleger lieber gleich einen erfahrenen Autor, der bereits mit Bühnenstücken bewiesen hatte, dass er mit einem erklecklichen Maß an Phantasie der schnöden Realität gehörig auf die Sprünge helfen konnte. Und so wimmelt es in Morrells Memoiren von Entdeckungen, die flugs ihren Weg in die Karten fanden, obwohl es die betreffenden Eilande in Wahrheit niemals gegeben hat.

Literarische Inspiration

Morrells Memoiren haben nicht nur auf Seekarten Spuren hinterlassen, sondern auch in der amerikanischen Literatur. Herman Melville, der Autor von «Moby Dick», hat als Zwölfjähriger die Kannibalen-Show des Kapitäns gesehen und möglicherweise die Figur des Harpuniers Queequeg nach dem Vorbild des Insulaners Dako gestaltet. Und Edgar Allan Poe hat Morrells Leben als Inspiration für seinen Roman «Die Erzählung des Arthur Gordon Pym aus Nantucket» genutzt.

Die erfundenen Inseln sind aber nicht das einzige Problem, das Geographen und Seefahrer schon zu Morrells Lebzeiten mit seinen Erzählungen hatten. Mal will er in kürzester Zeit unglaubliche Entfernungen zurückgelegt haben, mal fehlen in seinen Beschreibungen von realen Orten augenfällige Merkmale wie dicke Eisschichten über ganze Inseln, und auf seiner ersten Reise ist er angeblich einen Kurs gesegelt, der ihn mit seinem Schiff quer über das Festland des antarktischen Kontinents geführt hätte – der damals allerdings noch gar nicht entdeckt war. Gewissermaßen zum Ausgleich erblickte er kurz darauf das fiktive New South Greenland mit seiner üppigen Natur an einer Position, wo es gar kein Land gibt. Folgerichtig wird die gewaltige Scheininsel, deren Küste sein Schiff immerhin fast 500 km gefolgt sein will, manchmal auch als Morrells Land bezeichnet.

Ein Blick auf die Erdkugel

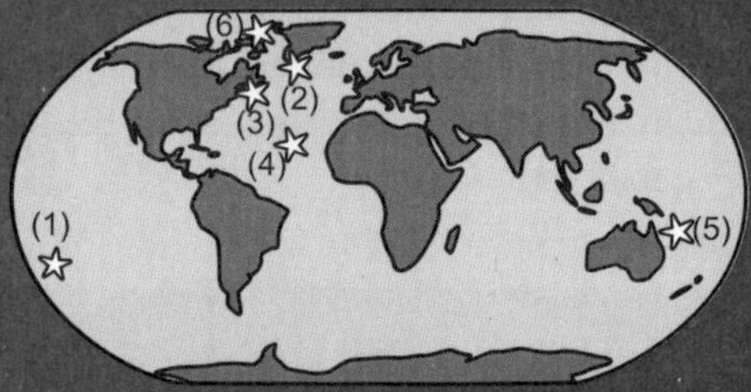

Einige von Tausenden Phantominseln, die angeblich in Atlantik und Pazifik liegen sollen: Maria-Theresia-Riff (1), Buss (2), Bacalão (3), Antilia (4), Sandy Island (5), Crocker Land (6).

Die meisten Phantome platzierte Morrell aber im Pazifik, wo er sich mit mäßigem Erfolg im Handel versuchte. Als Namensgeber für seine Inseln erwählte er gerne Leute aus seiner Bekanntschaft, und eine benannte er nach seinem kleinen Sohn. Die meisten dieser «Entdeckungen» wurden bald wieder von der Liste gestrichen, doch einige hielten sich bis in die 1980er Jahre. Eine unerwartete Wirkung entfalteten sie beim Bestreben, die Datumsgrenze festzulegen, die im Wesentlichen auf dem 180. Längengrad liegt und den Pazifik in eine Hälfte mit asiatischem und eine mit amerikanischem Datum teilt. Damit auf jenen Inseln, die Morrell für die USA entdeckt hatte und die westlich des 180. Längengrads lagen, der gleiche Kalendertag wie in Amerika herrschte, versah man die Datumsgrenze kurzerhand mit Ausbuchtungen und Zacken.

BEI DER EHRE DES KLABAUTERMANNS

Nicht alles, was schwarz auf weiß gedruckt ist, entspricht auch der Wahrheit – das gilt ganz besonders für die Inseln auf historischen Seekarten. Ob aus Frömmigkeit, navigatorischem Unvermögen, Geltungssucht oder schlicht aus Spaß am Schummeln – Seefahrer haben zu allen Zeiten von Inseln und Kontinenten berichtet, die sich bei näherer Betrachtung als Phantom herausgestellt haben. Manche davon haben sich sogar bis in das 21. Jahrhundert gehalten und warten noch darauf, ent-entdeckt zu werden.

Fazit: Phantominseln sind nur auf Karten real, aber dort mitunter zahlreich vertreten.

WO GIBT ES MEHR?

Dirk Liesemer: Lexikon der Phantominseln, mare-Verlag, 2016
Die Geschichten von 30 Inseln, die es niemals gab.

Andreas Fehrmann
http://www.j-verne.de/verne8_4.html
Das Geheimnis der Insel des Kapitäns Grant.

Timothy Severin: Tausend Jahre vor Kolumbus – Auf den Spuren der irischen Seefahrermönche, Hoffmann und Campe, 1986
Auf Deutsch nur noch antiquarisch zu erhalten, auf Englisch auch als eBook zu bekommen.

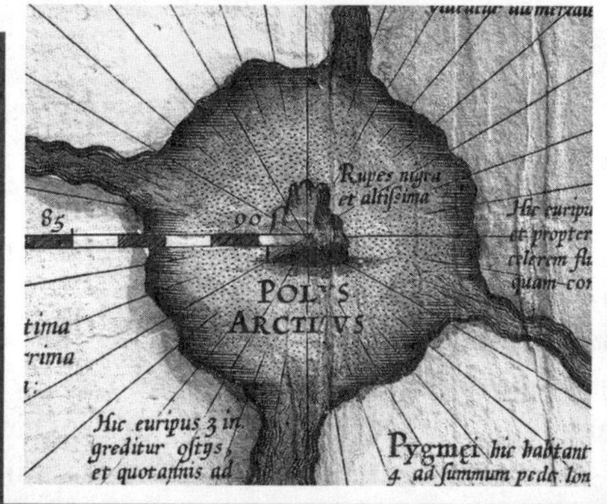

Magnetberge – Sagenhafte Kraft am Scheitel der Welt

Jetzt aber können wir nicht mehr umkehren, denn morgen gegen Mittag werden wir an einen schwarzen Berg gelangen, der aus einem Metall besteht, das Magnetstein genannt wird. Die Strömung des Wassers wird uns dorthin ziehen, ohne dass wir etwas dagegen tun können. Dort werden die Schiffe auseinanderfallen, und jeder einzelne Nagel wird sich an den Berg heften, denn Gott, der Erhabene, hat eine geheime Kraft in den Magnetstein gelegt, sodass das Eisen ihn liebt. Es klebt schon so viel Eisen an dem Berg, dass seine Oberfläche zum größten Teil davon bedeckt ist.

«Tausendundeine Nacht»

Von allen Kräften der Natur ist Magnetismus sicherlich die magischste (nicht von ungefähr arbeiten Zauberkünstler bei ihren Tricks mit Vorliebe mit Magneten) und für Seefahrer eine der nützlichsten. Auf wundersame Weise lassen Magnetkräfte die Nadel des Kompasses stetig nach Norden weisen, sodass Schiffe auch bei Nebel oder bedecktem Himmel ihren

Weg finden, wenn weder die Sonne noch der Polarstern zu sehen ist. Dahinter müsse ein gewaltiger magnetischer Berg am Pol stecken, so meinten die gelehrten Köpfe früherer Tage. Und was gelehrte Köpfe meinten, daran zweifelte kein Seemann – solange die Sache funktionierte.

Doch der Segen konnte auch zum Fluch werden. Wenn nämlich ein Magnetberg an einem anderen Ort die Kompassnadel ablenkte und das Schiff in die Irre leitete. Oder es noch ärger kam und der Magnetberg ein Schiff, das ihm zu nahe geriet, gänzlich an sich heranzog und es fortan nicht mehr losließ, sodass darauf Mann und Maus jämmerlich verdursten und verhungern mussten. Die besonders gemeinen Berge rissen dem Schiff sogar auf große Entfernung die eisernen Nägel aus den Planken, sodass es auseinanderfiel und die gesamte Besatzung in den Fluten ertrank. Von dieser Aussicht waren die Seefahrer natürlich nicht sonderlich angetan.

Zum Glück wissen wir es heute besser. Oder etwa nicht? Kann die Wissenschaft wirklich sagen, woher die Erde ihr Magnetfeld hat, wenn nicht von magnetischen Bergen? Und gibt es vielleicht trotzdem Regionen, in denen Kompassnadeln verrückt spielen? Ist am Ende also vielleicht doch etwas dran am Mythos vom Magnetberg?

EIN STEIN, DER EISEN ANZIEHT!

Die Alten Griechen haben es natürlich schon gewusst. Den schwarzen Stein, der Eisen anzieht, kannten bereits die großen Philosophen – auch wenn sie sich nicht so recht vorstellen konnten, wie er das bewerkstelligte. Es könnte an der Feuchtigkeit im Material liegen, spekulierte beispielsweise Diogenes von Apollonia im 5. Jahrhundert v. Chr. Weil Eisen feuchter ist als Stein, wandert die Feuchtigkeit vom Metall in den Brocken, und irgendwie wird das schon für eine Anziehungskraft sorgen, meinte er. Vielleicht hatte die Feuchtigkeit in der geliehenen Tonne, die Diogenes als Behausung diente, ihm diese Idee eingeflüstert. Vielleicht hat er den Gedanken aber auch von Thales von Milet übernommen, für den das Wasser der Ursprung aller Dinge war und der dem Magneten eine Seele zusprach, weil er Eisen bewege und nur etwas Beseeltes Bewegung erzeugen könne. Aus heutiger Sicht lagen die Griechen mit ihren Erklärungen jedenfalls gründlich daneben.

Mehr Erfolg hatten sie dafür mit der Namensgebung. Nachdem sie natürliche Magnetsteine zunächst als «Herakles-Stein», «Sideritischer Stein», «Lydischer Stein» oder einfach «Stein» bezeichnet hatten, verfielen die Griechen schließlich auf den Namen «Magnet» oder «Magnetstein». Der römische Gelehrte Plinius der Ältere behauptete, das Wort gehe auf einen Hirten mit Namen «Magnes» zurück, der beim Hüten seiner Herde festgestellt hatte, dass kleine schwarze Steinchen an den Nägeln seiner Schuhe und der eisernen Spitze seines Stabes hängen blieben. Wahrscheinlicher ist jedoch, dass die Bezeichnung vom griechischen Landstrich Magnesia herrührt, an dem es eine Fundstelle für magnetische Steine gab und dessen Bewohner Magneten (auf Altgriechisch «Magnetes») genannt wurden.

DIE IDEE MIT DEM MAGNETBERG

Auf die Idee, sich von Magneten die Himmelsrichtung weisen zu lassen, kamen weder die Griechen noch die Römer, die auf ihren Eroberungszügen sicherlich Verwendung für einen Kompass gehabt hätten. So aber berichteten sie von eisenanziehenden Hügeln in so ziemlich allen anderen Teilen der Erde. Plinius der Ältere schreibt in seiner Enzyklopädie zur Naturkunde von gleich zwei Bergen, die an den Eisennägeln der Schuhe zerren.

Literarische Magnetberge

Wie so viele (angebliche) Schrecken der Meere haben es auch die Magnetberge in die Literatur geschafft. In «Tausendundeine Nacht» begegnet König Adschib einem Magnetberg, der seine Kraft von einem Reiterstandbild aus Messing bezieht, das auf dessen Spitze steht. Jules Verne lässt in «Abenteuer des Kapitän Hatteras» einen exzentrischen Kapitän um jeden Preis nach dem Nordpol streben. Und in Michael Endes «Jim Knopf und die Wilde 13» reparieren Lukas, der Lokomotivführer, und sein junger Freund Jim Knopf den Großen Gurumusch-Magnetfelsen, der die Energie für das Meeresleuchten liefert.

Sie sollen sich «in der Nähe des Flusses Indus» befinden, womit keineswegs der heutige Indus gemeint ist, sondern der Fluss Dalaman im Südwesten der Türkei, der in der Antike ebenfalls den Namen «Indus» trug.

Ansonsten war Indien ein beliebter Ort für Wunderdinge aller Art. «Indien» war damals alles östlich des Perserreichs und damit der bekannten Welt. Reisende, die dort gewesen waren oder jemanden kannten, der einen kannte, der einen Reisenden getroffen hatte, erzählten von unermesslichen Reichtümern, seltsamen Tieren und Menschen, die sich vor der Sonne in den Schatten ihrer eigenen großen Füße flüchteten oder Köpfe wie Hunde hatten. Und natürlich von Magnetbergen, die sich dort nicht mehr damit begnügten, schuhbewehrte Wanderer zu ärgern, sondern sich auch an Schiffen vergingen.

Der griechische Astronom Ptolemäus erwähnte beispielsweise in seinem Werk «Geographia», das die gesamte Welt beschrieb, soweit sie im 2. Jahrhundert bekannt war, zehn magnetische Inseln, bei denen es sich wohl um die Malediven handeln könnte, die Schiffe mit eisernen Nägeln festhalten, sodass die

Einheimischen ihre Boote mit hölzernen Zapfen bauten. Zur Ehrenrettung von Ptolemäus sei gesagt, dass er die Geschichte wohl selbst nicht so ganz glaubte und deshalb seine Darstellung mit einem vorangestellten «angeblich» einleitete.

Andere Autoren waren da nicht so vorsichtig. Ausgehend von Plinius und Ptolemäus verbreiteten sich die Magnetbergsichtungen durch die gesamte mittelalterliche Sachliteratur. Nicht nur im europäischen Raum, sondern auch im damals eigentlich wissenschaftlich fortgeschritteneren Arabien. Sogar bis nach China hatte sich die Warnung vor den nägelziehenden und schiffssammelnden Bergen herumgesprochen, wie ein Text aus dem 11. Jahrhundert von einem Autor namens So-Sung zeigt.

Natürlich zeigt auch die «Carta Marina» des Bischoffs Olaus Magnus eine Magnetinsel.

In Europa hielten die Magnetberge schließlich Einzug in die Sagen und Heldengeschichten – und wandelten dabei ihre Bedeutung. Weg vom skurrilen Naturphänomen hin zu einem Sinnbild für die Gefahr der Welt, aus welcher nur Gott den Unglücklichen erretten kann. Die Landung an einem Magnetberg war nicht mehr das traurige Ende eines Seefahrerdaseins, sondern die Prüfung des Glaubens und der Standhaftigkeit eines Ritters.

Die Seefahrer und Gelehrten machten sich indes mit der Verbreitung des Kompasses allmählich ganz profan Gedanken, woher die Nadel überhaupt wusste, wohin sie zeigen sollte.

Vor der Einführung des Kompasses war Norden dort, wo der Polarstern steht. Dann hielt wohl um die Zeit der Kreuzzüge die Navigation mit einer schwimmenden Kompassnadel, dem sogenannten nassen Kompass, Einzug in die europäische Schifffahrt, und ab dem 13. Jahrhundert setzte sich die heute noch gebräuchliche trockene Version durch, bei welcher die Nadel auf einem Stift balanciert. Dass der Stern im Kleinen Wagen und die magnetische Kompassnadel in die gleiche Richtung weisen, konnte aus Sicht der mittelalterlichen Gelehrten kein Zufall sein. Sie vermuteten, dass der Polarstern ein gewaltiger Magnet sei, der die Nadel anzieht. Kann gar nicht sein!, widersprach der Italiener Guido Guinizelli, weil dafür selbst die Kräfte eines Sterns zu schwach wären. Zumindest wenn er es auf direktem Wege versuchen würde. Deshalb bedient sich der Stern eines gewaltigen Magnetsteins im höchsten Norden, der die Kraft bündelt und weiterleitet.

Voilà! Die Idee des Magnetberges am Pol war geboren. Noch dazu mit poetischen Ehren, war Guinizelli doch von Haus aus kein Naturforscher, sondern Dichter. Der Gedanke leuchtete jedenfalls ein und entwickelte sich zur Standarderklärung für die seltsame Nordfixierung des Kompasses.

Den absoluten Beweis lieferte schließlich der Reisebericht «Inventio Fortunata» aus den 1360er Jahren. Leider ist kein Exemplar des Buches mehr erhalten, und selbst die Kopien und Abschriften, die davon angefertigt wurden, sind allesamt verloren gegangen. Darum wissen wir nur über gewundene Wege von der Geschichte und dem Inhalt dieses bedeutenden Werkes. Der Verfasser soll ein Franziskaner-Mönch aus Oxford gewesen sein. Manche Quellen behaupten, er habe Nicholas of Lynne geheißen, andere streiten dessen Autorschaft ab, da besagter Nicholas kein Franziskaner, sondern Karmeliter war, und so etwas hat man dazumal bestimmt nicht verwechselt. Jenen Mönch schickte König Edward III. von England auf alle Fälle gerne mit diversen Aufträgen auf Reisen, so auch einmal zu den Inseln ganz hoch im Norden. Ausgestattet mit einem Astrolabium genannten Winkelmesser gelangte der Mann Gottes angeblich bis zum Pol und wieder zurück und überreichte dem König seinen Bericht.

Was drinstand, erfahren wir auszugsweise in einem Brief des flämischen Kartographen Gerardus Mercator an den englischen Astronomen John Dee vom 20. April 1577. Mercator bezieht sich darin auf das ebenfalls verschollene Buch «Itinerarium» des niederländischen Handelsreisenden Jacobus Cnoyen, das dieser nach einem Besuch in Norwegen geschrieben hatte. Dort hatte Cnoyen von einem grönländischen Mönch gehört, der den polerfahrenen Franziskaner getroffen und von ihm im Tausch gegen ein religiöses Buch das Astrolabium erhalten hatte. Später hatte der Grönländer bei einer Visite in Norwegen dem dortigen König detailliert erzählt, was sein Glaubensbruder am Pol gesehen hatte. Oder so ähnlich. Irgendwie sind in die Geschichte noch König Artus und 4000 Männer verwickelt, deren Schiffe vom großen Strudel um den Pol verschluckt worden sind, aber dieser Teil ist vermutlich alleine der Phantasie Cnoyens zuzuschreiben.

Immerhin ist Mercators Brief erhalten geblieben, sodass wir nachlesen können, auf welcher Grundlage die Menschen sich bis in das 18. Jahrhundert hinein ihr Bild vom Nordpol mit seinem Magnetberg bildeten: «… Umgeben von den vier Ländern befindet sich ein Strudel, in welchen sich die vier nach innen fließenden Ströme entleeren, die den Norden teilen. Das Wasser wirbelt im Kreis und verschwindet in der Erde, als würde es in einen Trichter laufen. Auf jeder Seite des Pols erstreckt es sich über vier Grad, insgesamt also acht Grad. Nur direkt unter dem Pol liegt inmitten des Meeres ein nackter Felsen. Sein Umfang

Weil niemand wusste, wie es am Nordpol aussieht, vertrauten alle Kartographen einem einzigen zwielichtigen Bericht eines angeblichen Augenzeugen, der im Zentrum einen Magnetberg gesehen haben will.

beträgt fast 33 Meilen, und er besteht vollkommen aus Magnetstein. ‹Er ist so hoch wie die Wolken›, sagte der Priester, [...], ‹und er ist schwarz und glänzt. Und es wächst nichts darauf, weil es nicht eine Handvoll Erde gibt.›»

Mit unserem heutigen Wissen ist uns natürlich klar, dass der Mönch niemals auch nur in der Nähe des Nordpols war. Weil sie aber nichts Besseres hatten, zeichneten Kartographen wie Martin Behaim auf seinem Globus von 1492, Johannes Ruysch auf seiner Erdkarte von 1508 und Mercator auf seiner Nordpolkarte von 1595 getreulich alles so, wie es überliefert worden war. Und danach war der Nordpol eisfrei mit einem Rupes nigra genannten Supermagnetberg in der Mitte.

Die Frage, warum Magnete überhaupt Eisen anziehen, war damit aber weiterhin offen.

WAS IST EIGENTLICH MAGNETISMUS?

Die Sache mit dem Magnetismus ist auch wirklich richtig kompliziert. Wenn wir ganz genau wissen wollten, woher er kommt, müssten wir in die Materie hinabtauchen bis zum Aufbau der Atome. Die bestehen jeweils aus einer Menge Elektronen, die um einen Kern aus Protonen und Neutronen herumflitzen. Jedes dieser Teilchen trägt einen Teil zum Magnetismus des Atoms bei, wobei die Elektronen über 99 Prozent beisteuern und deshalb aus magnetischer Sicht das Sagen haben. Nun bräuchten wir nur noch ein bisschen mit den Formeln der Quantenphysik und der Speziellen Relativitätstheorie herumzurechnen, und schon hätten wir das magnetische Moment des Elektrons und damit des Atoms. – Nichts leichter als das, oder?

Zum Glück reicht es für Seeleute und Sachbuchautoren aus, wenn wir uns Magnete so vorstellen, wie wir es früher einmal in der Schule gelernt haben. Damals wurde uns beigebracht, jeder Magnet besteht aus lauter winzig kleinen Elementarmagnetchen mit magnetischem Süd- und Nordpol. In Stoffen, die nicht magnetisch sind, weisen die Elementarmagnete wild in alle Richtungen, sodass sich ihre magnetischen Wirkungen gegenseitig aufheben. In Magneten sind die Elementarmagnete aber ordentlich parallel und hintereinander ausgerichtet. Dadurch verstärken sie sich gegenseitig und addieren ihre Kräfte. Alle magnetischen Nordpole weisen in die gleiche Richtung und bilden einen Supernordpol aus, und die vielen kleinen Südpole am entgegengesetzten Ende einen gleich starken Gesamtsüdpol.

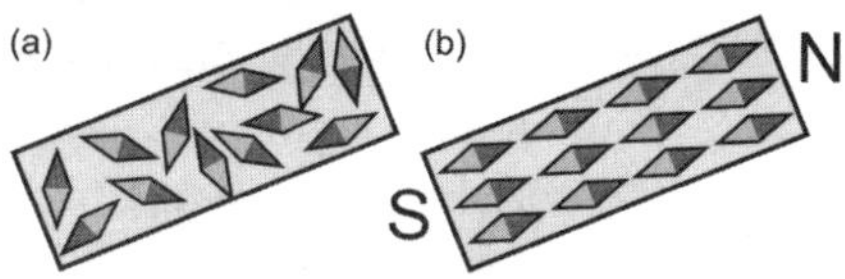

Ist ein Stoff nicht magnetisch, weisen die winzigen Elementarmagnete in seinem Inneren wild in alle Richtungen (a). Bei einem Magneten sind sie dagegen fein säuberlich ausgerichtet und vereinen ihre Kräfte (b).

Die schöne Ausrichtung kann auf zweierlei Arten entstehen. Bei natürlichen Magnetgesteinen geschieht dies spontan, wenn sich das Mineral bildet. Im Falle von Magnetit steht am Anfang heiße Lava, die von einem Vulkan ausgespuckt wird, sich abkühlt und durch Verwitterung eine chemische Veränderung durchmacht. Das Ergebnis des Prozesses ist der schwarze, glän-

Der Nordpol ist ein Südpol

Der Nordpol der Erde heißt Nordpol, obwohl er magnetisch gesehen ein Südpol ist. Damit es nicht zu Verwirrungen kommt, bleibt es aber beim traditionellen Namen.

zende Magnetstein, wie ihn schon die Griechen und Chinesen kannten. Es können sich aber auch Materialien wie Eisen, die ursprünglich nicht magnetisch sind, mit Magnetismus anstecken, wenn sie mit einem Magneten Kontakt haben. Dessen magnetische Kraft zwingt dann die Elementarmagnete im Eisen, sich ebenfalls auszurichten.

Ist ein Gegenstand erst mal magnetisch, muss er sich auch wie ein Magnet verhalten. Das bedeutet, er umgibt sich ab sofort mit einem Magnetfeld, das sogar durch ein Vakuum oder andere Materialien wie etwa Holz hindurchdringt und Eisen anzieht. Gerät ein Magnet in das Magnetfeld eines anderen Magneten, müssen sich die beiden miteinander arrangieren, indem sie sich so ausrichten, dass der Südpol des einen Magneten zum Nordpol des anderen weist. «Entgegengesetzte Pole ziehen sich an, gleichartige Pole stoßen sich ab», haben wir dazu in der Schule gesagt.

Genau diesen Effekt nutzen Seefahrer aus, wenn sie sich mit einem Kompass orientieren. Denn die kleine magnetisierte Kompassnadel steckt mittendrin in einem gigantischen Magnetfeld, das nicht etwa von einem Magnetberg am Nordpol ausgeht, sondern von einem noch viel größeren Magneten stammt.

Die Erde selbst ist der Magnet.

DIE ERDE UND IHR MAGNETFELD

Dass hinter dem Magnetfeld der Erde kein Berg steckt, sondern der gesamte Planet, erkannte der englische Naturphilosoph William Gilbert schon im Jahr 1600. Doch es dauerte noch über 200 Jahre, bis der deutsche Physiker und Mathematiker Carl Friedrich Gauß das erste Magnetometer entwickelte – ein Gerät, mit dem man die Stärke eines Magnetfelds messen kann. Bei seinen Experimenten stellte Gauß fest, dass das Magnetfeld der Erde keineswegs statisch war und an einem Ort immer gleich stark am Eisen zog. Vielmehr gab es kleine Schwankungen. Mal war das Magnetfeld stärker, dann wieder schwächer, und kein Wissenschaftler konnte erklären, wie es zu diesen Variationen kam.

Lebendige Magnete

Manche Lebewesen haben einen eingebauten Kompass. Im Oberschnabelgewebe von Tauben sind kleine Magnetitkristalle eingelagert. Bei Forellen haben Wissenschaftler magnetsensitive Zellen in der Riechschleimhaut gefunden. Vermutlich zerrt das Erdmagnetfeld an den Minikompassen, druckempfindliche Zellen messen die Kräfte, und die Tiere erkennen danach, in welcher Richtung Norden liegt.

Bei manchen Bakterien arbeitet der Magnetsinn anders. Ihre Zellen sind so klein, dass das Erdmagnetfeld mit den magnetischen Kristallen gleich das ganze Bakterium dreht. Dabei ist die Ausrichtung in Nord-Süd-Richtung weniger wichtig. Vielmehr kommt es darauf an, dass das Magnetfeld auf der Nordhalbkugel der Erde zusätzlich von oben nach unten weist. Die Bakterien finden entlang der Feldlinien den Weg nach unten in sauerstoffarme Zonen eines Gewässers, wo sie am besten gedeihen.

Was für ein Glück, wir haben ein neues Rätsel!, werden sich die Forscher gedacht haben und gründeten 1836 einen Magnetischen Verein, der sich ebenso wie die britische Royal Society daranmachte, auf der ganzen Welt die Stärke des Magnetfelds und dessen Schwankungen zu vermessen. Teilweise errichteten sie dafür regelrechte geomagnetische Observatorien, teilweise begaben sie sich mit ihren Magnetometern auf Exkursionen in die abgelegensten Winkel der Erde, und wo immer ein Forscher auf einem Schiff über die Meere fuhr, nervte er die Besatzung mit seinen magnetischen Messungen. Es war die große Zeit der magnetischen Entdeckung der Erde.

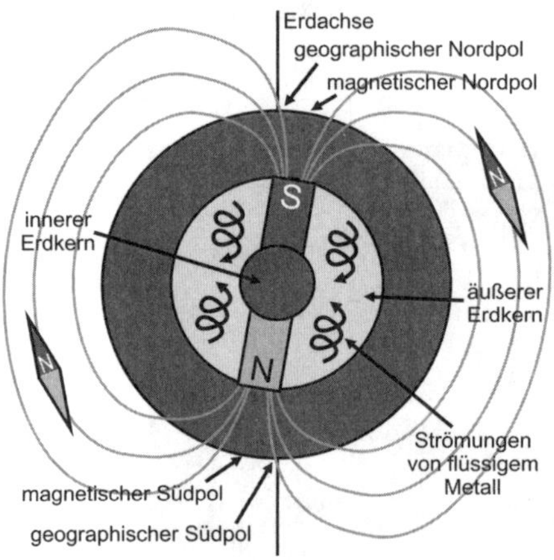

Die Ströme von flüssigem Metall im äußeren Erdkern rufen das Magnetfeld der Erde hervor.

Wie der Erdmagnet funktioniert, haben wir aber dennoch nicht so richtig verstanden.

Alles, was die Geophysik momentan vorzuweisen hat, ist ein Modell, das bei Berechnungen sowie in Simulationen am Computer und sogar in Laborexperimenten im kleinen Maßstab die gleichen Resultate ergibt wie Messungen am echten Erdmagnetfeld. Insofern ist es ein sehr gutes Modell. Was aber tatsächlich im Inneren der Erde abläuft, wo gut 95 Prozent des Magnetfelds entstehen, bleibt vorerst unbekannt, denn mal eben einen Tunnel bis in den Erdkern zu bohren und direkt vor Ort nachzumessen liegt noch immer weit jenseits unserer Möglichkeiten.

Bleibt also nur das Modell des Geodynamos. Danach kommt

es vor allem auf den äußeren Erdkern an, der im Wesentlichen aus flüssigem Eisen und Nickel besteht. Die beiden Metalle sind in diesem Zustand nicht magnetisch, weil die herrschenden hohen Temperaturen jede Ordnung der Elementarmagneten gleich wieder durcheinanderwirbeln. Trotzdem sind es wohl ihre Strömungen und Bewegungen, die das Magnetfeld erzeugen. Aus der Region um den festen inneren Erdkern, wo es beinahe so heiß ist wie auf der Oberfläche der Sonne, steigt ständig Material auf, und kühlere Substanz aus dem äußeren Bereich sinkt herab. Diese Konvektionsströme werden von der Erdrotation zu geschraubten Bahnen verzerrt, sodass die Metalle mit einer Geschwindigkeit von etwa 100 km pro Jahr wandern. Das dadurch hervorgerufene Magnetfeld ist im Erdinneren entsprechend kompliziert. Wenn wir aber nicht so genau hinschauen und uns auf das Feld an der Erdoberfläche beschränken, sieht alles so aus, als würde einfach ein gigantischer Stabmagnet quer durch den Planeten gehen. Allerdings steckt dieser Stabmagnet etwas schief in der Erde.

DAS IST DOCH NICHT NORMAL!

Vor Brasilien stimmt etwas nicht. Als Alexander von Humboldt um 1830 auf seiner großen Reise vor der Küste Südamerikas die Stärke des Magnetfelds überprüfte, fiel ihm auf, dass die Werte niedriger lagen, als an dieser Stelle zu erwarten war. Grundsätzlich ist die Feldstärke am Äquator am geringsten und steigt an, je weiter man sich in Richtung Pole bewegt. Das Minimum vor Brasilien hätte es gar nicht geben dürfen.

Inzwischen wissen wir, dass diese Südatlantische Anomalie, wie das Phänomen heutzutage genannt wird, eine Folge des schiefsitzenden Erdmagnetfelds ist. Statt genau entlang der Drehachse der Erde zu verlaufen, ist das Magnetfeld um etwa

10 Grad gekippt und vom Erdmittelpunkt aus gesehen zusätzlich um rund 450 km in Richtung 140° östlicher Länge verschoben, also ein Stückchen weg vom Südatlantik und auf Japan zu. Der Bereich der Anomalie liegt somit ein bisschen weiter außen im Magnetfeld als die restliche Erdoberfläche. Hinzu kommt neueren Messungen zufolge eine besonders dichte und heiße Schicht Mantelgestein, die sich unter dem südlichen Atlantik und Südafrika auf den Erdkern gelegt hat und dort die Strömungen stört und das Magnetfeld dämpft. Im Ergebnis ist es dadurch etwa so schwach wie am Äquator. Ein Seefahrer, der die Anomalie durchquert und dabei seinen Kompass fest im Auge hat, würde die Abschwächung jedoch überhaupt nicht bemerken. Dafür muss man schon ein gutes Stück pingeliger messen.

An anderen Orten auf der Erde kann man hingegen durchaus Kompassnadeln erleben, die nicht mehr so recht wissen, wo Norden ist. Allerdings muss man dazu an Land gehen. Den größten Effekt bietet die Kursker Magnetanomalie im Süd-

Ein Blick auf die Erdkugel

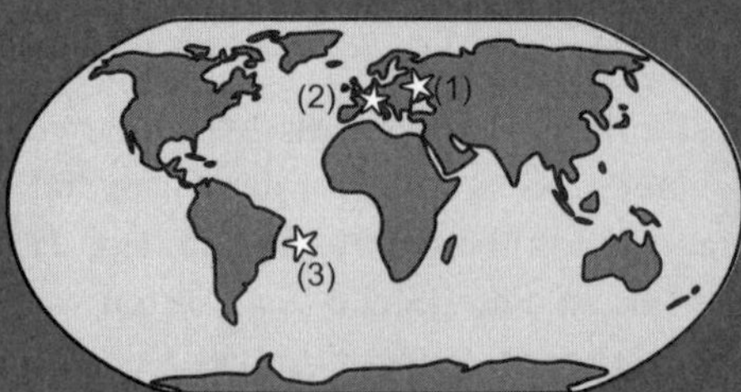

Am Nordpol gibt es keinen Magnetberg, dafür existieren an Land gleich mehrere Regionen mit einem gestörten Erdmagnetfeld wie die Kursker Magnetanomalie (1) und mehrere mitteleuropäische Anomalien (2). Am größten ist aber die Südatlantische Anomalie (3).

westen Russlands. Hier lagern schätzungsweise 200 Milliarden Tonnen Erz mit einem Eisengehalt von 35 bis 60 Prozent in der Erde – und auf die springt dic Kompassnadel bereitwillig an. Falls Sie nicht so weit reisen möchten, bietet Mitteleuropa eine ganze Reihe kleinerer Anomalien an. Im Berchtesgardener Land, im Oberen Engadin, an einigen Stellen im Alpenvorland und in Südpolen bei Krakau sorgt ebenfalls stark magnetisierbares Gestein im Boden für irritierte Kompasse. Sogar einzeln stehende «Magnetberge» sind bekannt, beispielsweise der Haidberg bei Zell im Fichtelgebirge und der Ilbes-Berg im Frankensteinmassiv des Odenwalds. So stark, dass einem die Nägel aus den Wanderstiefeln gezogen werden, ist die magnetische Kraft der magnetithaltigen Gesteine aber bei keinem von ihnen.

Und manchmal, wenn die Sonne gerade besonders aktiv ist und die Erde mit geladenen Teilchen bombardiert, entstehen in den obersten Schichten der Atmosphäre und der darüberliegenden Magnetosphäre elektrische Stürme, die sich bis zum Erdboden auswirken und die Kompassnadel leicht zum Zittern bringen können. Aber davon wird kaum ein Seemann etwas mitbekommen, denn gleichzeitig lassen die Teilchen die Atmosphäre in den schillerndsten Polarlichtern aufglühen.

BEI DER EHRE DES KLABAUTERMANNS

Noch nie ist ein Schiff untergegangen, weil ihm ein Magnetberg die Eisennägel gezogen hat. So stark ist nicht einmal das Magnetfeld der Erde, dessen Kräfte immerhin ausreichen, um Kompassnadeln auf der ganzen Welt in Nord-Süd-Richtung zu zwingen. Wanderer und Seefahrer profitieren also vom natürlichen Magnetismus, ohne Angst um ihre Schuhe oder Schiffe haben zu müssen.

Fazit: Tatsächlich gibt es Regionen, die wegen ihres Gehalts an magnetischen Gesteinen Kompassnadeln verwirren können. Schiffeversenkende Magnetberge sind jedoch zum Glück nicht mehr als ein Mythos.

WO GIBT ES MEHR?

Julia Seidel: Die Sage vom Magnetberg – Überlieferung, Rezeption, Funktion

https://www.geistsoz.kit.edu/germanistik/downloads/Zula_Magnetbergsage.pdf

Eine wissenschaftliche Arbeit für die erste Staatsprüfung bietet einen umfassenden historischen und literarischen Blick auf das Phänomen der Magnetberge.

Magnet Erde

http://www.scinexx.de/dossier-92-1.html

Alles, was man zum Magnetfeld der Erde wissen sollte.

Risiko Polsprung

https://www.zdf.de/dokumentation/3sat-dokus/risiko-polsprung-das-magnetfeld-der-104.html

Eine filmische Dokumentation über das flatterhafte Magnetfeld der Erde.

Sintfluten – Verlorene Kulturen

Späterhin aber entstanden gewaltige Erdbeben und Überschwemmungen, und da versank während eines schlimmen Tages und einer schlimmen Nacht das ganze streitbare Geschlecht bei euch scharenweise unter die Erde, und ebenso verschwand die Insel Atlantis, indem sie im Meere unterging. Deshalb ist auch die dortige See jetzt unfahrbar und undurchforschbar, weil der sehr hoch aufgehäufte Schlamm im Wege ist, welchen die Insel durch ihr Untersinken hervorbrachte.

Platon: «Timaios»

Wer zur See fährt, weiß, worauf er sich einlässt. Wind und Wellen, Monsterwesen und Geisterschiffe – sie erwarten jene, die sich hinauswagen auf den Ozean. Wer dagegen brav zu Hause an Land bleibt, hat es gemütlich und warm und ist sicher. So denken wir meist.

Doch manchmal kommt der «Blanke Hans» auch an Land.

In den Mythen der Völker rings um die Welt holen sich die Meere ganze Städte und zerschmettern innerhalb eines einzigen Tages Zivilisationen. Oder sie überfluten gleich die gesamte Erde und strafen die Menschheit für ihre Sünden. Aber sind die Erzählungen tatsächlich wahr oder nur allegorisch gemeint? Bei ihrer Suche nach Spuren der Sintflut und untergegangenen Kulturen sind Wissenschaftler auf manch unerwartete Einsichten gestoßen.

ALLES ZURÜCK AUF ANFANG

Die Geschichte kennt jeder. Kaum waren die Menschen aus dem Paradies verwiesen worden, weil sie ihren neuerworbenen freien Willen für verbotene Obsternte genutzt hatten, da wurden sie trotz aller Müh und Not des irdischen Daseins gleich wieder übermütig. Was genau sie sich – außer allgemeiner Bosheit und unkeuschem Verhalten – zuschulden kommen ließen, steht nicht im Buch Genesis, doch es erzürnte ihren Gott derart, dass er beschloss, auf Erden Tabula rasa zu machen und noch einmal von vorne anzufangen.

Nur ein Mensch, Noah, war stets so fromm gewesen, dass es sich lohnen könnte, ihn als Prototypen für das neue Menschengeschlecht zu bewahren, und so erhielt er von höchster Stelle detaillierte Anweisungen für den Bau eines Kastens (so steht es wirklich in der Bibel), mit dem er, seine Familie und jeweils ein Paar aller Tiere das kommende Unheil überdauern sollten. Weil die Konstruktion einer Arche einem ungeübten Schiffsbauer einiges abverlangt, war Noah bereits 600 Jahre alt, bis er die Aufgabe erledigt hatte und es endlich losgehen konnte mit der Vernichtung der bösartigen Menschheit.

Und wie es losging! «Alle Brunnen der großen Tiefe» brachen auf, und «die Fenster des Himmels» taten sich auf, sodass es 40 Tage und 40 Nächte ununterbrochen schüttete. Während ringsum jeder und alles ertrank, konnten Noah und seine Auserwählten aufatmen, denn die Arche war seetüchtig und schwamm oben auf den Wassern, die bald so hoch stiegen, dass sie die Gipfel der höchsten Berge bedeckten und 15 Ellen unter sich ließen. Wenn ein Gott mal wütend wird, dann aber richtig!

Doch selbst der größte Zorn legt sich irgendwann, und so gingen die Wasser nach einigen Monaten wieder zurück, woraufhin erst die Vögel und nach knapp über einem Jahr schließlich auch Noah mitsamt Familie und Tierbestand die Arche ohne Schwimmhilfe verlassen konnten. Im Nachhinein stellte sich zwar heraus, dass die Aktion keine bessere Menschheit hervorgebracht hatte, doch davon ahnten damals weder Noah noch sein Gott etwas. Für den Moment waren sie erst einmal froh, die Sintflut hinter sich zu haben.

WELTWEIT GÖTTLICHES ERTRÄNKEN

Das Erstaunliche an dieser Story ist weniger die Frage nach der Gerechtigkeit, wenn mal eben alles Leben auf Erden ertränkt wird, weil einige sich nicht an die Vorschriften halten mögen. Erstaunlich ist vielmehr der Umstand, dass tatsächlich jeder eine Version der Geschichte von Noah und der Sintflut kennt. Und zwar nicht nur jeder aus dem Kulturkreis der Abraham'schen Religionen Judentum, Christentum und Islam, sondern jeder irgendwo auf der Welt, egal, welchem Gott oder welchen Göttern er huldigt. Oder sagen wir besser: fast jeder. Denn die afrikanischen Völker südlich der Sahara haben keine Mythen, die von einer erdumfassenden Überschwemmung berichten. Aber sonst sind die Menschen überall mindestens ein Mal im großen Maßstab ertrunken und haben nur deshalb als Art überlebt, weil ein Auserwählter vorher von seinem Gott gewarnt worden ist und

Eine Flut ohne Sünde

Die sprachliche Versuchung ist groß, die «Sintflut» als «Sündflut» zu verstehen, mit der die Menschen für ihre Verderbtheit bestraft werden sollten. Doch das Wort kommt nicht von der Sünde, sondern vom mittelhochdeutschen «sin», was so viel wie «andauernd» heißt. Die «sinvlout» oder moderner «Sintflut» ist also eigentlich eine «andauernde» oder «anhaltende» Überschwemmung.

rechtzeitig vorsorgen konnte. Der hieß in der Regel nicht Noah, und er hat nicht immer eine Arche gebaut, aber abgesehen von den Details erzählt man sich überall das Gleiche.

Den Anfang machten wohl die Sumerer – zumindest stammen von ihnen die ältesten Aufzeichnungen von einer Sintflut, was aber auch daran liegen könnte, dass dieser Volksstamm eben als erster eine Schrift erfunden und damit dauerhafte Dokumente geschaffen hat. Jedenfalls hielten die Sumerer in einer Königsliste, die vor über 4000 Jahren in Keilschrift in feuchten Ton geprägt wurde, fest, dass Kish neuer Königssitz wurde und Etana als Erster den Thron bestieg, «nachdem die Flut das Land überschwemmt hatte». Damit wurde die Sintflut nicht nur zum ersten Mal, sondern gleich in einem seriösen profanen Dokument mit historischem Inhalt erwähnt.

Bald darauf übernahmen wohl die Autoren der nicht ganz so seriösen Heldensagen den Stoff. Im altbabylonischen Atrachasis-Epos wurden die Menschen dem obersten Gott Enlil einfach zu laut, sodass er nicht mehr schlafen konnte und die Ruhestörung kurzerhand per Sintflut beenden wollte. Der Gott Enki, der einst die Menschheit erschaffen hatte, war davon allerdings weniger begeistert und erwies sich als Whistleblower, der seinem Lieblingspriester Atrachasis heimlich Anweisungen für den Bau einer Arche zuflüsterte. Das erwies sich letztlich als

Glücksfall, denn beinahe zu spät stellten die Götter fest, dass sie ohne die Opfergaben der Menschen selbst an Hunger litten. Entsprechend gierig stürzten sie sich auf das erste Opferfeuer, und Enlil wandelte die Strafe für die Menschheit von Ertränken in Sterblichkeit und ein Leben voller Leid um.

Die Idee mit der verheerenden Flut wanderte anschließend in das Gilgamesch-Epos, das in der gleichen Region zu Hause ist. Darin trifft König Gilgamesch auf seiner Suche nach der Unsterblichkeit den örtlichen Noah, der Utnapischtim oder Ziusudra hieß und von seinem Wassergott Enki vor der kommenden Flut gewarnt wurde. Nach Abschluss der Mission wird Utnapischtim zur Belohnung zum Gott befördert und darf auf die «Insel der Seligen» ziehen.

Interessant ist die zeitliche Einordnung der babylonischen Flutgeschichte. Sie spielte vor etwa 4700 Jahren und damit ungefähr im gleichen Zeitraum, in dem auch die biblische Erzählung angesiedelt ist. Viele Schriftgelehrte nehmen deshalb an, dass alle drei Berichte auf das gleiche Ereignis zurückgehen – falls es denn eine wirkliche Flut gegeben haben sollte – und sich der biblische Text teilweise auf die orientalischen Vorlagen stützt. Alle drei waren anschließend Inspiration für verschiedene Sintflut-Sagen der Griechen und Römer.

Der Mythos der Sintflut ist jedoch keineswegs auf den Mittelmeerraum und Vorderasien beschränkt. Vielmehr traf der Zorn der Götter die Menschheit rund um den Globus mit voller nasser Wucht. In Indien baute beispielsweise der König Manu die Arche, in China überlebte nur Fu Xi die große Flut, und bei den Kelten retteten sich einzig und allein der Riese Bergelmir und seine Frau.

Sogar Kulturen wie die nordamerikanischen Indianer, die mit ziemlicher Sicherheit keinen Kontakt zur indoeuropäischen Sagenwelt hatten, erzählen sich ähnliche Geschichten von globalen Fluten. Und selbst die australischen Aborigines, die sonst bei (vor-)geschichtlichen Rundumblicken gerne vergessen werden, haben in ihrem Traumzeit genannten Schöpfungsmythos eine Sintflut, die jedoch vom Großen Känguru und anderen «Tierleuten» aufgehalten werden konnte.

Wenn alle das Gleiche erzählen, dann muss es doch wahrhaftig vor Urzeiten eine globale Sintflut gegeben haben. Oder etwa nicht?

EIN GANZER MOND AUS WASSER

Die Antwort können wir spaßeshalber zunächst mit einem kleinen Rechenspielchen angehen. Dazu kalkulieren wir mit unserem Schulwissen und einem tüchtigen Taschenrechner, wie viel Wasser eigentlich nötig wäre, um die Menschheit bibelgerecht zu ertränken.

Laut dem 1. Buch Mose aus der Genesis überstieg das Wasser der Sintflut die Gipfel der höchsten Berge um 15 Ellen. Die Länge einer biblischen Elle lässt sich nicht zweifelsfrei ermitteln, doch die meisten Forscher sprechen ihr rund 45 cm zu, womit wir einen Überstand von 6,75 m erhalten, den wir auf die Spitze des Mount Everest (8848 m) aufschlagen müssen. Über die Formel für das Volumen einer Kugel kommen wir damit auf einen Bedarf von rund 4,5 Milliarden Kubikkilometer Wasser – zusätzlich zu dem Wasser, das sich sowieso schon in den Meeren befindet und dessen Oberfläche die Nulllinie vorgibt, versteht sich.

Das ist eine ganze Menge. Nämlich etwa 3,3-mal so viel, wie alle Ozeane der Erde zusammen enthalten (1,332 Milliarden km^3). Oder plastischer formuliert: Könnten wir diese 4,5 Milliarden Kubikkilometer zu einer Kugel formen, erhielten wir einen Wasserplaneten, der mit 1026 km Radius fast so groß wäre wie der Nicht-mehr-Planet Pluto (1187 km Radius) und viermal so groß wie der Saturnmond Enceladus, der im Wesentlichen aus Wassereis besteht.

Da die Autoren der Bibel aber vermutlich den Mount Everest nicht kannten, sondern eher vom 5137 m hohen Berg Ararat ausgegangen sind, wäre Noah sicherlich mit einer geringeren Menge ausgekommen. Für seine verkleinerte Variante der Sintflut genügten schon 2,6 Milliarden Kubikkilometer. Aber auch das wäre immer noch doppelt so viel Wasser, wie die Erde gegenwärtig hat, und als Mond mit 855 km Radius anderthalbmal so groß wie Enceladus.

Beides gleichzeitig geht also mit dem Wasser, das die Erde bereithält, nicht: flächenmäßig den gesamten Planeten zu fluten und dabei obendrein keinen Zipfel herausschauen zu lassen. Deshalb halten auch nur sehr wenige besonders fundamentalistische Glaubensrichtungen an einer wörtlichen Auslegung der Noah-Geschichte fest. Die allermeisten Wissenschaftler vermuten hinter dem Mythos stattdessen eine oder mehrere regionale Flutkatastrophen von bescheideneren Ausmaßen.

Und Katastrophen hat es in der Menschheitsgeschichte mehr als genug gegeben.

WO KOMMT ALL DAS WASSER HER?

Wenn wir heutzutage an eine Flut denken, erinnern wir uns zwangsläufig an drei Arten von Katastrophen, die wir aus den Nachrichten oder sogar aus eigener Erfahrung kennen: Flüsse, die über die Ufer treten, Sturmfluten und Tsunamis. Alle drei waren schon immer im Katalog des Schreckens enthalten und haben auch die Völker der Antike mehrfach heimgesucht.

Vor allem überlaufende Flüsse waren zu Beginn der Menschheitsgeschichte angesagt. Im Zweistromland sind beispielsweise Euphrat und Tigris nach heftigen Regenfällen gerne als reißende Ströme so manchem babylonischem Dorf zum Verhängnis geworden. Doch gerade weil so etwas öfter geschah und sich das Wasser auf einen begrenzten Bereich beschränkte, hätte damals niemand solch eine Überflutung gleich als Sintflut bezeichnet oder wäre davon ausgegangen, dass alle Menschen betroffen wären.

Ein Tsunami tritt dagegen mit einer ganz anderen Dynamik und Dramatik auf. Unvermittelt türmt sich eine riesige Welle auf, größer als die Häuser im Hafen, und schiebt sich mit ungeheurer Macht, die alles mitreißt, was in ihrem Weg steht, viele Kilometer weit in das Land hinein. So ist es beispielsweise vor etwa 3600 Jahren auf Kreta geschehen, nachdem auf der weiter nördlich gelegenen Insel Santorin ein Vulkan explodiert war und dabei die halbe Insel zerrissen hatte. Die dadurch ausgelöste Flutwelle zerstörte auf Kreta mehrere Ortschaften wie Pseira und Palaikastro. Allerdings löschte sie nicht die minoische Kultur auf Kreta aus, wie man früher vermutet hatte.

Dennoch sind Tsunamis nicht ganz aus dem Rennen um die Anerkennung als Ursache der biblischen Sintflut. Einige Wissenschaftler überlegen, ob ein gewaltiger Felsrutsch am Ätna auf Sizilien, bei dem vor 8300 Jahren 35 Kubikkilometer Schutt und Gestein ins Meer donnerten, eine entsprechende Welle ausgelöst haben könnte. Die Tsunamis sollen neben dem Süden Italiens auch Teile Nordafrikas, den Westen Griechenlands und einige Regionen Israels betroffen haben, darunter die Siedlung Atlit-Yam. Der Ort lag damals mehrere hundert Meter von der Küste entfernt, inzwischen müssen Archäologen 8 bis 12 m tief tauchen, wenn sie ihn untersuchen wollen. Womit aber keineswegs gesagt ist, dass Atlit-Yam bei dem Tsunami untergegangen sein muss. Stattdessen könnte das Dorf auch allmählich versunken sein, denn genau in der Epoche seines Niedergangs veränderte die Erde ihr Antlitz ein letztes Mal im ganz großen Stil.

Und dabei löste sie eine Überschwemmung aus, die manche Forscher für den wahren Kern des Sintflut-Mythos halten.

EIN PARADIES FÜR SELBSTVERSORGER

Wenn Wissenschaftler auf der Suche nach der Lösung eines Rätsels sind, geht es manchmal zu wie bei einem Boxkampf. In diesem Fall stehen in der einen Ecke die beiden US-amerikanischen Marinegeologen William Ryan und Walter Pitman vom Lamont-Doherty Earth Observatory und in der anderen Ecke Ali Aksu von der Memorial University im kanadischen Neufundland, seines Zeichens ebenfalls Marinegeologe. Beide Seiten werden kräftig unterstützt von Sekundanten, die fleißig Belege für oder gegen eine Theorie sammeln, mit der Ryan und Pitman 1997 für weltweite Furore sorgten: Ihrer Meinung nach fand die biblische Sintflut im Schwarzen Meer statt.

Der Anfang der Geschichte ist noch unstrittig. Während der letzten Kaltzeit, die je nach Region als Würm- oder Weichseleiszeit bezeichnet wird, waren große Teile Nordeuropas, Nordasiens sowie Nordamerikas von mächtigen Gletschern bedeckt. In diesen war so viel Wasser gebunden, dass nicht genug für die Meere übrig blieb, deren Pegelstand darum mehr als 100 m niedriger lag als heute. Das Schwarze Meer fiel zeitweise sogar trocken und ließ ein riesiges Tal zurück. Dann wurde es langsam wärmer, und die Gletscher kamen ins Schwitzen. Ihr Schmelzwasser sammelte sich zu Flüssen und

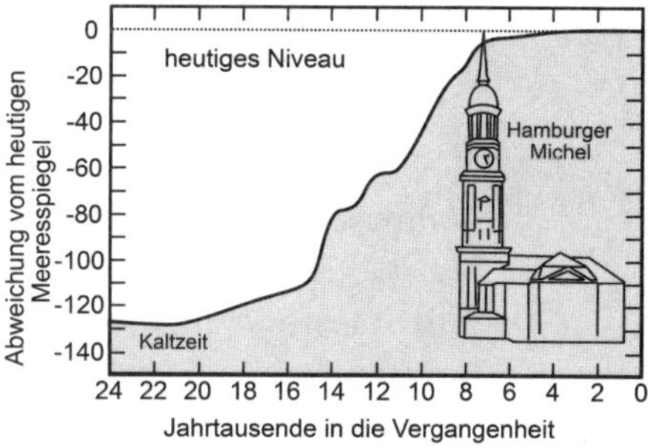

Seit der letzten Kaltzeit ist das Wasser des Weltmeeres um mehr als 100 m gestiegen.

ergoss sich ins Meer oder in Senken, wo es große Seen mit Süßwasser bildete.

Auch auf dem Gebiet des Schwarzen Meeres entstand mit dem Wasser von Donau, Don, Dnjepr, Bug und manchmal der Wolga ein gewaltiger Binnensee. An seinen Ufern und der umgebenden Ebene bot er den verfrorenen Menschen neue Lebenswelten. Statt in der Tundra Jagd auf riesige Mammuts zu machen, fanden sie sich plötzlich in Wäldern wieder, in denen kleinere Tiere wie Hirsche und Wildschweine lebten. Die Flüsse und der See lieferten zudem Fische und Muscheln als zusätzliche Nahrung. Die Menschen waren nicht mehr gezwungen, ihrer Beute durch das Land zu folgen, sondern konnten sich an besonders schönen Stellen länger aufhalten. Sie experimentierten mit der Aussaat von besonders nahrhaften Pflanzen und fingen Tiere lebend ein, um sie einzusperren und für später aufzubewahren, wenn sie zwar Hunger, aber keine Lust auf eine stundenlange Pirsch hatten. Vor rund 12 000 bis 10 000 Jahren wurden sie somit von unsteten Jägern und Sammlern zu sesshaften Landwirten. Verglichen mit dem harten Leben ihrer Vorfahren hatten sie das Paradies gefunden.

Doch weiter westlich wappnete sich bereits die Hölle für den Einfall in den Garten Eden.

WENN DAS FASS ÜBERLÄUFT

Während die Menschen am Süßwassersee des Schwarzen Meeres ihre Idylle genossen, stieg der Wasserspiegel des salzigen Mittelmeeres immer weiter an. Vor allem das Abschmelzen des Laurentidischen Eisschilds in Nordamerika hatte Unmengen von Wasser in den Atlantik ergossen und brachte schließlich am Bosporus – dort, wo Europa und Asien zusammentreffen – das Fass im wahrsten Sinne des Wortes zum Überlaufen.

Schwarzes Meer = Todesmeer?

Das Schwarze Meer wird manchmal als biologisch tot bezeichnet, was nicht ganz zutreffend ist. Tatsächlich ist der Wasserkörper zweischichtig aufgebaut. Die oberen etwa 150 m besitzen einen niedrigen Salzgehalt von 1,7 % bis 1,8 % (Ostsee: 0,8 %, Nordsee: 3,5 %) und sind Lebensraum vieler Tier- und Pflanzenarten. Sie schließen aber das salzigere Tiefenwasser von der Versorgung mit Sauerstoff ab, sodass die tieferen Zonen anoxisch sind. Sauerstoffatmendes Leben ist hier nicht möglich. Abgestorbenes Material wird stattdessen durch Bakterien abgebaut, wobei große Mengen Methan und Schwefelwasserstoff entstehen. Das Methan kann an die Luft aufsteigen und sich dort entzünden. Der Schwefelwasserstoff reagiert mit Eisen zu dunklem Eisensulfid, das dem Meer vermutlich seinen Namen gab.

Glaubt man Ryan und Pitman, dann brach vor etwa 8400 Jahren am Bosporus ein natürlicher Damm, der zuvor das Marmarameer, das mit dem Mittelmeer verbunden ist, von der viel tiefer gelegenen Ebene des Schwarzen Meeres getrennt hatte. In einem gewaltigen Schwall schossen bis zu 42 km^3 Wasser pro Tag donnernd in das nichtsahnende Paradies – 200-mal so viel, wie die Niagarafälle hinuntergeht, und genug, um jeden Tag den Bodensee zu füllen. Die Zahlen korrigierte der britische Ozeanograph Mark Siddall 2004 um den Faktor zehn nach unten, als er in einer aufwendigen Computersimulation den Prozess nachspielte. Über 33 Jahre lief danach das Marmarameer in die Ebene über und füllte sie jeden Tag um 15 cm. Mit dramatischen Folgen.

Das Süßwasser des Sees wurde im rasanten Tempo brackig und schließlich salzig. Die heimische Tier- und Pflanzenwelt wurde im Nu vom Salz dahingerafft. Den Menschen starb die

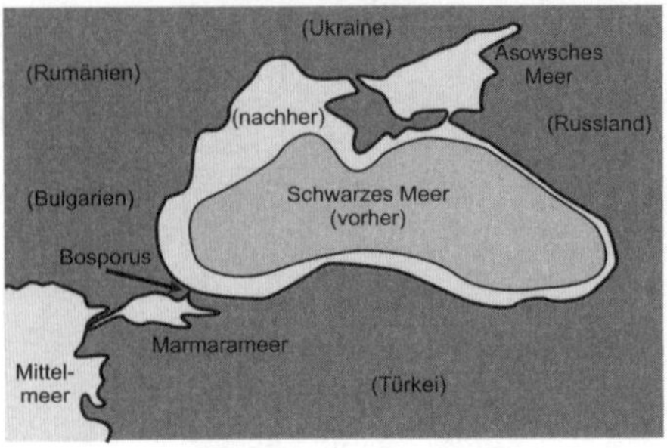

Vor dem Durchbruch am Bosporus war das Schwarze Meer nur ein großer Süßwassersee.

Lebensgrundlage weg, und das Wasser zog ihnen zugleich den Teppich unter den Füßen weg, denn im flachen Küstenbereich im Norden der Ebene rückte das Meer im Laufe eines einzigen Tages bis zu 400 m vor. In diesem Tempo musste zwar niemand um sein Leben laufen oder gar ertrinken, doch den Anwohnern blieb nichts anderes übrig, als ihre Heimat schnellstens aufzugeben und sich eine neue Bleibe zu suchen. Und dann wieder. Und wieder. Bis sie die Ebene ganz verließen und nach Europa sowie in die Levante (das Gebiet der östlichen Mittelmeerküste) und den fruchtbaren Halbmond zogen. Als Gastgeschenk brachten sie ihr Wissen über Viehzucht und Ackerbau mit und leiteten damit die neolithische Revolution ein – den Sprung der Menschheit vom Jäger zum Bauern.

So lautet zumindest die Theorie von Ryan und Pitman. Sie wird gestützt durch Sedimente und Fossilien am Grund des Schwarzen Meeres, die einen abrupten Wechsel von Süßwasser zu Salzwasser anzeigen; einen Grabenverlauf knapp hinter dem Bosporus, der für eine schnelle Flutung spricht, aber gegen einen langsamen Anstieg des Wassers; Reste alter Küstenlinien und Flussläufe mit erhaltenen Uferböschungen sowie archäologische Spuren von Siedlungen, die eilig verlassen wurden. Eine groß angelegte Expedition des *Titanic*-Entdeckers Robert Ballard im Jahr 2000 entpuppte sich hingegen nach ersten Erfolgsmeldungen doch als Reinfall. Die vermeintlichen Überreste eines Langhauses aus jener Zeit erwiesen sich bei der genaueren Untersuchung als Planken eines Fischerbootes aus dem 18. oder 19. Jahrhundert. Dennoch sind sich Ryan und Pitman sicher, dass die Sintflut-Mythen der Alten Welt ein Nachhall der Überschwemmung im Schwarzen Meer sind und die Zivilisation von hier aus die Welt erobert hat.

Und genau das halten Ali Aksu und seine Mitstreiter für völligen Humbug.

DER TODESSTOSS FÜR DEN MYTHOS?

Auch das Lager der Kritiker argumentiert mit Befunden aus Sedimenten. Doch seine Vertreter sammeln ihre Ablagerungen nicht vom Grunde des Meeres, weil das Wasser dort bewegt ist und damit Sandschichten verschiebt und durcheinanderwirbelt, was fälschlicherweise wie eine alte Küstenlinie wirken könnte. Stattdessen bohren sie lieber im Delta der Donau und im Marmarameer. Und sie werten nur Muscheln aus, deren Schalen noch miteinander verbunden sind, was darauf hindeutet, dass sie seit Urzeiten ruhig gelegen haben. Das Bild, das Ali Aksu vom Anschluss des Schwarzen Meeres an das übrige Weltmeer zeichnet, sieht danach ganz anders aus.

Vor allem den Wasserstand des Schwarzen Meeres kurz vor Bruch des Dammes zum Marmarameer schätzen die Kritiker völlig anders ein. Ihrer Meinung nach lag das Schwarze Meer nicht 120 m tiefer, wie Ryan und Pitman annehmen, sondern allenfalls 30 m. Außerdem hob sich der Wasserspiegel nach dem Durchbruch viel langsamer, um vielleicht 5 m bis 10 m im Laufe von Jahrzehnten. Und schließlich ging ihrem Modell zufolge eine viel kleinere Fläche Land verloren. Von einer Katastrophe oder einer plötzlichen Sintflut kann folglich keine Rede sein.

Einige Forscher vertreten aber noch eine viel drastischere Gegenmeinung. Sie denken, dass der Durchbruch am Bosporus sogar anfangs in die entgegengesetzte Richtung verlief. Unter der Annahme, dass Flüsse wie die Donau die ganze Zeit über kontinuierlich große Mengen Wasser in das Schwarze Meer getragen haben, müsste auch dessen Pegel ständig weiter gestiegen sein, bis schließlich vor etwa 8000 Jahren das Süßwasser aus dem Schwarzen Meer zuerst in das Marmarameer geschwappt ist. Der entgegengesetzte Fluss von Salzwasser setzte erst später ein. Am Ende liefen beide Strömungen parallel, wie es auch heute noch der Fall ist: An der Oberfläche gelangt leichteres Wasser mit geringerem Salzgehalt ins Marmarameer, während in den tieferen Schichten dichteres Meerwasser ins Schwarze Meer fließt. Das Salz blieb damit anfangs für die Fische und die Menschen gewissermaßen unsichtbar, weil es zunächst die Tiefe eroberte. Erst als es sich nach oben ausbreitete, tötete es die Süßwasserorganismen ab. Das Ergebnis wäre auch nach dieser Theorie ein Schwarzes Meer, wie wir es heute kennen. Aber eben ohne Katastrophe.

Über die Frage, welche Theorie besser belegt ist und letzten Endes wahrscheinlich zutrifft, streiten sich die Wissenschaftler beider Lager in Fachzeitschriften und auf Kongressen. Auf den wackligsten Beinen steht dabei regelmäßig die Behauptung Ryans und Pitmans, die Überschwemmung des Schwarzen Meeres sei der Ursprung des Sintflut-Mythos. Denn selbst wenn all ihre anderen Annahmen zutreffen sollten, müsste die Erinnerung an die Flut etwa 3000 Jahre mündlich weitergegeben worden sein, bevor die Sumerer die ersten schriftlichen Notizen dazu anfertigten. Das wäre in etwa so, als hätte Homer vergessen, seine Ilias und Odyssee zu schreiben, und wir trotzdem heute noch vom Trojanischen Krieg reden würden. Auch in Zeiten vor der Informationsflut durch Facebook, Twitter und Co. erscheint es unwahrscheinlich, dass die Menschheit jemals ein derart zuverlässiges kollektives Gedächtnis besessen hat.

Aber die Sintflut ist ja zum Glück nicht der einzige sagenhafte Fluten-Mythos.

EIN TOTER INFORMANT

Sicherlich kennen Sie die Szene aus etlichen Filmen: Eine Nebenfigur, die eigentlich nur deshalb in der Geschichte auftaucht, weil sie wichtige Informationen besitzt, beschließt, sich endlich dem Helden zu offenbaren, und macht zu diesem Zweck ein Treffen an einem verlassenen Ort ab. Doch kurz bevor der Held auftaucht, knöpft sich der Bösewicht die Nebenfigur vor und macht ihr beinahe den Garaus. Eine schlampige Arbeit, denn der Informant bleibt noch exakt so lange am Leben, bis er – nach wenigen Minuten oder etlichen Stunden, das ist interessanterweise egal – dem gerade eingetroffenen Helden mit letzter Kraft zuraunen kann: «Der Mörder ist … der Mörder ist …» Oder: «Der Schatz liegt in … der Schatz liegt in …» Statt den Satz zu Ende zu sprechen, wiederholt die tragische Figur den unwichtigen Teil mehrmals, um dann vor Bekanntgabe des großen Geheimnisses tot in den Armen des Helden zusammenzusacken. Was für ein armseliges Spannungselement.

Genau das ist 348 oder 347 v. Chr. im Alten Griechenland geschehen.

Damals arbeitete der Philosoph Platon am zweiten Teil einer Trilogie zur Geschichte der Natur und der Menschheit. Im ersten Band mit dem Titel *Timaios* hatte er bereits seine Vorstellung von der Schöpfung der Welt dargestellt. Darin erwähnte er kurz – sozusagen als Teaser für den zweiten Teil – das Reich Atlantis, um dessen 9000 Jahre zurückliegenden Krieg mit Athen es im Folgeband mit dem Titel *Kritias* gehen sollte. Doch mitten in der *Kritias*, an der spannendsten Stelle, bricht der Text ab. Der griechische Gelehrte Plutarch vermutet, Platon sei aufgrund seines fortgeschrittenen Alters von 80 Jahren schlichtweg gestorben, bevor er so richtig zur Sache kommen konnte. Heutige Forscher stimmen dieser Vermutung zu oder sie denken, Platon habe sich mit dem Werk einfach inhaltlich übernommen und es gefrustet in die Ecke geworfen. Wie dem auch sei, im Ergebnis sind die Informationen, die Platon uns über das sagenhafte Atlantis und dessen Untergang zukommen ließ, ausgesprochen spärlich.

Das Problem ist nur: Platon ist die einzige historische Quelle, die überhaupt von Atlantis berichtet.

DES WESTENS LIEBSTER UNTERGANG: ATLANTIS

Laut *Timaios* hat der Großvater des Erzählers Kritias vom athenischen Staatsmann Solon gehört, was diesem die ägyptischen Priester der Göttin Neith aus den «geheiligten Schriften» verraten haben. Platon hat wohl beim Schreiben selbst gemerkt, wie konstruiert und unzuverlässig solch eine Informationskette wirkt, und deshalb ausdrücklich betont, dass alles wirklich echt und wahr sei, was er zu erzählen habe. Müßig zu erwähnen, dass eigentlich alle ernstzunehmenden Wissenschaftler ihm trotzdem kein Wort glauben und die Sache mit Atlantis von vorne bis in die Mitte (ein Ende gibt es ja nicht) für erfunden halten.

Zum Ausgleich stürzen sich in neuerer Zeit umso mehr enthusiastische Hobbyforscher mit Freuden in die Suche nach Atlantis und erfahren bei Platon, dass die Stadt angeblich einstmals ein Reich beherrschte, das ganz Nordafrika und den bekannten Teil Vorderasiens umfasste. Also praktisch die gesamte antike Welt. Nur ein kleines Völkchen leistete den Invasoren tapferen Widerstand, und das war natürlich Athen mit seiner damals idealen Gesellschaft nach Platons Vorstellung.

Die Regierung des Imperiums lag dagegen konzentriert in den Händen der Nachkommen des Meeresgotts Poseidon und der Sterblichen Kleito. Während die jüngeren Söhne über die Randgebiete herrschten, thronte in der Stadt selbst König Atlas. Seinen Namen erhielt er nach der Insel und dem Meer, in welchem jene gelegen haben soll – dem Atlantìs thálassa. Die meisten Wissenschaftler vermuten dahinter den heutigen Atlantik, denn Atlantis sollte von Griechenland aus gesehen hinter den Säulen des Herakles liegen, unter denen in der Regel die Felsen an der Straße von Gibraltar verstanden werden. So ganz eindeutig ist diese Zuordnung aber nicht, denn der römische Historiker Tacitus verlagerte die Säulen in seinem Bericht über Germanien weit nach Norden in das Territorium der Friesen. Dementsprechend frei interpretieren manche Forscher die Ortsangabe mehr als ein Irgendwo-da-wo-in-letzter-Zeit-keiner-war und sehen Atlantis schon einmal in Troja, im Schwarzen Meer oder in der Adria.

Atlantis war reich an Gold, Silber und einer Legierung, die Platon Oreichalkos nennt und bei der es sich wohl um Messing gehandelt haben dürfte. Das Land wurde künstlich bewässert und lieferte zwei Ernten pro Jahr. Von den vielen Tieren, die auf der Insel lebten, ist vor allem der Elefant hervorzuheben – für Platon wegen seiner Größe und seiner Gefräßigkeit, für moderne Atlantis-Sucher, weil sich dadurch die Lage der Stadt eingrenzen lässt.

Viel Platz räumt Platon der Beschreibung des Zentrums der Insel ein. Hier erstreckte sich eine Ebene von 3000 Stadien mal

Mu – Atlantis des Pazifiks

Der Kontinent Mu soll einst im Pazifik gelegen und eine frühe Hochkultur beherbergt haben. Der Mythos gründet sich auf fehlerhafte Übersetzungen und Deutungen von Schriften der Maya und Azteken. Manchmal werden die Pazifikinseln, vor allem Hawaii und die Osterinseln, als ehemalige Berge Mus angesehen, die nach dessen Untergang gerade noch aus dem Meer ragen. Ernstzunehmende geologische Hinweise auf die Existenz eines pazifischen Kontinents gibt es allerdings nicht.

2000 Stadien, was 540 km mal 360 km entspricht, falls es sich um das griechische Maß gehandelt hat, oder 633 km mal 422 km für ägyptische Stadien – auf jeden Fall eine Fläche, wie sie ungefähr die britische Hauptinsel aufweist. Atlantis war anscheinend kein winziges Lummerland, sondern auch größenmäßig recht stattlich. Rechtwinklig verlaufende Kanäle teilten das Gelände in zahlreiche Parzellen. In der Mitte befand sich auf einem Berg eine Akropolis von etwa 1 km Breite. Um sie herum spannten sich drei ringförmige Kanäle, die über einen breiten Kanal mit dem Meer verbunden waren und auf denen Schiffe fahren konnten. Im innersten Bereich befanden sich neben einem Poseidontempel die Wohnstätten des Herrschers. Eine Mauer trennte den Bezirk von den ringförmigen Vierteln für die Wächter, Krieger und Bürger ab. Wie viele Einwohner Atlantis hatte, verrät Platon nicht, doch es müssen viele gewesen sein, denn die Stadt verfügte alleine schon über 1200 Kriegsschiffe mit 240 000 Mann Besatzung. Platon wollte Athen offensichtlich aus dramaturgischen Gründen einen gigantischen Gegner gegenüberstellen.

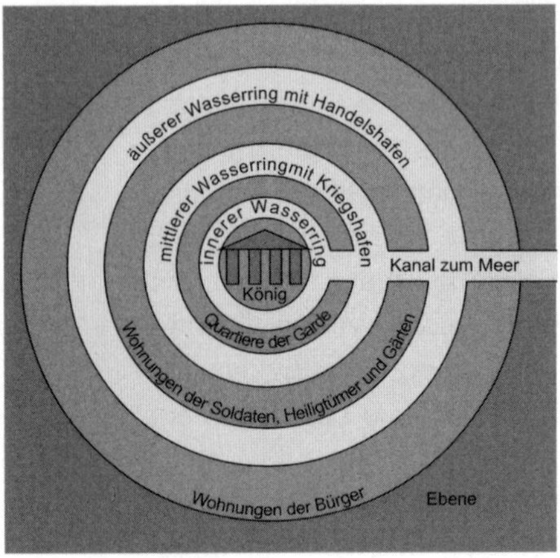

Platon zufolge war der bewohnte Teil von Atlantis exakt geometrisch angelegt. Ringsum lag eine landwirtschaftlich genutzte Ebene, die durch Kanäle bewässert und in Parzellen aufgeteilt war.

Doch alle Macht nützte den Atlantern gar nichts.

Dank ihres vorzüglichen Staatssystems schmetterten die Athener den Angriff der Supermacht ab, und zu allem Unglück versank die gedemütigte Insel durch Erdbeben und Überschwemmungen innerhalb eines einzigen Tages und einer einzigen Nacht im Meer.

Echt dumm gelaufen.

ATLANTIS LIEGT VOR JEDER HAUSTÜR

Wer nun glaubt, dass die Übertreibungen in Platons Text, das Fehlen jegliches archäologischen Fundes von einer Hochzivilisation aus der Zeit vor 11 500 Jahren sowie der Mangel an anderen historischen Berichten verhindern würde, dass irgendjemand die Erzählung von Atlantis für bare Münze nimmt, der liegt nur teilweise richtig. Tatsächlich vermuteten bereits in der Antike viele Gelehrte wie Plinius der Ältere, dass Platon sich alles ausgedacht hatte, um ein besonders eindringliches Beispiel für die Überlegenheit seines politischen Systems vorzuweisen. Gleichzeitig hielten aber andere antike Philosophen und Geschichtsschreiber wie Poseidonois, Plutarch und Strabon die Existenz von Atlantis für möglich, und Krantor von Soloi war sogar überzeugt, dass alles der Wahrheit entspreche. Die meisten Autoren erwähnen Atlantis jedoch mit keinem Wort in ihren Werken – und so geriet die Geschichte in Europa in Vergessenheit. Erst mit der Renaissance, als die Gelehrten wieder das alte Griechisch verstanden, tauchte Atlantis erneut auf und mit ihm die Frage, wo das rätselhafte Inselreich wohl einst gelegen haben könnte.

Die Zahl der Antworten ist inzwischen fast so groß wie die Menge der Hobbyforscher, die sich an der Suche nach der untergegangenen Stadt beteiligen. Einige offensichtliche Kandidaten fielen allerdings recht schnell aus dem Rennen. So liegt Amerika zwar passenderweise jenseits der Säulen des Herakles, doch ist der Kontinent weder aktuell untergegangen noch war er zur fraglichen Zeit überflutet. Auch die Insel Santorin, die mit ihrem

Vulkanausbruch bereits auf der Verdächtigenliste für die Sintflut stand, konnte ein Alibi vorweisen, als der französische Meeresforscher Jacques-Yves Cousteau trotz angestrengter Suche im umliegenden Meer keine Überreste einer Stadt finden konnte. Andere Orte wie Helike an der Nordküste der Peloponnes oder die Insel Atalante wurden zwar von Flutwellen und Erdbeben zerstört, allerdings viel später, als von Platon behauptet. Außerdem waren sie um ein Vielfaches zu klein und befanden sich in einer völlig falschen Gegend. Sie könnten Platon allenfalls zu seiner Geschichte inspiriert haben, scheiden aber selbst als wahrhaftiges Atlantis aus.

Bis heute hat keiner der vorgeschlagenen Orte alle Kriterien erfüllt, die 2005 von den Teilnehmern der internationalen Atlantis-Konferenz für das echte Atlantis aufgestellt wurden. Selbst so vielversprechende Kandidaten wie – schon wieder – die geflutete Ebene des Schwarzen Meeres oder die frisch entdeckte Hafenstadt Tartessos im Süden Spaniens, die westlich der Straße von Gibraltar liegt und einen ringförmigen Grundriss aufweist, konnten bislang nicht überzeugen.

Wenn sowieso keiner weiß, wo Atlantis zu finden ist, warum dann nicht vor meiner eigenen Haustür?, mag sich angesichts der allgemeinen Verwirrung so mancher Patriot gedacht und das To-

Ausgerechnet zur Mittagszeit!

Der österreichische Techniker Otto Heinrich Muck beschäftigte sich weniger mit der Lage von Atlantis als vielmehr mit dem genauen Zeitpunkt seines Untergangs. Mit Hilfe des Maya-Kalenders errechnete er, dass die Insel am 5. Juni 8498 v. Chr um 13.00 Uhr Greenwich-Zeit versunken sein muss. Wie er dabei die Schwierigkeit umschifft hat, dass der Maya-Kalender erst mit dem 11. August 3114 v. Chr. einsetzt, hat er nicht verraten.

huwabohu um einen weiteren unsinnigen Vorschlag erweitert haben. Den Anfang machte gegen Ende des 17. Jahrhunderts der Rektor der schwedischen Universität Uppsala, Olof Rudbeck, der kurzerhand behauptete, mit Atlantis sei in Wahrheit Schweden gemeint und Platon sei ein dreckiger Lügner, wenn er es woanders platzierte. Natürlich dauerte es nicht lange, und es fanden sich Vertreter, die Atlantis in Britannien, der Bretagne und sogar in Doggerland, mit dem wir uns gleich näher beschäftigen werden, wiedererkannten. Der britische Schriftsteller George H. Cooper identifizierte die Steine von Stonehenge als die Säulen des Herakles und hielt England für den Garten Eden. Mit Abstand am schönsten begründete aber der US-amerikanische Jurist, Kongressabgeordnete und Hobbyforscher Ignatius Donnelly, der eigentlich die Azoren favorisierte, seine Wahl der irischen Küstenstadt Cork, indem er hervorhob, wie wunderbar Cork zur Beschreibung von Atlantis passt, «wenn wir die geometrischen Ringe und das andere Zeug einmal beiseitelassen».

Mögen es die Götter und die Amateuratlantologen uns verzeihen, wenn wir Atlantis als eher schwachen Mythos zur Seite legen. Denn nun wird es Zeit für ein wissenschaftlich gesichertes Stück versunkener Realität.

EINE BOHRENDE FRAGE

Die Engländer wüssten gerne, von wo ihre allerurtümlichsten Vorfahren gekommen sind. Diejenigen, die schon vor den Normannen, Sachsen und Römern, von denen eigentlich fast alle Engländer tatsächlich abstammen, da waren. Also die Kelten, die als eine Art Alte-Welt-Indianer von den Zugezogenen in kleine Reservate wie Wales verdrängt worden sind, aber dennoch irgendwann selbst den Sprung auf die Insel geschafft haben müssen. Seetüchtige Schiffe wie die Römer oder die Wikinger hatten die Kelten wohl nicht besessen. Und mal eben nebenbei schwimmt man nicht über den Ärmelkanal, in der Hoffnung, das da irgendwo ein bewohnbares Land ist.

Wie sind also die ursprünglichen Bewohner Englands über diese verflixt gefährliche Nordsee auf ihre Insel gelangt?

EINE HARPUNE AUS NOAHS WÄLDERN

Der entscheidende Hinweis ging im September 1931 dem Fischer Pilgrim E. Lockwood ins Netz. Gefreut hat er sich darüber vermutlich nicht. Immer wieder verfingen sich in diesem Abschnitt der Nordsee vor Norwich Bruchstücke von Knochen in den Netzen und rissen Löcher hinein. Die Fischer wussten nicht, wo die Fragmente herkamen, und es interessierte sie auch nicht. Aber dieses Exemplar war anders. Es steckte fest in einem Klumpen Torf, und als Lockwood es freilegte, sah er, dass sich auf einer Seite des 21,6 cm langen, schmalen Knochens in regelmäßige Abständen Widerhaken aneinanderreihten. So etwas konnte wohl nicht von selbst entstanden sein, da musste irgendwie ein Mensch seine Hände im Spiel gehabt haben. Weil er sich keinen größeren Reim auf seinen Fund machen konnte, gab Lockwood den gezahnten Knochen weiter, und schließlich landete er im Museum von Norwich. Hier erkannte man, dass der «Colinda Point», wie er nach Lockwoods Kutter *Colinda* genannte wurde, eine 11 740 Jahre alte Harpunenspitze war. Ein Werkzeug aus der Mittelsteinzeit, das aus einem unbekannten Grund mitten in der Nordsee am Meeresboden gelegen hatte.

Die Archäologen hatten einen Verdacht, wie es dort hingekommen sein könnte. Ihrer Ansicht nach hatte es kein steinzeitlicher Fischer verloren, und es war auch nicht von einem Fluss ins Meer getragen worden. Sie tippten darauf, dass die Harpune direkt dort hergestellt worden war, wo sie gefunden wurde: in der Nordsee. Nur dass vor knapp 12 000 Jahren an dieser Stelle kein Meer, sondern festes Land gewesen war.

Schon in früheren Jahrhunderten hatten sich die Bewohner der englischen Ostküste gewundert, dass bei besonders starkem Niedrigwasser die Stümpfe alter Baumstämme aus dem Schlick ragten. «Noahs Wälder» nannten sie die Erscheinung, die zusammen mit den Knochenfunden der Fischer den Paläobotaniker Clement Reid um die Wende vom 19. zum 20. Jahrhundert zu der Annahme verleitete, ein Teil der Nordsee sei in ferner Vergangenheit trockenes Land gewesen. Reid erlebte leider nicht mehr den Fund des «Colinda Point», mit dem seine These untermauert wurde. Erst 1998 griff die Archäologin Bryony Coles von der Universität von Exeter die Idee ernsthaft auf und initiierte ein interdisziplinäres Projekt zur Erforschung dieser untergegangenen Welt, die sie Doggerland nannte. Der Name leitet sich von der Doggerbank ab, einer langgestreckten riesigen Sandbank zwischen England und Dänemark, die bis auf 13 m an die Oberfläche der Nordsee reicht und ihrerseits nach den niederländischen Dogger-Fischerbooten des 17. Jahrhunderts benannt ist.

DAS VERGESSENE PARADIES

Das Projekt sammelte schnell eine Fülle von Informationen. Im Bereich der englischen Küste entdeckten professionelle und Amateurarchäologen Überreste von Siedlungen, Steinwerkzeuge sowie Knochen von Urzeitmenschen und Tieren. Niederländische Fischer brachten mit ihren Schleppnetzen ganze eiszeitliche Zoos zutage, komplett mit Resten von Mammuts, Waldelefanten, Nilpferden, Löwen, Säbelzahnkatzen und Hyä-

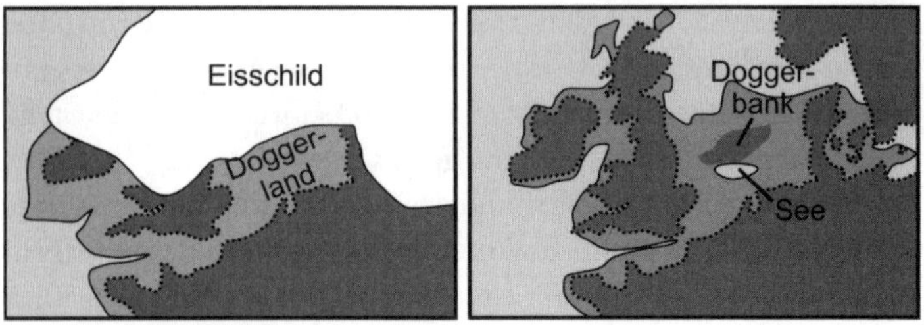

Vor etwa 20 000 Jahren erreichte der Eisschild über Nordeuropa seine größte Ausdehnung (links). Als sich das Eis zurückzog, wurde ein Teil von Doggerland überflutet, aber vor 10 000 Jahren lag noch der größte Teil der heutigen Nordsee trocken (rechts).

nen. Als besonders wertvoll erwies sich Datenmaterial aus den seismischen Untersuchungen einer norwegischen Ölbohrfirma. Aus ihnen ließ sich der Verlauf eines Flusses rekonstruieren, dessen Bett heute unter 10 m tiefem Schlick begraben liegt. Der Computerspezialist Eugene Ch'ng von der Universität von Wolverhampton fütterte die Karte und alle Erkenntnisse zur Flora und Fauna in ein Programm, mit dem normalerweise Panoramen für Ballerspiele entwickelt werden, und ließ die untergegangene Welt wiederauferstehen.

Doggerland erstreckte sich vor 12 000 Jahren zwischen den britischen Inseln auf der einen sowie Dänemark, Deutschland und den Niederlanden auf der anderen Seite. 2010 schätzten die Wissenschaftler seine Fläche noch auf 23 000 km², was der Hälfte von Dänemark, dem Neunfachen des Saarlandes oder 3 221 289 internationalen Fußballfeldern entspricht. Inzwischen nehmen sie jedoch an, dass es 90 000 km² maß oder womöglich noch größer war. Anstelle einer Nordsee gab es weites Land mit einem großen Binnensee, in den Flüsse wie Themse, Seine, Maas und Rhein mündeten und der mit einem breiten Delta im Bereich des heutigen Ärmelkanals in den Atlantik abfloss. Je nach Stand der Warm- oder Kaltzeiten präsentierte sich die Gegend als karge Tundra oder als grüne Landschaft mit Birken- und Kiefernwäldern. Nahrung für die Neandertaler und modernen Menschen, die über die Ebene streiften oder sich ansiedelten, gab es im Überfluss. Obwohl man in dieser Phase bequem vom Kontinent zu Fuß nach England gehen konnte, dürfte Britannien wenig verlockend gewirkt haben. Als Hochebene hinter steil aufragenden Klippen hatte es vorerst einfach zu wenig zu bieten, was die Anstrengung lohnte.

Doch das sollte sich bald ändern.

Ein Blick auf die Erdkugel

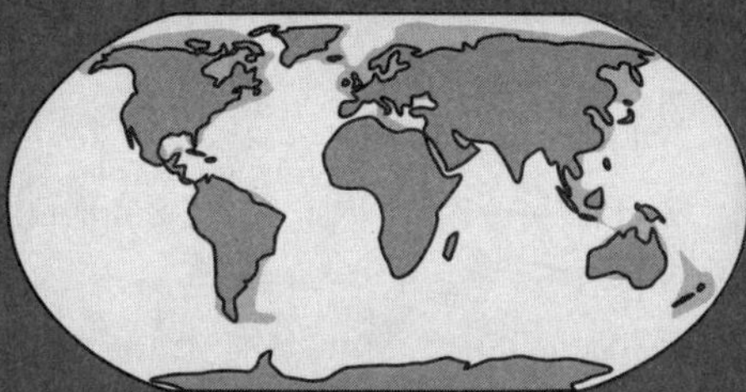

Viele Kontinente sind von Schelfbereichen umgeben, die während der verschiedenen Kaltzeiten ganz oder teilweise trockengefallen waren.

EINE WIRKLICH ECHTE SINTFLUT

Die Veränderung dürfte mit dem Ende der Würm-Weichsel-Kaltzeit eingesetzt haben. Der gleiche Anstieg des Meeresspiegels, der schließlich das Schwarze Meer mit Salzwasser flutete, ergriff nach und nach auch von Doggerland Besitz. Lag das Meer vor 10 000 Jahren noch 60 m niedriger als heute, waren es 2000

Rungholt – die kleine Sintflut

Sturmfluten reißen besonders an der Nordseeküste immer wieder kleine Flächen Land ins Meer. 1362 ertranken vermutlich mehrere zehntausend Menschen bei der «Groten Mandränke», als die Nordsee den Ort Rungholt und weitere Dörfer zwischen Pellworm und Nordstrand dauerhaft überflutete. In Phasen, in denen die Gezeiten hinreichend viel Schlick aus der Region abtransportiert haben, wurden im Watt Überreste von Siedlungen wie Warften (Wohnhügel), Brunnen, Deiche, aber auch kleinere Gegenstände wie Pflugscharen, Tonscherben und Schwerter gefunden, die jetzt zum Teil im NordseeMuseum Husum zu besichtigen sind.

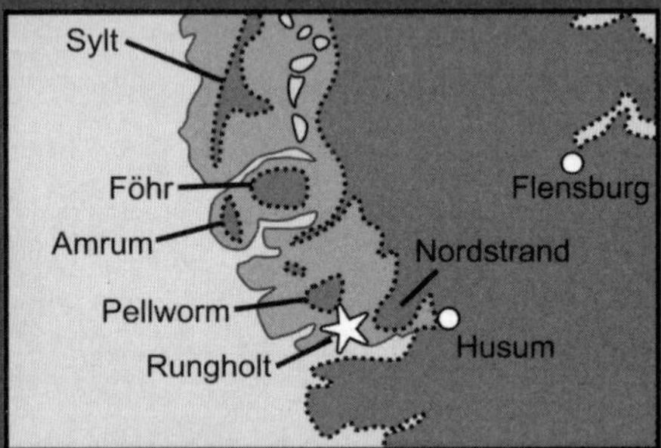

Jahre später nur noch 25 m. Auf ein einzelnes Jahr gerechnet sind dies lediglich knappe 2 cm Anstieg, doch bei einer flachen Ebene bedeutete dies häufig einen Landverlust von 200 m pro Jahr. Die Menschen konnten zusehen, wie sich das Meer Tag für Tag ausdehnte. Wiesen in Ufernähe versalzten und gingen schließlich ganz verloren. Die Menschen mussten mit immer weniger Land auskommen und zogen sich notgedrungen zurück. Durch die ansteigende Siedlungsdichte waren sie gezwungen, neue Regeln für das Zusammenleben zu entwickeln. Man konnte sich nicht mehr weiträumig aus dem Weg gehen, sondern musste Konflikte austragen oder durch eine hierarchische Struktur vermeiden. Vor etwas mehr als 8000 Jahren war vom ehemals weitläufigen Doggerland schließlich nicht mehr viel übrig. Einzig die britischen Inseln und die Doggerbank ragten noch aus den Fluten empor. Wenigstens war die Veränderung aber so langsam verlaufen, dass sich die Menschen anpassen konnten und sich nicht wirklich eine Katastrophe ereignet hatte. Die kam dann vor 8200 Jahren.

Seinen Ursprung nahm das Verderben im hohen Norden. Entweder gab es ein Erdbeben, oder es schmolzen aufgrund der Erwärmung am Ende der Kaltzeit riesige Mengen Methanhydrat am Meeresgrund und destabilisierten den Hang am Rande des norwegischen Schelfmeeres. Jedenfalls rutschte beim sogenannten Storegga-Ereignis über eine Länge von 800 km eine ungeheure Menge Schutt und Geröll den untermeerischen Kontinentalhang hinab und löste einen gewaltigen Tsunami aus, der die Doggerbank überrollte und alle Bewohner ums Leben brachte. Was auch immer sich an jungsteinzeitlicher Kultur oder Zivilisation in den vergangenen Jahrtausenden entwickelt haben mochte – innerhalb von Stunden war es nicht nur dem Erdboden gleichgemacht, sondern von Schlamm begraben und vom Meer verschlungen. Zurück blieben nur eine Sandbank, ein

Vineta – Atlantis der Ostsee?

Die reiche Sagenstadt Vineta (der Name wird auf der ersten Silbe betont) soll im Hochmittelalter bei Sturm und Hochwasser in der Ostsee versunken sein. Mehrere heutige Ortschaften streiten sich darum, vor ihrer Küste die Überreste zu beherbergen: Arkona, Barth, Koserow, Ruden und Wollin. Trotz diverser archäologischer Funde lässt sich bislang nicht sagen, wo sich Vineta einstmals tatsächlich befunden hat.

paar Baumstümpfe und einige bearbeitete Knochen. Doggerland hatte eine echte Sintflut erlebt und war Geschichte.

BEI DER EHRE DES KLABAUTERMANNS

Fast jede Kultur auf der Erde kennt einen Mythos von Überflutung und Sintflut. Auch wenn es keine globale Überschwemmung gegeben hat, haben sich schon in der Frühzeit an vielen Orten lokale Flutkatastrophen ereignet. Das Beispiel Doggerland zeigt, dass dabei mitunter wahrlich biblische Ausmaße erreicht wurden. Doch nicht jede Flutsaga geht auf ein tatsächliches Ereignis zurück. Ausgerechnet das beliebte Atlantis ist mit ziemlicher Sicherheit lediglich ein Kunstprodukt Platons, das er erschaffen hat, um seine Ideen zu verdeutlichen. Auch wenn seine Beschreibung verblüffend an Cork in Irland erinnert.

Fazit: Sintfluten und versunkene Landstriche sind reale Ereignisse, die manchmal zu phantasievollen Mythen übersteigert werden.

WO GIBT ES MEHR?

Timaios und Kritias

https://www.atlantis-scout.de/atlantimkrit.htm

Platons Berichte über Atlantis.

Walter Pitman und William Ryan: Sintflut – Ein Rätsel wird entschlüsselt, Bastei Lübbe, 2001

Das Buch der Urheber der Hypothese von der Flutung des Schwarzen Meeres als reale Grundlage für den Sintflut-Mythos.

Doggerland: Als England keine Insel und die Nordsee noch Festland war

http://archiv.ms-wissenschaft.de/blog/2012/08/doggerland-die-england-keine-insel-und-die-nordsee-noch-festland-war/

Infos vom Ausstellungsschiff MS Wissenschaft mit Video zu Doggerland.

Shotton River Virtual Reconstruction

https://www.youtube.com/watch?v=JDuGEaEhu48

Die Simulation einer Doggerland-Siedlung auf wissenschaftlicher Grundlage.

Der Mythos lebt

Phantomschiffe entstehen durch Luftspiegelungen, Riesenkalmare streifen tatsächlich durch die Tiefsee, und irgendwo auf der Welt rollen immer ein paar Monsterwellen über die Meere, schiffefressende Magnetberge sind hingegen ein Hirngespinst. – Im Vergleich mit vergangenen Jahrhunderten, als der Mensch sich noch vom Wind über die Ozeane pusten ließ, wissen wir heute recht gut Bescheid über das, was sich auf und in den Meeren abspielt oder was es eben nicht gibt. Wir ergründen die Tiefsee mit Tauchbooten, analysieren das aquatische Leben über seine DNA und beobachten Wellen per Satellit aus dem Weltall. Die Weltmeere werden vermessen, analysiert und gezähmt. Vorbei sind die Zeiten, als die Ozeane noch geheimnisvoll waren und Seefahrt ein Abenteuer. Längst haben Wissenschaft und Technik dem Meer die Romantik und seine Geheimnisse geraubt.

Haben sie das wirklich?

Wenn wir genauer hinsehen, stellen wir fest, dass tatsächlich das Gegenteil der Fall ist. Je intensiver wir die Meere erforschen, je ausführlicher wir sie sezieren, desto häufiger stoßen wir auf Phänomene, die uns verblüffen und die wir erst einmal nicht verstehen oder die uns einfach nur staunen lassen.

Gleich vor unserer Haustür liegt die Ostsee-Anomalie. Im Juni 2011 entdeckten Schatzsucher, die eigentlich auf Schiffswracks mit Ladungen von Sektflaschen aus waren, in der Bottensee zwischen Schweden und Finnland mit dem Sonar ein seltsames Objekt. Anscheinend war es nahezu rund und mit etwa 60 m Durchmesser mehr als halb so groß wie ein Fußballfeld, dazu 3 m bis 4 m dick. Es lag auf einem Schutthaufen und hatte einen kleineren Nachbarn in rund 200 m Entfernung. Zusammen erinnerte die Anordnung frappierend an ein Raumschiff, das bei einer Bruchlandung den Meeresgrund aufgewühlt hatte und zerbrochen war. Und so dauerte es nicht lange, bis im Internet erstaunlich detailreiche Fotos von dem Objekt kursierten, die ein zugleich antik und modern wirkendes UFO zeigten, das aus manchen Perspektiven ein Schwesterschiff des *Millennium Falcon* des *Star Wars*-Rebellen Han Solo zu sein schien. Das war natürlich ein weitaus besserer Fund als eine Reihe ostseegekühlter alter Sektflaschen, und als gute Geschäftsleute wussten die Schatzsucher, wie sie ihre Entdeckung zu vermarkten hatten. Eifrig fütterten sie Spekulationen über die Natur des Objekts mit weiteren undeutlichen Sonarbildern, kryptischen Andeutungen und wagemutigen Interpretationen. Unter anderem hielten sie es für unbedingt künstlich hergestellt, schrieben ihm dabei ein Alter von mehreren zehntausend Jahren zu, und natürlich fiel in Interviews mit den Medien ab und an auch der Name «Atlantis». Da machte es nichts, dass die angeblichen Fotos in Wahrheit computergenerierte Bilder waren, die weniger die Wirklichkeit zeigten als vielmehr die Wunschvorstellungen des Künstlers. Wer die Bilder hat, hat eben einfach recht!

Ein Jahr lang fiel es schwer, die immer phantastischer werdenden Gerüchte zu überprüfen, da die Schatzsucher ihr Monopol schützten, indem sie die genaue Lage des vermeintlichen

Raumschiffs nicht bekanntgaben. Stattdessen bereiteten sie alles vor, um wohlhabende Touristen mit einem fensterbewehrten U-Boot zu der Anomalie in 90 m Tiefe zu führen. Aber dann machten sie den Fehler, von einem Tauchgang ein paar Proben von dem Objekt mitzubringen und zur Untersuchung an schwedische Geologen zu schicken. Das Ergebnis war ernüchternd für all jene, die nicht glauben, dass Han Solo in einem Weltraumkreuzer aus Stein gegen das Imperium in die Schlacht gezogen ist. Mit Granit, Gneis, Sandstein, Limonit und Goethit enthält die Anomalie eine durchschnittliche Sammlung von Mineralien, die Gletscher am Ende der letzten Eiszeit an vielen Stellen zurückgelassen haben, als sie die Ostsee schufen. Lediglich ein Stück vulkanischer Basalt wirkte deplatziert, doch auf ihren Wanderungen transportieren Gletscher häufig steinerne Souvenirs über große Entfernungen. Die Ostsee-Anomalie war folglich nicht mehr als eine ungewöhnlich geformte Abraumhalde von Eiszeitschutt. Kein Sensationsfund, auf den man mit einer Flasche Sekt anstoßen müsste.

Bei anderen Steinstrukturen sind sich die Wissenschaftler dagegen nicht so einig.

WINKEL ALS BEWEISE?

Wenig versetzt Freunde vergessener Zivilisationen so sehr in Verzücken wie rechte Winkel. Wo immer Steine senkrecht aufeinanderstehen oder sich Linien in 90°-Winkeln schneiden, muss der Mensch seine Hände im Spiel gehabt haben, glauben sie. Manchmal liegen sie damit richtig, manchmal aber nicht. Und dann gibt es da diese Fälle, in denen wir (noch) nicht mit Sicherheit sagen können, ob nun der Mensch oder doch eher die Natur das Geodreieck angesetzt hat.

Eines dieser Rätsel liegt ganz im Süden Japans vor der Insel

Yonaguni in einer Wassertiefe von rund 30 m. Als der Taucher Kihachiro Aratake 1985 in diesem Gebiet nach lohnenden Zielen für Touristen suchte, stieß er zufällig auf Gesteinsformationen mit ungewöhnlich geraden Kanten, glatten Flächen und exakten Winkeln. Das alleine wäre nicht mehr als eine nette Kuriosität, aber der Sand- und Tonstein bildete eine Reihe außergewöhnlicher Formen, die Aratake unwillkürlich an die Architektur früherer Zivilisationen erinnerten: Zwei Säulen ragen schnurgerade nach oben bis 2,4 m unter die Meeresoberfläche, eine Mauer zieht sich über 10 m hin, und ein 5 m breiter Weg umgibt den Bereich an drei Seiten. Am beeindruckendsten ist jedoch das eigentliche «Monument»: eine Stufenpyramide von 150 m mal 40 m Grundfläche und 27 m Höhe, die bis 5 m unter die Meeresoberfläche reicht.

Insgesamt zehn Strukturen hat der Meeresgeologe Masaaki Kimura von der Universität Ryukyu bei seinen unzähligen Tauchgängen zum Yonaguni-Monument ausgemacht, die seiner Ansicht nach eindeutig menschengemacht sind. «Es ist schwer, die vielen Anzeichen für Aktivitäten des Menschen einfach als Produkte natürlicher Vorgänge zu erklären», sagt er. Unter anderem denkt Kimura dabei an zwei runde Löcher mit Durchmessern von etwa einem halben Meter und eine gerade Reihe kleinerer Löcher, von denen er annimmt, dass mit ihnen ein Stück des Gesteins abgesprengt werden sollte.

Der Geologe Robert Schoch, der ansonsten selbst nie verlegen ist, eine steile These aufzustellen, hält dagegen. In einem Buch, in dem er die Ergebnisse seiner eigenen Untersuchungen an dem Monument beschreibt, zählt er verschiedene Argumente auf, die für eine natürliche Herkunft der Formationen sprechen. Die glatten Flächen und geraden Kanten sind beispielsweise typisch für Sandstein, der unter mechanischem Stress bricht, etwa bei einem der zahlreichen Erdbeben in der Region. Außerdem bestehen die Strukturen nicht aus zusammengestellten Einzelblöcken, sondern sind alle Teil eines einzigen «Urfelsens». Potenzielle menschliche Erbauer hätten also wie bei einer Schnitzerei alle überflüssigen Teile des Gesteins entfernen müssen – eine uneffiziente und sehr mühselige Methode.

Vielleicht liegt die Wahrheit dieses Mal in der Mitte. Manche Forscher können sich vorstellen, dass die Felsformationen in ihren groben Zügen von geologischen Kräften und Erosion gebildet wurden und Menschen einige kleinere Veränderungen vorgenommen haben. Immerhin befand sich das Areal während der letzten Eiszeit über dem Wasser und war Teil einer Landbrücke zum heutigen Taiwan. Das liegt allerdings wenigstens 10 000 Jahre in der Vergangenheit und damit in einer Zeit, als die Bewohner Japans gerade fähig waren, einfache Keramiken zu schaffen. Mit aufwendigen Steinmetzarbeiten dürften sie dagegen überfordert gewesen sein. Kimura hat deshalb die These aufgestellt, dass Erdbeben den Bereich vor 2000 bis 5000 Jahren nochmals aus dem Meer gehoben haben könnten. In dieser Epoche wären die Japaner technisch gerüstet für das Klopfen auf Stein. Anschließend ließen weitere Beben die Steinstadt wieder untergehen. Ein Modell, das in den Augen seiner Kritiker etwas arg konstruiert klingt. Und so ist im Streit um das Yonaguni-Monument noch keine Entscheidung abzusehen.

Dabei sind Menschen längst nicht die einzigen Wesen, die kunstvolle Strukturen am Meeresboden errichten können.

KORNKREISE UNTER WASSER

Japan scheint grundsätzlich eine gute Gegend für rätselhafte Unterwasserkunstwerke zu sein. Im Jahr 1995 stießen Taucher in der Nähe der Amami-Oshima-Insel auf eindrucksvolle Skulpturen am Meeresgrund, mit denen sich jemand besonders viel Mühe gegeben haben musste. Die Objekte waren kreisrund mit einem Durchmesser von etwa 2 m und streng geometrisch aufgebaut. Zwei konzentrische Ringe zogen sich um eine runde Innenfläche. Während die Ringe ein wellenförmiges Auf und Ab zeigten, verlief in der Mitte ein komplexeres Muster von Gräben und Erhöhungen, das ein wenig an die Oberflächenstruktur eines Gehirns erinnert. Weil alles nur aus losem Sand aufgeschüttet war, handelte es sich um äußerst vergängliche Kunst, die nach einigen Tagen von den Strömungen zerstört worden war – und an anderer Stelle neu entstand. Über mehrere Jahre hinweg rätselten die Fachwelt und interessierte Laien, wer der geheimnisvolle Erbauer dieser ausgeklügelten Sandburgen sein könnte, als ein Team um Hiroshi Kawase vom Naturhistorischen Museum in Chiba ihn eines Tages bei seiner Arbeit antraf.

Fast hätten sie ihn übersehen. Nicht genug, dass der Künstler genau so gefärbt war wie der Meeresboden und dadurch bestens getarnt, er war auch nur halb so groß wie eine Sardine. Vor ihren Augen mühte sich ein winziges Kugelfischmännchen ab, mit seinen Flossen und seinem Körper Vertiefungen in das Sediment zu wühlen. Wie ein lebendiger Laubbläser wirbelte es Sandkörner und Schwebteilchen zur Seite. Anschließend zog der Kugelfisch radiale Linien wie die Speichen einer Fahrradfelge, indem er von verschiedenen Richtungen immer wieder auf den Mittelpunkt des Kreises zuschwamm oder geradlinig vom Zentrum nach außen. Größere Steinchen transportierte er dabei aus dem Innenbereich an den Rand, sodass in der Mitte nur das feinste Material übrig blieb, in dem er durch scheinbar zufälliges Herumschwimmen das komplexe Muster bildete. Zum Abschluss setzte der Fisch noch ein paar Muschelstückchen auf die Höhen, dann war das prachtvolle Kunstwerk nach neun anstrengenden Tagen fertig. Und die Wissenschaftler stellten sich die Frage, die einem oft bei der Betrachtung von Kunst in den Sinn kommt: Was um alles in der Welt soll das Ganze?

Die Antwort wartete während der letzten Bauphase bereits ungeduldig am Rand des Kreises. Ein Weibchen des Kugelfisches begutachtete aufmerksam die Arbeiten, und wenn diese ihr Gefallen fanden, ließ sie sich zu einem Kurzbesuch von einer Minute in der Innenfläche herab. In dieser Zeit legte sie ihre Eier ab, die das Männchen umgehend befruchtete. Die Kreise waren also Lockmittel und Liebestempel zugleich. Aber damit nicht genug. Als die Forscher im Aquarium ein Modell des Nestes nachbauten und die Strömungsverhältnisse untersuchten, stellten sie fest, dass die Strukturen am Rand das Wasser so lenkten, dass es im Zentrum mit den Eiern um ein Viertel langsamer fließt als außerhalb des Kreises. Das Männchen konnte daher die kommenden sechs Tage ganz beruhigt auf seine Eier aufpassen, ohne Angst, dass sie ihm fortgespült werden. Sind die Jungen schließlich geschlüpft, macht es sich auf, um in der Nachbarschaft einen neuen Unterwasserkreis zu errichten. Künstler zu sein ist schließlich kein Beruf, sondern eine Berufung.

UNBEKANNTER KRACH

Bildende Kunst ist nicht die einzige Kunstform, die Seefahrer, Fischer und Forscher vor Rätsel stellt. Besonders häufig sind akustische Mysterien. Seit Wissenschaftler und vor allem das Militär Unterwassermikrophone, sogenannte Hydrophone, in den Meeren installiert haben, fangen sie immer wieder Geräusche ein, die nie zuvor ein Mensch gehört hat. Manchmal gelingt es ihnen, die Quietscher und Brummer zu entschlüsseln, häufig bleibt ihnen aber nichts anderes übrig, als zu raten und zu hoffen, dass sich die Lösung irgendwann von selbst präsentiert.

Beim 52-Hertz-Wal sind sich die Meeresbiologen immerhin ziemlich sicher, dass es sich um einen Wal handelt, der mit einem Ton singt, so tief, wie ihn eine Tuba gerade noch hervorbringen kann. Sie haben nur keine Ahnung, was für ein Wal es sein könnte. Denn mit dieser Frequenz singt keine bekannte Walart. Und nicht einmal ein zweites Tier hat seine Lieder darauf abgestimmt. Seit er 1989 zum ersten Mal aufgezeichnet wurde, ist der 52-Hertz-Wal der einzige, der es mit dieser Tuba-Lage versucht, was ihm den Spitznamen «einsamster Wal der Welt» eingebracht hat.

Weil ihn noch niemand gesehen hat, können die Forscher nicht sagen, weshalb der Wal einen so eigenartigen Gesang hat. Möglicherweise hat sich sein Stimmapparat nicht richtig ausgebildet, oder es handelt sich um einen Mischling aus zwei unterschiedlichen Walarten wie Blauwal und Finnwal.

Die meisten eigenartigen Unterwassergeräusche sind aber nicht das Werk mehr oder minder begabter Künstler, sondern Nebenprodukte banaler Ereignisse wie Vulkanausbrüche, Seebeben – oder Auffahrunfälle. Vor allem Eisberge sind häufig in Kollisionen verwickelt, bei denen sie quietschend über den Meeresboden schleifen. Ihre Entdecker geben den Geräuschen gerne liebevolle Namen wie «Bloop», «Julia», «Slow Down» oder «Train». Manche dauern wie «Julia» nur Sekunden an, was für einen direkten Crash spricht, andere ziehen sich wie «Slow Down» über mehrere Minuten hin, in denen der Eisberg vermutlich eine lange Schneise in den antarktischen Boden gezogen hat.

Und dann gibt es da die seltsamen Geräusche, mit denen nicht einmal die Experten des Militärs etwas anfangen können. 2016 beschwerten sich die kanadischen Inuit in Nunavut über ein unerklärliches *Ping!* in ihrem Jagdgebiet, das alle Beutetiere verscheuchte. Manche der verhinderten Jäger verdächtigten Greenpeace, einen Unterwasserlautsprecher angebracht zu haben, um die Wale und Robben vor ihnen zu warnen. Andere hatten das Sonar von Prospektionsschiffen auf der Suche nach Öl- und Gaslagern in Verdacht. Doch weder die Umweltschützer noch die Ölfirmen waren in der Gegend aktiv, und beide bestritten, etwas mit dem *Ping!* zu tun zu haben.

Also machte sich das kanadische Militär auf die Suche nach der Ursache. Mit einem Spezialflugzeug horchte es über Stunden mit unterschiedlichen Sensoren das Gebiet ab und entdeckte – zwei Walherden und sechs Walrösser. Aber kein *Ping!* Dennoch war der Einsatz nicht umsonst, denn seit dieser Aktion ist das *Ping!* nicht mehr aufgetaucht. Hat es das *Ping!* dann überhaupt gegeben? Oder war es vielleicht nur eine Sinnestäuschung? Manche Inuit, die es gehört haben wollten, beschrieben es nicht als *Ping!*, sondern als Piepen oder Brummen. Vielleicht war alles nur ein Scherz, der außer Kontrolle geraten ist? Oder einfach bestes Seemannsgarn in seiner modernen Form?

BEI DER EHRE DES KLABAUTERMANNS

Die Ozeane halten noch reichlich Geheimnisse für Seemannsgarn jeglicher Dicke bereit. Die Mythen der Meere sind nicht tot – sie haben nur ihr Gesicht geändert. An die Stelle von Aberglauben und Furcht sind in unserer Zeit Rätsel und Neugier getreten.

Aber das wäre ein Thema für ein anderes Buch.

WO GIBT ES MEHR?

Vermengung von Wunschdenken, Faktenauswertung und spirituell unterfütterten Ansichten

http://www.spiegel.de/sptv/special/a-242694.html

Ein Interview mit dem Geologen Wolf Wichmann zum Yonaguni-Monument.

Pufferfish Make Seafloor Circles to Attract Mates

https://www.livescience.com/40119-pufferfish-make-seafloor-circles-to-attract-mates-video.html

Ein Kugelfisch bei der Konstruktion eines kunstvollen Unterwasserkreises.

List of unexplained sounds

https://en.wikipedia.org/wiki/List_of_unexplained_sounds

Hörproben seltsamer Geräusche der Meere.

Bildquellen

S. 17 Johann Gehrts (1855–1921). Wikimedia Commons / Public Domain

S. 35 Urheber unbekannt / Wikimedia Commons / Public Domain

S. 39 Édouard Riou 1868 / Wikimedia Commons / Public Domain

S. 57 NAVSAFECEN NA / Public Domain

S. 69 Édouard Riou 1868 / Wikimedia Commons / Public Domain

S. 93 Alphonse de Neuville (1835–1885) / Wikimedia Commons / Public Domain

S. 95 Pierre Denys de Montfort; Wikipedia / Public Domain

S. 121 Olaus Magnus: Historia de Gentibus Septentrionalibus / Wikimedia Commons / Public Domain

S. 141 Wm. Leo Smith / Wikimedia Commons / Public Domain

S. 149 Unbekannt 1866 / Wikimedia Commons / Public Domain

S. 151 P. T. Barnum 1842 / Wikimedia Commons / Public Domain

S. 161 Sean Linehan, NOS, NGS, NOAA / Wikimedia Commons / Public Domain

S. 163 M.Violante / Wikimedia Commons / Public Domain

S. 173 Wikipedia / Public Domain

S. 193 Unbekannt / Wikimedia Commons / Public Domain

S. 199 NOAA / Wikimedia Commons (Public Domain

S. 213 Public Domain / http://www.michelangelo-raffaello.com

S. 217 Harry Clarke (1889–1931) / Wikimedia Commons / Public Domain

S. 220 Olaus Magnus 1539/ Wikimedia Commons / Public Domain

S. 235 MartinBehaim1492 / Encyclopedia Larousse illustree 1898 / Wikimedia Commons / Public Domain

S. 241 Jan Janssonius (1588–1664) / Wikimedia Commons / Public Domain

S. 247 Guillaume Delisle (1675–1726) / Wikimedia Commons / Public Domain

S. 248 Nicolo Zeno / Wikimedia Commons / Public Domain

S. 254 Gerd A. T. Mueller / Wikimedia Commons / Public Domain

S. 259 Gerhard Mercator (1512–1594) / Wikimedia Commons / Public Domain

S. 263 Olaus Magnus / Wikipedia / Public Domain

S. 266 Gerhard Mercator (1512–1594) / Wikimedia Commons / Public Domain

S. 275 Gustave Doré (1832–1883) / Wikimedia Commons / Public Domain

Alle anderen Illustrationen Olaf Fritsche

MIX
Papier aus verantwortungsvollen Quellen
FSC® C083411
FSC
www.fsc.org

Das für dieses Buch verwendete Papier ist FSC®-zertifiziert.